“十二五”国家重点图书

中国建筑节能发展研究丛书

丛书主编　江亿

中国建筑节能路线图

彭琛　江亿　著

中国建筑工业出版社

图书在版编目（CIP）数据

中国建筑节能路线图／彭琛，江亿著．—北京：中国建筑工业出版社，2015.12

（“十二五”国家重点图书．中国建筑节能发展研究丛书／丛书主编　江亿）

ISBN 978-7-112-18901-4

Ⅰ.①中…　Ⅱ.①彭…　②江…　Ⅲ.①建筑—节能—研究—中国　Ⅳ.①TU111.4

中国版本图书馆CIP数据核字（2015）第313243号

本书从生态文明的理念出发，系统地讨论了建筑能耗总量控制的目标和路线。全书共分三篇，主要内容包括：能耗总量问题研究、中国建筑节能路线、我国建筑用能总量规划与发展分析，附录介绍了开展宏观建筑能耗分析的工具模型。

本书既可供从事建筑节能理论研究和工程实践的技术人员参考使用，也可作为政府工作者制定我国建筑节能发展规划的参考用书。

责任编辑：吉万旺　齐庆梅　王美玲　牛　松
书籍设计：京点制版
责任校对：刘　钰　赵　颖

“十二五”国家重点图书
中国建筑节能发展研究丛书
丛书主编　江亿
中国建筑节能路线图
彭琛　江亿　著
*
中国建筑工业出版社出版、发行（北京西郊百万庄）
各地新华书店、建筑书店经销
北京京点图文设计有限公司制版
北京顺诚彩色印刷有限公司印刷
*
开本：787×1092毫米　1/16　印张：15　字数：275千字
2015年12月第一版　2015年12月第一次印刷
定价：62.00元
ISBN 978-7-112-18901-4
（28128）

前言

《中国建筑节能年度发展研究报告》(以下简称《年度报告》) 自 2007 年出版第一本，到现在已经连着出版了 9 本。每年围绕这部书的写作，我们组织了清华大学建筑节能研究中心的师生、清华其他一些单位的师生，还有全国许多单位热心于建筑节能事业的专家们一起，对我国建筑节能进展状况、问题、途径进行调查、分析、研究和探索，对实现中国建筑节能提出自己的理念，对各种争论的热点问题给出自己的观点，对建筑用能四大主要领域的节能途径提出自己的规划。这些内容在每一年的《年度报告》中陆续向社会报告，获得较大反响，对我国的建筑节能工作起到一定的推动作用。怎样才能把这套书中的研究成果更好地在相关领域推广，怎样才能使这套书对我国的建筑节能工作有更大影响？身为媒体人的齐庆梅编辑建议把这些书中的内容按照建筑节能理念思辨、建筑节能技术辨析和建筑节能最佳案例分别重组为三本书出版。按照她的建议，我们试着做了这样的再编辑工作，并与时俱进更新了一些数据，补充了新的内容，连同新近著的《中国建筑节能路线图》作为丛书（共四本）奉献给读者。

本书的论述源于对以下几个方面问题的思考：

人类发展与自然的关系是什么？

人类社会进入工业文明阶段后，生产力大幅提高，对自然环境的影响力也显著增大。在生态系统、大气层与水体等环境条件遭到巨大破坏，不可再生资源接近枯竭之时，人们开始反思社会发展和自然的关系：是无视自然环境的承载力，满足无限增长的物质需求？还是在可持续发展的目标下，与自然环境保持和谐共处的关系？自然的承载力如同弹簧，超过阈值即可能断裂，而我们当前对自然环境的索取已经处于过冲状态（德内拉·梅多斯等，《增长的极限》）。进一步思考，人与自然实为一体，在挥霍自然资源、破坏自然环境的同时，实际也是破坏着群体的稳定与个体的健康。重视自然的承载能力，避免突破这个上限，是人类文明持续存在与发展的基本条件。

如何处理这个关系?

在认识到自然环境（与资源）的重要性后，越来越多的人参与到保护自然环境、保护物种、控制温室气体排放等活动中，希望减少人类社会活动对环境的影响，弥补在工业文明阶段对自然的破坏。党的“十八大”报告指出，“树立尊重自然、顺应自然、保护自然的生态文明理念”，建设生态文明，是我国政府高瞻远瞩确立的未来发展战略，是引导人类社会进入新的文明阶段的旗帜。

从人与自然和谐相处出发，对待自然环境（大气、水体、物种），尽可能减少人为的破坏和污染；对待不可再生的资源，在可预见科技发展的进度下，尽可能实施消耗总量控制，留下更多的发展时间；即便是可再生资源的利用，也需要充分考虑在增大利用量时对周围环境的影响。

另一方面，科技的进步也支撑着人们追求更多的物质享受，控制对自然的影响，是人类社会整体的自律。我们也相信，文明的进步绝非以物质条件作为唯一的衡量依据。以文明进步为动力的科技发展，也可以推动着人类社会迈向生态文明——更好地将人改造自然的力量，服务于人与自然的和谐相处，服务于人与自然的融合。

我们能做什么?

人们对“衣食住行”的生活需求，有两项发生在建筑中；人们从事政治、科学、艺术、宗教等活动，也离不开建筑的支撑。历史文化是文明留下的痕迹，也就是说，建筑既是服务当下文明的物质形态，也是传承文明的载体。建筑在人类文明中的重要地位，也意味着我们在生态文明建设中可以发挥重要作用。

建筑从设计到使用，一方面影响着文明的内容与形态（习近平总书记在文艺工作座谈会上特别提出“不要搞奇奇怪怪的建筑”），一方面也影响着环境与资源的消耗。在工业革命后，快速城镇化发展过程中，建筑营造占用大量土地，建筑运行消耗大量能源，对环境造成了巨大的冲击。有研究指出，建筑运行能耗占世界能源消费总量的 1/3，而我国建筑能耗强度大大低于发达国家，建筑能耗还将随着各项用能需求和建筑面积总量的增加而大幅增长，成为未来能耗增长的主要原因。因此，适应生态文明的建筑与系统形式和使用方式是支撑生态文明的主要内容。

建筑能耗是消费领域能耗的主要组成部分，满足人们对室内环境、热水、炊事以及各类电器的服务和使用需求，影响着人们的生活质量和工作效率。由于服务水平、使用需求和技术形式的不同，能耗量有着明显的“弹性”。这个“弹性”，既是指不同人或者建筑的能耗强度不同；也是指对于同一项需求，由于技术或方式的不同，能耗需求的差异。正因为这样，建筑能耗实施总量控制，并非是遏制人们享受更高的生活品质，而是引导技术朝着更少的资源消耗和自然环境影响的方向发展。

需要承认的是，由于建筑用能的主体分散，电、燃气和煤等各类能源由市场分配，通过自上而下地推行能耗总量控制，难以取得立竿见影的效果；技术和人才储备条件，在短时间内难以全面支撑能耗总量控制的各项政策和技术实施。建筑能耗总量控制，还需要从舆论宣传、人才培养、技术创新与市场引导等多个方面自下而上地推动起来。

为推动建筑用能领域实施总量控制，本书从以下几个方面开展研究论述：首先，从能源与环境承载能力出发，自上而下地分析了建筑能耗总量上限；基于调查数据与理论模型，对建筑能耗的现状、影响因素与特点进行分析；从技术和工程实践中，指出当前各类建筑用能的关键问题，自下而上地提出各类建筑用能节能路径以及可行的总量控制值。

这些工作仅仅是为能耗总量控制提供一个初步的宏观思路，在技术措施、政策与市场机制方面，仍存在较多可以深入讨论和分析的地方，有待进一步深入研究。随着我们对现状认识的加深和技术的不断创新，未来可能实现总量控制的目标值可能比现在认为的更低，实现路径更为清晰且易于落实，这取决于我们不断发展以能耗强度为约束条件的技术和产品，而非单纯地满足更多的服务需求和更高的服务水平。

建筑节能是生态文明建设的重要组成，凝聚着技术与文化精华，也寄托着未来小康社会建设的梦想。实施建筑节能总量控制，任重而道远。

本书出版受“十二五”国家科技计划支撑课题“建筑节能基础数据的采集与分析和数据库的建立”（2012BAJ12B01），中国工程院科技中长期发展战略研究项目、国家自然科学基金委员会专项基金项目“建筑节能技术适宜性研究”（L1322018）资助，特此鸣谢。

目录

第1篇 能耗总量问题研究

第2篇 中国建筑节能路线

第3篇 规划与发展分析

第 1 篇

能耗总量问题研究

第1章 “生态文明”与建筑节能

1.1 “生态文明建设”要求进行能耗总量控制

1.1.1 生态文明建设的理念与发展模式

2012年，党的“十八大”报告提出“生态文明建设”[1]，将生态文明建设与“经济建设、政治建设、文化建设、社会建设”结合成“五位一体”的总体布局。在2007年党的“十七大”会上,“生态文明”首次出现在党代会的报告中[2],要求“基本形成节约能源资源和保护生态环境的产业结构、增长方式、消费模式”，“十八大”将生态文明的认识和要求提到了新的高度，明确要求“把生态文明建设放在突出地位，融入经济建设、政治建设、文化建设、社会建设各方面和全过程”[1]。

（1）生态文明是新的文明阶段

生态文明被认为是继工业文明之后，人类文明发展的新阶段。从人与自然的关系角度来看，“生态文明”强调人与自然应平等、和谐相处，正如“十八大”报告所表述的“必须树立尊重自然、顺应自然、保护自然的生态文明理念”，这与工业文明将自然作为满足人类无穷尽的需求而掠夺的对象有着显著的差异。

一大批学者认为“生态文明”是继原始文明、农业文明和工业文明之后的新的人类文明发展阶段。李祖扬等[3]（1999）认为从原始文明到工业文明，人类与自然的关系经历了对自然膜拜、进行初步开发、以自然的“征服者”自居三个阶段，而生态文明时代，人类与自然将实现协调发展。柯水发等[4]（2009）将不同文明阶段人与自然的关系归纳成不同文明形态下人与自然关系的变迁与比较（表1.1），认为在自然观、资源利用方式、自然环境影响等方面，生态文明与其他文明均有明显的差异，生态文明的核心在于人与自然的和谐。而徐海红（2011）[5]甚至认为生态文明才是人类文明本质的真实显现，之前的文明都只能算前文明。金碧华等[6]（2013）研究认为，生态文明是人类在解构工业文明范式的进程中产生的新文明，是对人与自然关系的理性思

考和人类生态本性的道德回归。

这些学者将生态文明与之前的文明区别开的主要原因是人与自然的关系发生了巨大的变化。从表 1.1 来看，工业文明经历了仅 200 年时间，就出现了生态文明。这是由于，尽管工业文明大幅度地提高了生产力，创造了大量的物质产品，但由于其对自然掠夺的资源利用形式，严重破坏了生态环境并危害到人类自身。生态文明正是要改变这样的状况，以使人类能够在地球上持续生存下去。

不同文明形态下人与自然关系的变迁与比较　　表 1.1

比较项目	原始采猎文明	农业文明	工业文明	生态文明
出现时间	公元前 200 万年	公元前 1 万年	18 世纪后期	20 世纪后期
文明标志	白色的采猎革命	黄色的农业革命	黑色的工业革命	绿色的生态革命
空间尺度	个体或部落	区域或国家	国家或洲际	洲际或全球
自然观	自然拜物主义	自然中心主义（天定胜人）	人类中心主义（人定胜天）	天人协同共赢（天人和谐）
经济特征	自然型经济（自然供给）	自给型经济（简单再生产）	商品型经济（复杂再生产）	循环型经济（可持续再生产）
技术水平	原始的采猎技术	简单的农耕技术	复杂的工业生产技术	智能的、清洁的循环生产体系
资源利用	采集型	改造型	掠夺型	和谐型
人地关系	人纯粹依赖自然	人主要依赖自然	人企望控制自然	人与自然和谐
自然环境响应	无污染，自然环境破坏小于自然环境恢复能力	自然环境低度与缓慢退化，局部污染	全球环境污染与生态危机	自然环境与资源持续循环利用

（2）工业文明带来的问题

工业文明从其开始就暴露了过度消耗资源、破坏自然环境的问题。Thomas Robert Malthus（1809）预测 [7][8] 人口大幅增长将超越食物供应，而人口增长正是早期工业生产增长的依赖，虽然技术进步使得粮食产量满足了人类生存需求，但这样的增长是以沉重的资源负担、大量使用化肥污染环境为代价的。而恩格斯针对工业进步带来的环境影响警告说“我们不要过分陶醉于我们人类对自然界的胜利！对于每一次这样的胜利，自然界都对我们进行报复！”[9]，并指出“我们每走一步都要记住——我们连同我们的血、肉和头脑都是属于自然界和存在于自然之中的。”Harrison Brown（1954）[10] 在其研究中指出，因为不稳固和不节制的资源开发，世界将随工业文明衰亡而大受创伤，唯一可能的解决方法是通过认真地计划而制约工业文明的成长。罗马俱乐部（Club of Rome）就工业文明结构和未来发展，考察了人口、农业生产、自然资源、工业生产和污染等五个最终决定和限制人类发展的基本因素，在 1972 年发表的《增长的极限》[11] 中指出因为自然环境的制约，工业文明将在公元 2100 年崩溃，人口的稳定延长时间，但资源匮乏仍将导致崩溃，尽快稳定人口与工业生产是维持工业文明稳定唯一可行的办法。"生态马克思主义"学者 Leiss，William（1972）[12] 认为生态危机是当代世界最为突出的难题，而统治自然的观念是导致生态危机的意识根源。

实际上，自 20 世纪 60 年代以来，由工业文明造成的生态危机愈发严重，威胁着人类的生存：土地贫瘠、物种灭绝、能源枯竭和森林退化日趋明显；大气、水质、土壤等污染严重且日益恶化；城市过度扩张，城市生活环境质量不断恶化；社会物质不断丰富然而贫富差异加剧，大量人口生活在贫穷与饥饿之中；全球性的气候变暖，由此引发冰川融化、耕地退化、各地气候突变、各种地质灾害频发等等。正如恩格斯所说的，自然界正在向人类报复。而人类对资源的疯狂掠夺，穷奢极欲的社会发展模式，所造成的能源资源匮乏，加剧了地区政治、军事矛盾，核战争毁灭世界的阴影笼罩着人类。

可以看出，尽管工业文明只经历了约 200 年的历史，其带来大量的问题，迫使人类必须重新构建人类文明与自然环境的关系。

（3）生态文明的必然性

为探索人类可以在地球上持续生存下去的发展模式，一大批研究者从人与自然的关系出发，反思工业文明对自然掠夺的现象，从保护自然环境、节约资源出发，最终形成人与自然应该平等相处、和谐发展的思想。徐春（2009）[13] 回顾了对于生态文明认识的发展历史，将其研究情况整理为如表 1.2 所示的人类对生态文明认识历程。

人类对生态文明认识历程　　**表 1.2**

年份	作者	出版物	意义
1962	美国女科学家 蕾切尔·卡逊	寂静的春天	人类首次关注环境问题的著作，揭示了伤害自然必然危及人类自身生存的事实
1972	联合国	人类环境宣言	召开了有史以来第一次"人类环境会议"
1972	罗马俱乐部	增长的极限	提出了均衡发展的概念
1975	苏联学者弗罗洛夫	科学技术进步与人的未来	生态问题三个因素：自然资源枯竭有关的技术经济方面；人类社会同自然界的生态平衡的狭义生态学方面；社会政治方面的因素
1981	美国经济学家 莱斯特·R·布朗	建立一个可持续发展的社会	首次提出了可持续发展问题

续表

年份	作者	出版物	意义
1987	联合国环境与发展委员会	我们共同的未来	理论表述可持续发展，形成人类建构生态文明的纲领性文件
1987	中国生态学家叶谦吉	真正的文明时代才刚刚起步——叶谦吉教授呼吁开展“生态文明建设”	在中国学术界首次明确使用生态文明概念
1988	中国生态经济学家刘思华	社会主义初级阶段生态经济的根本特征与基本矛盾	最早提出建设社会主义生态文明的新命题
1992	联合国环境与发展大会	21 世纪议程	提出了全球性的可持续发展战略，拉开人类改变生产和生活方式，建设生态文明的序幕
1995	美国作家罗伊·莫里森	生态民主	明确使用了“生态文明”这一概念，呼吁应该以污染税来代替所得税

申曙光（1994）[14] 论证了生态文明兴起的客观必然性，指出现代工业文明正在走向衰败，生态文明必将取代工业文明而引导人类社会继续向前发展。廖才茂（2004）[15] 认为生态文明体现了生态优化、环境保护和人的全面发展的高度统一性，体现了人类社会经济与自然可持续发展的高度一致性，揭示了工业文明转型的演进方向，认为生态文明将逐渐成为 21 世纪的主流社会经济形态。李红卫（2005）[16]、葛巧玉（2011）[17] 认为要解决工业文明阶段的生态危机，必须要走一条人类与自然和谐共生的生态文明之路。通过发展历史研究，周晶（2010）[18] 研究指出，自新中国成立以来，我国几代领导人在吸取经验和总结教训中不断摸索关于生态文明建设的道路，从我国的实际国情出发，为我国走具有中国特色的生态环境建设道路指引方向。

（4）生态文明要求进行能源消费总量控制

生态文明建设的核心在于处理好人与自然的关系，包括资源利用和环境保护、人的需求与自然条件的平衡等内容。正如弗罗洛夫在《科学技术进步与人的未来》中指出的 [13]，生态问题具有的三个方面的因素：一是与危及自然资源枯竭有关的技术经济方面；二是在世界性环境污染条件下有关人类社会同自然界的生态平衡的狭义生态学方面；三是社会政治方面的因素。发展生态文明，应该考虑这三个方面。

在十八大报告的“大力推进生态文明建设”部分，指出“推动能源生产和消费革命，控制能源消费总量，加强节能降耗，支持节能低碳产业和新能源、可再生能源发展”[1]。

从自然资源角度看，在保证人类持续发展的目标下，应该尽可能少地使用不可再生资源。在能源消费中 80% 左右为化石能源 [19]，化石能源在人类活动的时间尺度上属于不可再生资源，但同时又是现阶段维持人类社会生产生活的必要资源。十八大报告指出生态文明建设需进行“能源消费总量控制”，是解决自然资源有限问题的必然选择；而化石能源的使用产生大量的 CO_2 排放以及各种粉尘、氮氧化物、硫氧化物排放等，是引起气候变化和环境污染的重要原因，因此，控制能源消费总量，又是保持人类同自然生态平衡的关键因素。

综合以上，生态文明是人类社会文明发展的必然选择，而人与自然平等相处、和谐发展是生态文明区别于其他文明的关键点。从资源和环境角度，发展生态文明，必须对能源消费进行总量控制。

1.1.2　能源消费总量控制与建筑节能

（1）能源消费总量控制的迫切性

能源消费总量控制是生态文明发展的必要措施。从我国能源消费现状和趋势来看，能源消费总量控制已经到了十分紧要的关头。

分析国家统计局公布的数据[20]，我国能源消费量逐年增长，从 1978 年的 5.7 亿吨标煤（tce）增长到 2011 年的 34.8 亿吨标煤，年均增长率近 6%。国家通过不断增加国内能源产量和扩大能源进口量，"以需定供"满足国内能源消费需求，这种敞口式能源消费方式[21]引发的能源安全问题、环境和气候变化问题严重妨害我国经济社会持续和稳定发展[22][23]。具体表现为，由于资源储量、安全生产和技术水平等原因，国内能源生产已不能满足能源消费需求，需要不断扩大进口，石油对外依存度已接近 60%；而能源进口受到能源生产国、运输路线安全以及一些霸权国家的限制[24]，能源不能自给将严重威胁国家安全；2010 年，我国超过美国成为世界第一大碳排放国家，人均碳排放超过世界平均水平，从全球应对气候变化的要求看，我国处于非常被动的地位；煤炭、天然气和石油等化石能源使用过程中排放氮氧化物、硫氧化物等，污染大气，我国目前大面积的雾霾天气与这些能源的使用密切相关。针对这些问题，国家在第十二个五年规划[25]中提出了"合理控制能源消费总量"政策导向；2013 年颁布的《能源发展"十二五"规划》[26]提出了能源消费总量控制的目标值，即到 2015 年，能源消费总量不超过 40 亿 tce。

对何时及如何进行"能源消费总量控制"，一些研究者从经济发展需求和总量控制的可行性方面提出了质疑，主要观点包括：①能耗总量控制将约束经济发展，降低居民收入[27][28]；②能耗总量控制的目标和途径不明确，操作层面难以实现[29]。

针对能耗总量控制对经济的影响，也有一批研究者指出，能源消费总量的增减对 GDP 没有明显影响[30]，能源并不会成为经济增长的"瓶颈"[31]，也并不影响国民收入[32]。比较世界主要国家和地区人均 GDP 能耗（图 1.1）可以发现，中国单位 GDP 能耗明

显高于世界平均水平，是英国单位 GDP 能耗的三倍，国家产业结构不同是能耗强度差异的重要影响因素。2011 年，中国 GDP 中第二产业 GDP 的比重为 46.6%，大大高于世界平均水平 29.0%，而发达国家，如美国、英国和法国的第二产业 GDP 比重约为 20%，德国、意大利和日本第二产业 GDP 比重约为 25%，均低于世界平均水平。比较来看，制造业是中国经济的主要支柱，其单位 GDP 能耗明显高于其他产业，这是造成中国单位 GDP 能耗较高的主要原因。而未来我国需要进一步提高人均 GDP，应该参照发达国家经济结构发展模式，提高第三产业 GDP 比重。因此，提高我国人均 GDP 的途径应该是大力进行产业转型，而不是通过进一步扩大制造业，其带来的 GDP 增长有限，同时消耗大量的能源和资源。如果参考英国、德国等发达国家的发展模式，调整产业结构，控制能耗总量，其结果并不一定影响经济发展。从另一方面看，进行能源消耗总量控制，有利于促进产业转型，限制高能耗产业，改善经济结构。

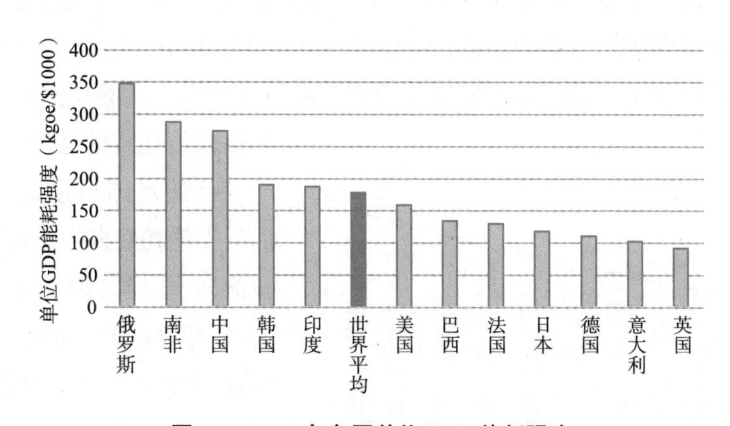

图 1.1　2011 年各国单位 GDP 能耗强度

（单位：千克标油 / $1000 GDP（2005 年购买力平价））

注：数据来源：世界银行，World Development Indicators。

针对能耗总量控制目标和途径不明确的问题，研究当前发达国家政策，虽然没有直接提出能源消费总量控制目标，但一些政策和承诺却间接地针对能源消费总量控制的目标，主要体现为两类：一是碳排放总量控制目标，二是节能量目标 [33]。借鉴发达国家经验，从能源消费总量控制出发，由政府发挥主导作用，强化倒逼机制 [34]，促使产业结构、经济发展模式转型和能源供应结构转型 [35]，可以合理控制能源消费总量。

由前面分析，能源消费总量控制是生态文明建设的重要内容；同时，由于能源安全和应对气候变化的要求，控制能源消费总量是势在必行的，不能因为能源消费控制可能影响经济发展就回避这个问题。

进行能源消费总量控制是一项十分复杂且存在诸多困难的工作，一方面，人口、经济和技术等多个因素影响能耗总量[36][37]；另一方面，由于工业、交通和建筑[38]等部门用能特点不同，总量控制的目标和途径也会存在差异。因此，基于各个影响因素以及各个用能部门的特点，提出各部门能源消费总量控制的目标以及实现途径，是实现国家能源消费总量控制的基础。

（2）建筑能耗需进行总量控制

建筑能耗是终端能源消费中的重要组成部分，要实现能源消费总量控制目标，需要对建筑能耗进行控制。在讨论建筑能耗总量控制时，需要明确我国建筑能耗的现状以及将来可能的发展趋势。

需要说明的是，广义的建筑能耗包括建筑材料生产、建筑营造等建筑建造过程能耗以及建筑运行过程能耗，建造过程能耗取决于建造业的发展，与建筑运行能耗属完全不同的两个范畴。建筑运行能耗，指建筑物使用过程能耗，包括照明、采暖、空调和各类建筑内使用电器的能耗，在建筑的全生命周期中，约有 80% 的能耗发生在建筑物使用过程中，建筑运行能耗是建筑节能任务中最主要的关注点，本书讨论的建筑能耗指的是建筑运行能耗。

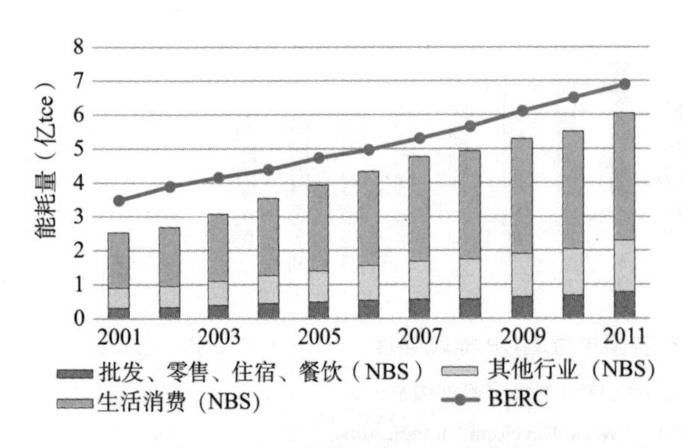

图 1.2　中国建筑能耗发展趋势

注：国家统计局公布的终端能源消耗数据中，没有单独列出建筑用能，建筑用能数据包含：①批发、销售业和住宿、餐饮业；②其他行业；③生活消费等，并且还包括部分交通运输、仓储和邮政业用能。

目前我国国家统计局所公布的终端能耗数据中，未明确给出建筑能耗量。结合国家统计局（NBS）公布的数据[39]和清华大学建筑节能研究中心发布的数据[40]来看（图 1.2），我国建筑能源消耗持续增长，10 年来增长了近 1 倍。

中外建筑能耗强度对比是认识我国建筑能耗水平的重要途径。目前有国际能源署（IEA）[19]、美国能源信息署（EIA）[41]、日本能源经济研究所（IEEJ）[42]等机构公布了各国建筑能耗数据。其中，IEA 公布了世界主要国家和地区的建筑能耗数据，为更准确反映该国的建筑能耗，美国、日本和中国分别采用 EIA、IEEJ 和清华大学建筑节能研究中心发布的数据。各国建筑能耗总量（圆圈大小表示）以及单位面积能耗强度（纵坐标）和人均能耗强度（横坐标）如图 1.3 所示。

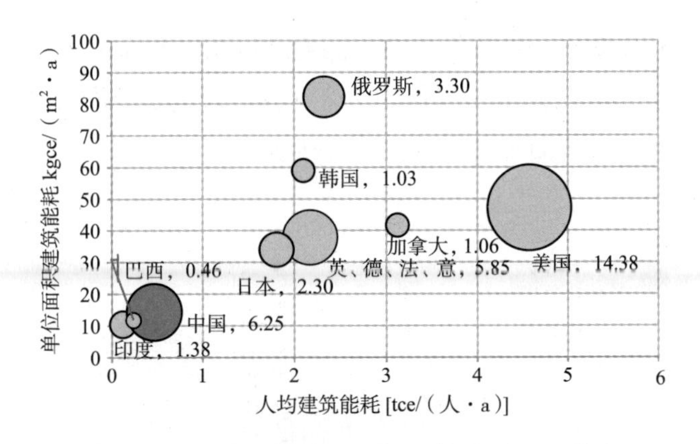

图 1.3 中外建筑能耗强度及总量比较（2010 年）

注：1. 数据来源：IEA，World Energy Outlook 2012；EIA，Annual Energy Outlook 2012；IEEJ，Handbook of Energy and economic statistics in Japan 2012；

2. 圆圈大小代表能耗总量。

分析各国建筑能耗数据，有以下几点结论：

1）发展中国家，如中国、巴西、印度建筑能耗强度（单位面积和人均能耗强度）都明显低于发达国家。

2）发达国家能耗强度水平也存在差异：美国人均能耗是日本、韩国和欧洲四国（英国、德国、法国和意大利）等发达国家的 2 ～ 3 倍；俄罗斯单位面积能耗强度最高 [超过 80kgce/（m^2·年）]，而人均能耗仍和日本、欧洲等国接近。

3）中国人均建筑能耗水平是美国的 1/8，单位面积建筑能耗是美国的 1/4。而从人口总量来看，中国人口为 13.6 亿，而美国仅为 3.2 亿，因而，即使人均能耗大大低于美国，中国建筑能耗总量也接近美国的 1/2。

我国是世界人口最多的国家，如果人均建筑能耗强度达到欧洲四国水平，建筑能耗总量将接近 20 亿 tce，达到美国水平，建筑能耗总量将超过 60 亿 tce。另一方面，如果单位面积能耗强度增长到发达国家水平，建筑能耗总量也将成倍增长。无论哪种情况，都将使得我国能源消费总量大幅增长，带来能源、环境和碳排放的巨大问题。因此对建筑用能必须从总量控制出发。

由于我国正处在发展中国家阶段，发达国家的发展历史对我国有一定的参照作用。分析美国、日本建筑能耗发展历史，发现其单位建筑面积能耗强度都在经历了一个 10 ～ 20 年的大幅增长过程后，达到目前水平。如果将建筑能耗强度与人均 GDP 结合分析（图 1.4、图 1.5），当美国、日本人均 GDP 从 6000 美元增长到 10000 美元，其建筑能耗强度从 20kgce/（m^2·年）分别增长到当前水平。而我国当前人均

GDP 恰好约为 6000 美元，且近年来建筑能耗强度也呈现出大幅增长的趋势。对照来看，我国目前正处在建筑节能工作的一个关键阶段，是否沿着美国、日本的道路发展，很大程度由当前建筑节能工作技术路线所决定。

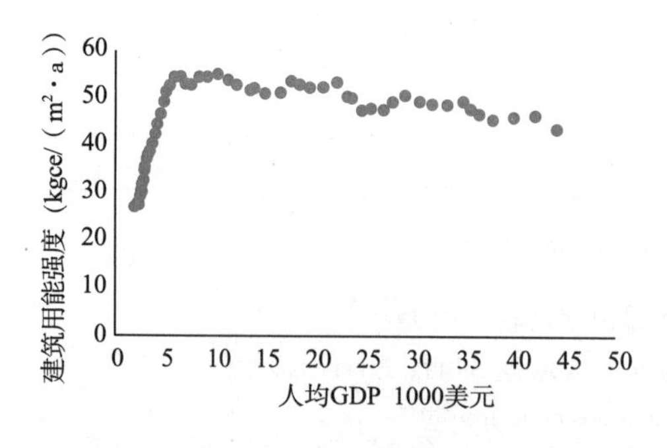

图 1.4　美国建筑能耗强度与人均 GDP [43]

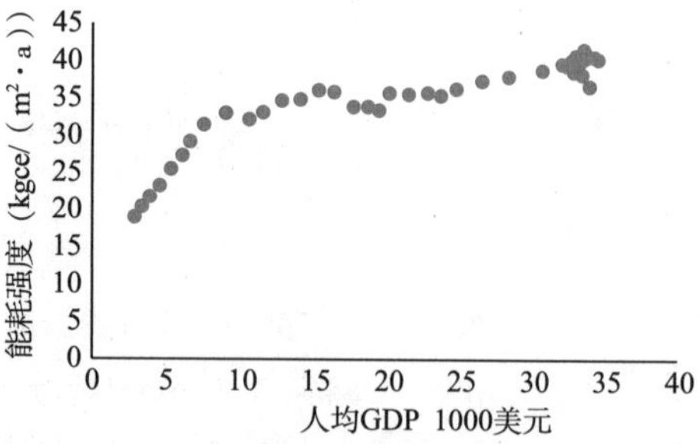

图 1.5　日本建筑能耗强度与人均 GDP [42]

一些研究机构对中国建筑能耗的未来进行了预测分析，从 IEA、EIA、LBNL（美国劳伦斯伯克利国家实验室）和国家发改委能源研究所（ERI）的研究结果来看（图 1.6），未来我国建筑能耗还将明显增长。到 2030 年，中国建筑能耗达到 10 亿 ~ 12 亿 tce，这其中，采暖能耗仅考虑了建筑耗热量，而未包括北方城镇集中采暖系统中热力生产以及输配过程中的损失。

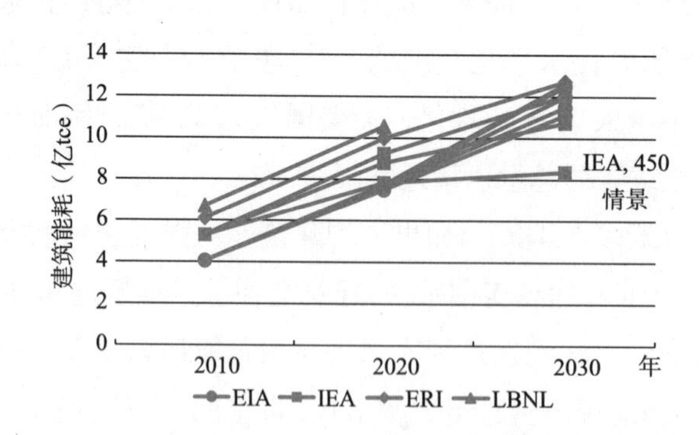

图 1.6　各研究机构对我国未来建筑能耗的预测分析

注：1. 数 据 来 源：EIA，International Energy Outlook 2012；IEA，World Energy Outlook 2012；LBNL，Energy Use in China- Sectoral Trends and Future Outlook；ERI，周大地，2020 中国可持续能源情景，中国环境科学出版社；

2. 电按照 1kWh=300gce 折算；

3. IEA 对采暖能耗用参考 NBS 的数据；

4. EIA 按照能源价格进行预测，五种情景假设分别定义为 Reference，High Oil Price，Low Oil Price，Traditional High Oil Price，Traditional Low Oil Price；

5. IEA 根据政策强度进行预测，三种情景分别定义为 Current Policies Scenario，New Policies Scenario，450 Scenario；

6. LBNL 和 ERI 根据能源政策和发展趋势预测。

在这些情景预测中，EIA 分析了不同能源价格情况对建筑能耗的影响，IEA 分析了不同节能政策情况下的建筑能耗情景。这里不具体区分 EIA 和 IEA 研究的各类情景的假设之间的差异。而从不同的情景可以分析出，建筑能耗总量受能源价格和宏观政策调控影响，可以通过政策和经济措施约束建筑能耗。

从我国当前社会和经济发展状况来看，快速城镇化、大规模建筑营造和居民生活水平提高等因素都在促使建筑能耗增长。对各项因素进行分析如下：

1）快速城镇化：大量人口从农村进入城市，一方面，城镇为吸纳这些人口，需大量新建居住建筑和公共建筑；另一方面，进入城镇的居民，在商品能源使用强度上高于原来在农村时的强度，使得整体用能强度水平提高。

2）大规模建筑营造：2011 年，新建建筑面积[44]达到 25.6 亿 m^2，建筑面积总量规模不断攀升。新建建筑一方面是为满足新增人口需求，一方面用于改善居民居住水平，然而，由于缺乏合理的规划和政策引导，实际新建建筑中为数不少处于空置状态。按照目前的建筑面积营造速度，未来 10 ~ 20 年内，建筑规模也将增长 1 倍，即使单位面积建筑能耗强度不变，仅因为建筑面积的增长，建筑能耗总量也将增加一倍。

3）居民生活水平提高：在居住建筑中的家用电器种类和数量，生活热水、空调和采暖（指夏热冬冷地区采暖）需求明显增加，家庭能耗强度增加。

4）建筑营造理念转变：公共建筑如办公楼、宾馆、商场和交通枢纽等类型建筑，在建筑形式上趋于大体量、高密闭性能，不便于自然通风和自然采光；在系统形式上，照明、空调和通风等系统的集中程度越来越高，不便于末端根据需求调节，致使单位面积能耗强度大幅提高；一些开发商以恒温恒湿，高密闭性并采用集中系统作为高档住宅的标识，实际大幅增加了空调和通风能耗，并没有真正改善居住环境。

由于以上这些因素的影响，如果不采取针对性的技术和政策措施，不对能耗强度和总量加以规划和控制，我国建筑能耗强度和能耗总量将大幅增长，对我国能源消费总量控制产生巨大的冲击，使得总量控制的目标无法实现。同时，由于能源供应的限制，还将影响工业和交通用能，影响我国经济正常发展。

综合中外建筑能耗强度比较、发达国家建筑能耗发展历史、各研究机构对中国未来建筑能耗预测分析以及我国社会和经济发展的现状分析，我国建筑能耗总量和能耗强度还有可能出现较大的增长，在国家能源消费总量控制要求下，建筑能耗必须进行总量控制。

（3）建筑能耗影响因素分析

对建筑的实际能耗进行控制，是实现宏观能耗总量控制的基础。从实际能耗强度来看，一些应用了大量节能、高效技术的建筑并没有实现节能效果。以北京某高校办公建筑为例，该建筑采用带全热回收的新风系统、顶篷辐射供冷方式、自动调光节能灯、高性能双层皮玻璃幕墙和太阳能光伏电池等多种节能装置和设施[45]，考察除采暖外能耗，该建筑全年单位建筑面积用电量为89.1kWh/（m^2·a），处于同功能建筑能耗强度分布的“中间偏高”位置（图1.7），从实际能耗看并没有起到节能效果；另外一个案例是南京某高档商品住宅楼[46]，采用了高性能的围护结构、地源热泵、新风全热回收和节能灯具等多项节能技术，实际测试得到的全年空调采暖耗电量44.5kWh/（m^2·a），该地区居民全年空调采暖用电量大多在15～30kWh/（m^2·a）之间，从能耗强度来看，该采用大量节能技术的住宅楼，能耗反而大大高于一般住宅。

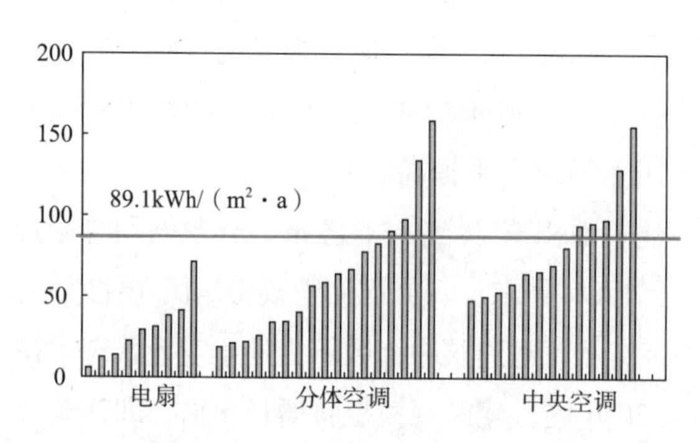

图1.7　北京某高校校园建筑能耗强度分布[kWh/（m^2·a）]

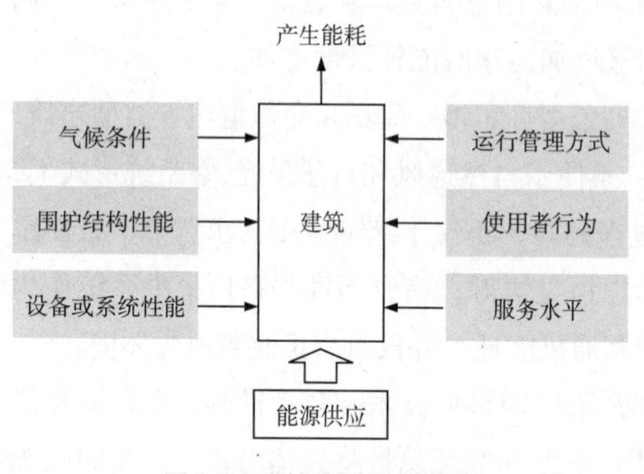

图1.8　建筑能耗影响因素

为什么会出现采用高能效节能技术的建筑，其能耗强度反而高于同功能建筑能耗平均水平的情况？认识这个问题，需分析影响建筑能耗的因素。基于已有研究[47]，考虑建筑用能的各终端用能项的能耗产生原因，认为影响建筑能耗的因素主要包括气候条件、围护结构性能、设备性能与效率、服务水平、运行管理方式和使用行为（图1.8）。在这些因素共同作用下，建筑消耗了来自能源生产端提供的各类能源。由此来看，高能效节能技术是属于设备系统性能或围护结构性能项，只是影响建筑能耗的部分因素。

分析影响因素的作用主体，气候条件为自然客观因素，而其他五项均是人可以参与改变的因素。这五项因素对于建筑而言，围护结构性能和设备或系统性能可以认为是技术因素，而后三者可以归纳为使用与行为因素。

已有大量研究者分析过技术因素的影响，通过技术因素实现节能的途径可以归

纳为：第一，提高围护结构保温性能或气密性可以减少建筑冷热负荷，从而减少空调或采暖能耗；第二，提高设备能效可以减少处理单位冷热负荷所需的能耗；第三，提高灯具、电器等能效，可以减少单位使用时间的能耗等。通过技术因素实现节能的技术原理比较清楚明确，在一定的服务量或服务方式下，通过改善围护结构性能或提高设备系统的能效，都有可能取得明确的节能效果。

另一方面，对于使用与行为因素的影响也逐渐引起了国内外研究者的重视。Verhallen T M M 等 [48] 认为，使用方式（如房间设定温度，窗帘和走廊门的开关）和建筑特点（如建筑保温、邻室传热等）是影响采暖能耗的两个主要因素；Seryak J 等 [49] 通过对 350 户居民生活能耗调查分析，认为使用方式对住宅能耗有显著的影响，对节能十分重要；江亿 [50] 通过对比中外建筑能耗，认为使用方式是造成中外能耗差异的主要原因；李兆坚等 [51] 通过调查测试认为空调运行模式是影响住宅空调能耗的最重要因素，住宅空调行为的节能潜力和“耗能”潜力均很大；朱光俊等 [52] 通过模拟分析认为，室内人员作息、空调控制温度，开启空调的容忍温度是影响空调能耗的重要因素。这些研究从不同角度分析了使用与行为因素对建筑能耗的影响，归纳分析使用与行为因素的内容举例见表 1.3，可以认为由于在这些方面人对建筑、设备和系统的使用方式不同，建筑能耗出现了明显的差异。本书在研究过程中，采用 DeST 能耗模拟工具，得到在三种类型的生活方式下 [47]（节约意识主导型、使用方式主导型和高室内服务要求主导型），上海家庭空调用电强度分别为 0.9kWh/（m^2·a）、9.5kWh/（m^2·a）和 20.7kWh/（m^2·a），研究发现不同的生活方式对照明、家电和采暖等能耗强度同样有巨大的影响。因此，认为使用与行为因素对建筑能耗有着十分显著的影响。

使用与行为因素的内容举例 **表** 1.3

	公共建筑	住宅
建筑	建筑物使用时间	人员在家时间
建筑使用人员	人员的分布和移动	人员在不同房间的时间
房间设备	照明开启时间； 办公设备使用时间； 空调开启时间、设定温度； 开关窗户行为等	家用电器使用时间或频率； 生活热水用量和时间； 空调开启时间、设定温度； 开关窗户行为等
用集中系统建筑运行管理人员	中央空调运行时间； 通风系统运行时间和风量； 照明、电梯的开启时间等	中央空调运行时间； 通风系统运行时间和风量等

进一步分析使用与行为因素的影响，文献研究还表明：第一，不同的使用与行为方式需要不同的技术支撑降低能耗的目标；第二，随着技术水平的提高，人们的需求将增长。

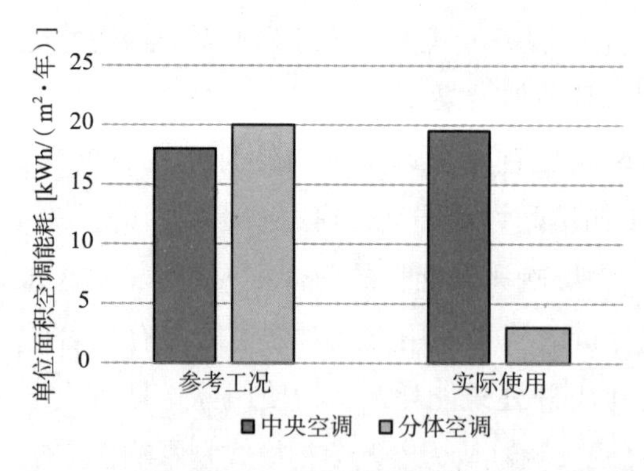

图 1.9　北京地区住宅建筑夏季不同空调方式能耗

首先，从使用与行为方式与技术因素来看，江亿等[46]研究认为，在不同的需求模式下，广州地区建筑加保温与否对空调能耗影响不同，是否加强建筑气密性并采用排风热回收、采用风机盘管或变风量系统，以及是否采用集中生活热水供应方式，实际能耗状况会有显著的不同。谢子令等[53]研究认为窗的传热系数对夏季空调能耗的影响与空调运行模式相关，在连续式、间歇式和间歇式空调 + 自然通风模式下，降低传热系数，对空调能耗影响大小不同。本研究通过模拟分析和实际测试研究了北京住宅中空调能耗强度，如图 1.9 所示，在连续使用的情况下，中央空调由于有更高的能效，能耗低于分散空调形式；而在间歇使用情况下，分散空调能耗强度仅约为中央空调能耗强度的 1/6。如果以实际能耗为节能依据，两种模式下选择的节能技术不同；而不同技术条件下，能耗差异十分显著。

其次，建筑和设备的使用需求随着技术水平的提高而增长。在空调设备发明之前，人们对于室内环境的改善需求通过改进建筑设计来实现；随着空调设备的推广应用以及技术的不断进步，对于室内环境的控制要求越来越高；各项家电设备的种类丰富，家电用能量也持续增长。这样来看，即使技术的能效提高了，在人的需求持续增长的情况下，建筑能耗总量也有可能大幅增长。

总结来看，技术和使用与行为共同影响着建筑能耗，不同使用与行为方式需要不同的技术措施来支撑降低能耗的目标；在技术进步的情况下，如果不加以引导和规划，需求将不断增长。这样一来，只有对实际能耗强度的控制，才可能自下而上地实现能耗总量控制的目标。

基于建筑能耗总量控制需对实际能耗强度进行控制这样一个认识，有关部门组织编写了《民用建筑能耗标准》，并已上网公示征求意见。从节能标准的作用来看，已有的建筑节能相关标准，主要用于指导建筑设计与技术实施，属于技术性标准。与已有标准不同，《民用建筑能耗标准》是目标性标准，即通过规定建筑能耗指标、明确

建筑节能的工作目标，引导建筑节能设计、运行以及技术开发，为建筑节能管理提供依据。这项标准将推动建筑节能工作向以实际能耗为依据的方向转变，对于我国建筑节能工作有着非常重要的意义。本书将结合建筑节能技术路径的研究，对其内容和应用进行论述。

1.2 建筑能耗总量控制需解决的核心问题

为实现对建筑能耗总量的控制，从目标到实现途径分析来看，必须解决以下几个核心问题：

第一，建筑用能总量控制的目标值是多少？

推进建筑能耗总量控制，首先应明确建筑可用能量的上限，以作为总量控制必须达到的要求。可消耗的能源总量，受能源供应能力和对资源环境的影响所制约。当前我国处于高速发展的阶段，建筑、工业和交通各部门能耗都有较大的增长趋势，未来能源可消耗的总量是多少？在保障国家经济稳定发展和人民生活合理需求的情况下，建筑部门最多可消耗的能源是多少？这个上限值是建筑能耗总量控制的规划设计的依据。

第二，依据怎样的分类对建筑能耗总量进行分解规划？

在明确建筑能耗总量控制的上限后，应根据建筑用能特点对总量进行分解规划。针对我国实际建筑能耗特点对建筑用能进行合理的分类，是开展总量规划并制定相应节能政策和推动相关技术措施的前提条件。不同类型建筑用能，其主要能耗强度影响因素不同，宏观参数以及其发展趋势不同，用能现状和可行的节能空间大小不同，因而，节能目标和途径也将明显不同。

例如，城镇化发展，未来城镇人口增加，将驱动城镇住宅用能增长；农村传统用能方式，生物质是炊事、采暖和生活热水的主要能源类型，鼓励其充分利用生物质，对节能有着重要的意义。因此，应根据建筑用能的类型，对能耗总量控制的目标进一步地设计规划。

第三，各类建筑用能规划目标是多少？

在建筑用能分类的基础上，应进一步明确各类用能的总量目标。一方面，根据当前各类建筑能耗总量现状，以及宏观参数和能耗影响因素的发展趋势，自上而下初步确定各类用能的总体目标；另一方面，从实际能耗强度现状，以及可行的节能政策和技术措施，自下而上地论证各类建筑用能可行的目标。综合两个角度得到的结果，与建筑能耗总量控制的目标进行校验，从而论证能耗总量的可行性。

此外，宏观建筑能耗量与建筑面积量直接相关，例如，公共建筑能耗总量与单位面积能耗强度和公共建筑面积相关；住宅中空调和采暖能耗、家庭住宅面积相关。因而，在对各类建筑用能总量和能耗指标规划的同时，应考虑建筑规模的引导和规划。

第四，如何验证规划的能耗指标是否达到总量控制的要求？

国家建筑能耗包括了各地区和各类型的建筑用能，需要有计算分析工具，根据具体的建筑能耗指标结合相应的宏观参数，测算得到国家的建筑能耗量，从而校验规划的能耗指标值是否达到了总量控制的要求。而这个工具还需支持分析不同的政策或技术措施对建筑能耗产生的影响，从而研究和判断在未来不同发展方式下，建筑能耗总量可能的情景。

第五，如何实现各类建筑用能规划的目标？

在明确各类建筑的能耗强度和总量的控制目标后，进一步的工作就是在考虑当前建筑用能现状、各项影响能耗的技术因素和使用与行为因素及其发展趋势的基础上，从发展规划、节能政策、技术措施和管理方法等层面，确定切实可行的节能路线。

这五个问题是实现建筑能耗总量控制必须解决的核心问题，本书将基于大量的调查和统计数据，从建筑能耗组成和影响因素开展理论分析，逐步研究并解决各个问题，从而完成基于能耗总量控制的建筑节能路径研究。

1.2.1　建筑能耗总量问题的研究

研究当前建筑节能发展规划，在《“十二五”建筑节能专项规划》（2012 年 5 月）中提出的建筑节能总体目标是“到‘十二五’期末，建筑节能形成 1.16 亿吨标准煤节能能力”，这里提到的“节能能力”很难直观理解，也难以在实际能源消费中体现出来；在《节能减排“十二五”规划》（国发〔2012〕40 号）（2012 年 8 月）提出的建筑节能目标为扩大北方采暖地区既有居住建筑改造面积和提高城镇新建绿色建筑标准执行率，以具体措施为目标，没有直接体现在能耗上，难以量化评价这些措施带来的节能效益；在《能源发展“十二五”规划》（国发〔2013〕2 号）（2013 年 1 月）中提出了国家能源消费总量控制在 40 亿 tce，用电量 6.15 万亿 kWh 的目标，然而，并没有明确建筑节能总量控制的目标。由此来看，现有节能相关规划，没有针对建筑能耗总量控制提出总量目标以及相关技术路径。

而目前国内外研究机构对未来建筑能耗总量的研究，主要用情景分析的方法做发展预测，例如，EIA 按照石油价格不同[54]给出五种未来建筑能耗情景，认为到 2030 年，中国建筑能耗应在 11 亿 ~ 13 亿 tce 之间，我国以煤为主要火电燃料，且建筑中石油消费量较少，因此，认为石油价格并不能直接影响建筑能耗。LBNL[55]和 ERI[56]根据能源政策和技术发展趋势预测。一方面，这些情景分析是根据当前建筑能耗状况，并假定一些政策或技术给出的预测，并未充分考虑我国能源供应能力和能源消耗对环境的影响；另一方面，从建筑能耗影响因素来看，能源价格主要影响各类终端的使用方式，然而中国以煤为主要一次能源（约占供应总量的 75% ~ 80%），石油主要用于交通，对建筑用能的影响有限，而从政策和技术角度看，又难以约束使用需求的增长。这些情景分析研究，未能解决中国未来建筑能耗总量上限的问题。

IEA[19]根据不同节能减排政策的执行强度对未来进行了预测，并分析了能源使用产生 CO_2 排放对环境的影响。认为在当前各项政策不调整的情况下，未来由于能源使用产生的碳排放将使得全球温度升高约 6℃，大大超出 IPCC 提出的温度不能超过 2℃[57]的控制目标；为此，IEA 提出了加强节能政策和技术措施情景（450 Scenario），为实现全球气温升高不超过 2℃，各国都应控制能源消耗量，而到 2030 年中国建筑能耗应控制在 8.35 亿 tce（未包括生产热力的一次能耗）。IEA 从控制能源使用对环境的影响角度，提出了未来建筑用能的总量目标。然而，其对中国各部门能耗现状，尤其是建筑能耗现状的认识还存在不足，例如，对于采暖能耗量仅从建筑耗热量统计，未考虑集中供热的一次能耗；在中国农村未能纳入统计的大量的煤耗等。因而，其提出来的 8.35 亿 tce 也未考虑这些因素。同时，也没有分析中国未来的能源供应能力。

对于能耗总量控制的目标，中国工程院[58]从能源供应和对环境影响的角度研究认为，到 2020 年中国能源消耗总量不应超过 40 亿 tce，而未针对建筑用能进行分析。江亿等[59]结合工业、交通和建筑的发展需求，认为建筑能耗总量应控制在 10 亿 tce 以内。这项研究从宏观层面自上而下的规划建筑用能，并从当前建筑用能现状进行论证。然而存在尚未结合生态文明理念进行节能路线的深入论证，能耗总量上限有待更全面的分析，而对各类建筑用能的节能途径和目标方面，还需要进一步根据建筑能耗影响因素及其发展趋势进行深入而系统的分析等问题。

综合以上，我国未来建筑能耗总量控制目标的问题，还需要结合我国能源供应能力、能源使用对环境影响以及各用能部门的能耗现状和发展需求，进一步深入分析。

1.2.2　建筑用能分类与用能规划研究

（1）对建筑用能的分类的研究

分析各国及相关研究对建筑能耗的分类，有以下三种情况：

第一，美国（EIA[41]）、日本（IEEJ[42]）以及国际能源署（IEA）把本国或世界各国的建筑能耗按照建筑功能分为住宅能耗和公共建筑能耗两类。

第二，中国国家统计局[60]基于生产或消费行业给出能源消费数据，建筑能耗未单独列出，而是包括了中国能源平衡表中的“生活消费”（主要为城镇和农村住宅用能），“批发、零售业和住宿、餐饮业”以及“其他”（主要为公共建筑用能），以及“交通运输、仓储和邮政业”中的一部分（属于公共建筑用能）。

第三，杨秀[61]认为中国能耗应分为北方城镇采暖能耗、夏热冬冷地区城镇采暖能耗、城镇住宅除采暖外能耗、农村住宅能耗和公共建筑除集中采暖外能耗等五类。

从发布数据的目的来看，EIA、IEEJ 和中国国家统计局主要为了公布当前国家宏观能源消耗现状；IEA 所发布的数据主要来自各国的统计部门，主要综合了世界各国能源消耗现状，并根据能耗现状对建筑、工业和交通部门提出了节能的相关政策和技术建议。杨秀的研究主要为了解当前中国建筑能耗的现状和特点，并以此为基础分析中国建筑节能的问题。基于不同的目的，各国和相关研究对宏观建筑用能现状的分析角度和深入程度不同。

反过来看，将建筑能耗分为住宅和公共建筑两类，符合发达国家建筑能耗的现状特点，即建筑用能特点的差异主要来自于建筑功能。而发展中国家，以中国、印度为例，城乡发展水平差异巨大，城乡住宅能耗特点有显著的差异，表现为能耗强度、用能方式和能源类型不同，仅从能源类型看，通过 IEA 公布的数据，中国和印度住宅建筑能耗中包括大量生物质能耗（约占总住宅能耗数据的一半），这些生物质能是在农村住宅中由农户自主收集使用，尚未像发达国家一样商品化，而中国国家统计局并没有将农村生物质能耗纳入统计范畴。因而，要表达中国宏观建筑用能现状并研究建筑节能途径，需根据中国的实际情况进行分类。

除建筑功能差异外，由于在建筑形式、能源类型和用能水平等方面的巨大差异，城乡住宅建筑能耗有显著不同；而考虑到北方地区的集中供暖方式十分普及，采暖的一次能耗是在集中热源处且采暖系统的运行与管理方式与其他终端用能显著不同。这样来看，我国建筑用能至少可以分为北方城镇采暖用能、公共建筑用能、城镇住宅建筑和农村住宅建筑用能等四类。杨秀在这四个分类上，还增加了夏热冬冷

地区城镇采暖用能一项，而该项用能在使用方式、能耗强度与其他终端用能项并无显著差异。

总体来看，由于建筑功能、城乡差异以及北方城镇采暖方式等原因，研究中国建筑用能现状和节能途径，不能仅仅将建筑能耗区分为住宅和公共建筑两类。

（2）建筑用能规划或能耗指标

在已有研究中，IEA 提出中国建筑能耗总量应控制在 8.35 亿 tce，在考虑住宅和公共建筑分类的情况下，两者能耗总量应分别控制在 5.62 亿 tce 和 2.73 亿 tce 以内。而江亿等[59]研究认为，在建筑规模为 600 亿 m^2 的情况下，严格控制各类能耗强度，建筑用能总量可控制在 8.4 亿 tce，各类建筑用能规划见表 1.4。

建筑用能控制规划 **表 1.4**

	建筑面积（亿m^2）	能耗强度（$kgce/m^2$）	能耗总量（亿tce）
北方城镇采暖	150	10	1.5
城镇住宅（除北方采暖外）	240	14.6	3.5
公共建筑（除北方采暖外）	120	20	2.4
农村住宅	240	4.2	1
总计	600	14	8.4

分析来看，IEA 按照住宅和公共建筑分类进行能耗规划，没有区分城乡住宅用能的差异，在农村人口大幅减少的情况下，未来农村住宅用能总量很有可能减少，且城镇住宅用能的趋势与农村有明显差异，因而 IEA 对建筑用能的规划难以指导中国城乡建筑用能的发展。而江亿等从中国建筑用能的特点出发，根据当前各类建筑用能的现状以及整体发展趋势，给出了各类用能的总量规划以及能耗强度指标；然而，其城镇和农村住宅的规划指标按照单位面积能耗强度给出，没有把握住宅以户为单位的特点，难以起到有效的规划引导作用。

调查当前对建筑用能的规划，除了对各类型建筑用能的总量进行控制引导外，法国、德国等发达国家，对建筑整体能耗强度或采暖、生活热水能耗强度提出了相应的控制指标。法国在 2005 颁布的节能舒适建筑标准《RÉGLEMENTATION THERMIQUE 2005》（RT2005）[62]对不同地区住宅建筑规定了采暖、空调和生活热水的能耗指标见表 1.5。而德国在其 2007 年颁布的建筑节能条例《EnEV 2007 - Energieeinsparverordnung für Gebäude》[63]中对新建的住宅建筑和公共建筑按照建筑的体形系数分别提出了最大需热量指标，提出能源证书制度，用以约束新建和既有建筑用能。对于欧洲发达国家，新建建筑量有限，提出能耗控制指标，基本上界定了建筑能耗总量。然而，中国正处于快速发展阶段，每年有大量的住宅和公共建筑竣工：2011 年新建住宅和公共建筑面积 [44] 达到 34.5 亿 m^2；近 10 年来，建筑总量增长近一倍。为实现建筑用能规划的目标，需对建筑面积总量进行引导规划，否则不但建筑能耗总量难以控制，大量新建建筑所造成的资源消耗和环境影响，也非常不利于我国生态文明建设。

总体来看，建筑用能的分类与各类建筑能耗总量和指标的规划，是实现建筑能耗总量控制的必要途径。而为保障各类建筑能耗总量和能耗指标可以落实，则需建立相应的节能政策和技术措施。

采暖、空调和生活热水能耗上限值 [单位：kWh/（m^2·a）]　　**表 1.5**

气候区	化石燃料	电热（包括热泵）
H1（北区）	130	250
H2（中部）	110	190
H3（地中海）	80	130

（3）宏观建筑能耗计算模型研究

已有一些研究者提出了宏观建筑能耗的计算模型，其中包括 IEA 对全球各国建筑用能提出的 WEM 模型 [64]，Zhou Nan 等 [55] 基于 LEAP 模型 [65] 提出的中国建筑能耗计算方法和清华大学杨秀提出的 CBEM 模型 [61]。

这几个模型的共同特点是，将建筑中各项能耗强度（如采暖、空调、照明和热水等）作为输入参数，并结合人口、建筑面积、户数和设备拥有率等，自下而上地计算宏观建筑能耗。不同点主要体现在模型中的建筑用能分类、建筑能耗所包括的内容和能耗指标类型上。从分类来看，IEA 和 Zhou Nan 的模型将建筑能耗分为住宅用能和公共建筑用能两类，这样的分类方法难以表达我国建筑能耗特点，也难以有效支撑建筑节能总量控制的技术路径研究，杨秀根据其对中国建筑用能特点的认识，在 CBEM 模型中将建筑用能分为了五类，较前两者更清晰地反映了我国建筑用能的构成以及各类用能发展规律，有利于支撑政策与技术措施制定；从建筑能耗的内容看，IEA 对集中采暖用能仅计算了建筑物消耗的热量，未考虑热源生产热量的效率和输配过程的损失；在能耗指标方面，杨秀的模型以单位面积能耗作为住宅建筑能

耗指标，而另外两者则以户均能耗作为住宅建筑能耗指标。

从现有的能耗计算模型看，自下而上的计算方法可用于分析能耗强度控制能否实现总量控制的目标，而在建筑用能分类、能耗内容和指标设计方面还有待进一步分析和完善；以能耗强度作为输入参数，未体现技术因素和使用与行为因素对建筑能耗的作用，难以分析政策和技术措施对宏观建筑能耗的影响。

1.2.3 建筑节能途径研究

分析已有关于推动建筑节能的政策与研究，可以从战略规划、政策措施、节能管理和技术手段等方面，归纳现有的对于各类建筑用能的节能途径认识。其中战略规划和政策措施主要由政府主导，也有一些研究者提出了相关建议；而节能管理和技术手段则主要由技术人员和建筑使用者参与实施，有大量的关于优化运行、技术应用、节能设计或改造的研究，推动建筑节能工作。

（1）战略规划和政策措施

研究近年来国家颁布的建筑节能发展规划和政策措施，主要包括：2007 年，由国务院颁发的《节能减排综合性工作方案》（国发 [2007]15 号）对新建建筑要求“执行能耗限额标准全过程监督管理，实施建筑能效专项测评”，对于达不到标准的建筑，将不批准开工或不进行竣工验收，这项政策提升了新建建筑能效水平，但未对建筑使用阶段进行监管，许多建筑在设计或竣工时能满足测评要求，但实际使用阶段并不满足；2012 年，由住房和城乡建设部颁发的《“十二五”建筑节能专项规划》以发展绿色建筑、加强节能监管体系建设、深化供热体制改革、推动可再生能源利用等作为新建建筑、公共建筑、北方城镇采暖等方面的节能发展方向，并规划各项政策措施的节能能力建设目标；2013 年，国务院印发的《能源发展“十二五”规划》（国发 [2013]2 号）中，将供热管网改造和实现计量收费、能耗定额管理作为控制能耗总量的重要措施，然而，供热计量与收费机制改革难以推广应用，能耗定额管理也难以有效落实；同年，由国家发展改革委以及住房城乡建设部制定的《绿色建筑行动方案》，从“抓好新建建筑节能工作”、“推进既有建筑节能改造”和“城镇供热系统改造”等十个方面提出了绿色建筑发展规划。总结来看，节能规划和政策主要包括加强新建建筑节能、进行供热改革、能耗限额和能效测评、既有建筑节能改造和发展可再生能源等内容，这些政策从各个方面推动建筑节能工作的开展，也取得了一定的效果，在各项工作之间系统性、实际执行力与监管力度等方面还有待提升。

从现有的研究来看，仇保兴（2010）[66] 将积极发展生态城市作为生态文明建设的重要内容，在建设阶段应重点考虑低能耗的建筑形式并充分利用可再生能源，从而尽可能降低建筑能耗。提出以降低能耗为建筑设计目标，与前面提到的专项规划中的以节能能力为目标的战略规划有了明显的不同。清华大学建筑节能研究中心（2012）[67] 基于南北方农村能源现状特点调查分析，认为在北方农村应大力发展“无煤村”，通过被动式设计或生物质利用尽可能避免使用煤炭；而在南方可以充分利用自然资源条件发展“生态村”，从而改善农村生活环境并提高农民生活质量。在发展理念上，充分考虑了农村能源和资源特点，尽可能使得建筑使用与自然条件相融合。孙高峰（2007）[68] 提出了完善建筑节能法规以及技术标准体系，制定经济鼓励政策，推进城市供热收费体制改革等方面的政策建议；瞿燚等（2010）[69] 在参考美国和日本节能政策经验基础上，提出我国应该构建包括国家立法、配套政策（能效标准标识、经济激励）和政府管理三部分的节能政策支撑体系，以推进建筑节能工作的开展；丰艳萍（2010）[70] 提出应对既有公共建筑采取监督检查与考核、补贴节能改造项目、税收优惠以及资金奖励等激励措施，充分发挥市场的作用，推动既有公共建筑节能加速进行。这些政策建议，涉及法律法规的制定、财政与税收机制、政府监督管理等方面，提倡补贴或奖励等经济激励措施，一定程度反映了我国建筑节能市场尚未成熟，仍需要政策大力扶持的现状；另一方面，如果以经济激励作为节能的支撑，未激发节能市场的自身动力，将难以长期持续下去。

总结来看，当前的宏观建筑节能规划和政策措施，立足于当前我国建筑用能的现状，希望通过自上而下的方式推动建筑节能发展。然而在内容上还未能针对我国各类建筑用能的特点提出相应的规划和政策措施，并且未与技术手段与使用方式结合分析，难以论证其实际效果。

（2）节能管理和技术手段

各类节能设计标准是目前建筑节能管理的主要工具，例如，《严寒和寒冷地区居住建筑节能设计标准》和《夏热冬冷地区居住建筑节能设计标准》，从建筑和围护结构热工设计，采暖、通风和空调节能设计方面给出了明确的指标，各级节能监管部门以此为依据，对新建建筑节能设计和既有建筑节能改造进行管理，对于北方地区城镇采暖节能起到了显著的效果。而龙惟定（2005）[71] 指出当前建筑节能标准中 50%、65% 的基准实际是虚拟的目标值，不能将节能率作为建筑节能的目标；杨玉兰等（2007）[72] 参考欧盟能效指令 EPBD，指出我国目前建筑节能设计标准主要是关于建筑设计阶段的标准，没有明确能耗计算方法和建筑最小能耗要求，应尽快实施建筑能效证书制度，同时对政府财政支持的大型公共建筑规定建筑最小能耗要

求，而对住宅建筑应采用宣传教育以及经济手段。从实际调查能耗数据来看，并未出现节能 50% 或 65% 的节能量，除北方城镇供暖能耗强度外，公共建筑和城镇住宅建筑能耗强度实际是在增长的。

江亿等（2012）[59] 针对北方城镇采暖、公共建筑、城镇住宅和农村建筑等四类建筑用能分别提出了加强北方城镇建筑围护结构保温和推广高能效热源，在公共建筑中推广分项计量，发展与住宅行为相适应的技术以及在农村充分利用生物质能源的技术节能途径，并结合目前各项技术水平，讨论了各项技术可实现的节能效果。相对于之前的研究，注重从建筑用能特点出发，针对性地提出不同类型的节能技术建议，更具全面性。

在节能技术方面，范亚明等（2004）[73] 指出应加强围护结构节能技术、新的建筑节能模式和综合开发利用新能源等方面的研究。高坤云（2006）[74] 从建筑围护结构、暖通空调系统性能和可再生能源利用方面分析了建筑节能技术，认为推广高能效的集中供热或供冷技术是实现节能的重要技术手段，然而，大量实际工程表明，“高能效”的集中供热或供冷技术往往能耗也高，仅仅考虑高能效并不能解决建筑中节能的问题。李雪平（2010）[75] 根据寒冷地区农村住宅建设存在的主要问题，提出应从建筑体型、围护材料和利用可再生能源三方面开展该地区农村住宅节能工作。这些研究突出了技术对推动节能的作用，从不同环节考虑技术措施的应用效果，然而，从实际工程来看，应用高能效的技术并不一定取得节能的效果，实际使用与运行方式对能耗有着非常显著的影响。

分析当前节能技术途径的研究，关于技术手段节能有两种差异显著的观点：

1）一种是认为技术因素是节能关键 [76] ~ [79]（如前面北京某高校校园办公建筑和南京某高档住宅小区），原因是：首先，节能技术或措施的能效高；其次，实际能耗大大低于美国同类建筑；第三，这些建筑提供了更好的服务，即使运行能耗高于同类建筑，仍然是节能的；第四，采用节能技术能够满足未来服务增长情况下的节能要求。

2）而与之相对的观点 [80][81] 则指出：首先，实际能耗应该是检验节能的唯一标准；其次，技术的能效不是影响能耗的唯一因素，高能效不等同低能耗，这是由于使用与运行方式对能耗有明显的影响。

从文献调查来看，一些研究者已经认识到使用与行为方式对建筑能耗有重要的影响。何琼（2009）[82] 提出节能建筑要注重运行管理，应加强对用户的宣传，完善建筑能耗的监测、统计、审计和披露制度。叶水泉（2010）[83] 认为应防止建筑领域盲目高技术、高投入地“低碳化”，应该选择合理的技术措施，回归人与自然的和谐发展方式。江亿等（2011）[46] 认为建筑能耗受建筑的使用模式、室内环境需求水平的影响，不同的使用模式对技术措施的需求不同，而技术措施反过来又约束或影响了使用模式，例如，习惯自然通风和采光的使用者，需要良好的通风和自然采光设计，如果将外窗设计成不可开启，将约束其使用行为。使用与行为的因素对于建筑能耗的影响十分重要，虽然当前有一些研究已经开始认识到这点，但从定性的分析到定量的结论，还有大量研究待深入。

分析已有的节能政策和技术措施研究，还未能完全解决建筑能耗总量控制的五个核心问题。具体来看，建筑能耗总量上限有待明确，对于我国建筑用能分类研究大多未从我国实际情况出发，而且也没有提出各类用能的能耗控制规划，宏观建筑能耗分析工具有待完善，围绕建筑能耗总量控制的节能规划、政策、管理和技术还不完备等。由此来看，针对建筑能耗总量控制还需开展大量的研究工作。

1.3　路线图研究思路

从建筑能耗总量控制需要解决的关键问题出发，本书研究的技术路线为（图 1.10）：

首先，从能源供应和碳减排要求分析我国能源可消费量的约束。调查国内外宏观能源数据，从储量限制、经济可开发和能源安全等因素分析未来我国能源总的供应能力；另一方面，基于碳减排理论研究及排放现状，从全球碳排放公平性原则出发，分析未来化石能源可消耗量的限制。从这两方面确定我国能源消费总量的上限。进而通过数据分析工业、建筑和交通用能现状以及未来发展的趋势，提出在满足人们生活需求和国家经济稳定发展的情况下，建筑用能应控制的上限，并根据当前建筑用能现状，提出初步的建筑用能规划。

第二，由于建筑面积是宏观建筑能耗量的主要影响因素，这里先研究分析当前建筑面积规模、建设速度，以及建造产生的资源消耗和环境影响，并对比国内外人均建筑面积水平；进而从生态文明建设的理念出发，结合居民对理想建筑面积的调查，分析在我国资源条件紧缺条件下，为实现建筑能耗总量控制，应尽量控制的各类建筑面积总量的规模。

第三，基于大量数据调查和对建筑能耗影响因素的理论分析，提出了我国宏观建筑能耗用能分类及其指标，改进现有的宏观能耗计算模型；为分析未来不同技术应用以及使用方式变化对宏观能耗的影响，提出了基于技术因素和使用与行为因素的能耗强度分析模块。

第四，自下而上提出各类建筑用能的可行的节能目标和实现路径。具体研究方

法为：分析各类能耗现状并与国外情况对比，初步明确当前我国建筑能耗整体水平；进而基于大量实际调查数据，分析各类建筑能耗特点以及各个环节可能的能耗降低空间；通过实际案例，论证节能目标的可行性；最后，从节能政策、技术措施、管理方法以及发展规划等方面，提出各类建筑能耗的控制目标以及实现目标的路径。

最后，总结自下而上获得的各类建筑用能规划目标，并与通过自上而下分析得到的建筑用能上限进行比较，验证用能规划是否达到总量控制的要求；分析在不同建筑规模下的建筑能耗总量情景，进一步明确建筑能耗总量控制的目标与实现路径，提出整体的政策建议。

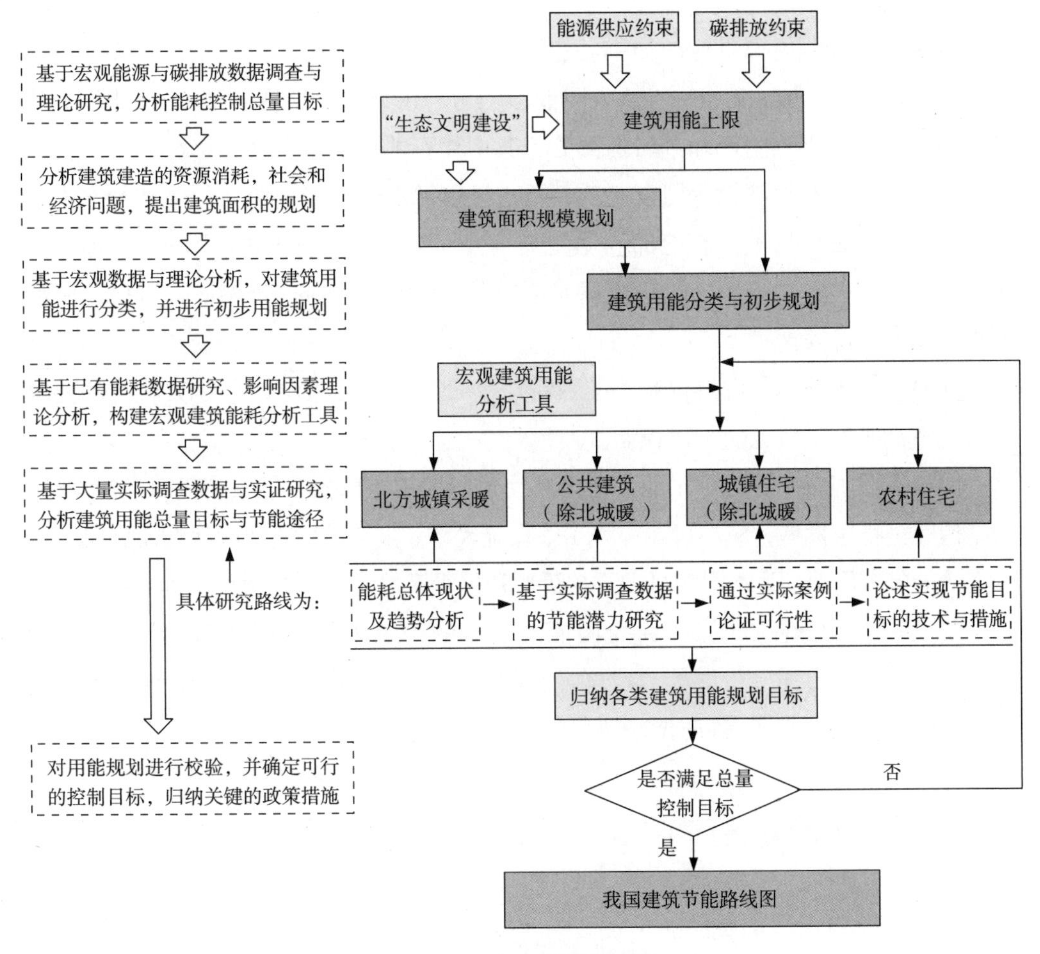

图 1.10 研究的技术路线

注：“北城暖”指北方城镇采暖。

第2章 建筑用能上限问题研究

2.1 建筑能耗的约束条件分析

能源消费受到能源供应的约束。能源供应类型主要有化石能源（包括煤、石油和天然气等）、可再生能源（包括太阳能、水力、风力、生物质能等）、核能等。从其来源看，包括国内生产和进口两部分，其中化石能源的生产受到资源储量、技术水平、生产安全和经济性等因素制约，可再生能源的生产受资源条件、技术水平以及经济性等方面的影响，核能的利用受安全性、对环境影响和建设周期的约束；而进口能源量受能源出口国、运输路线安全以及国际政治限制，过度依赖进口能源将不利于国家能源安全。

同时，由于化石能源燃烧是人类活动产生 CO_2 的主要来源，在 CO_2 减排的要求下，化石能源的消费也应加以控制。

国家能源消费主要包括工业、建筑和交通三个用能部分。工业是我国经济支柱，为维持经济稳定发展，应尽可能保证工业用能需求；建筑和交通用能都涉及居民工作和生活的方方面面，为不影响居民日常活动和生活需求，也应充分考虑其用能需求。

基于以上的分析，图 2.1 为我国能源消费的约束条件，下面将从能源供应和 CO_2 减排要求两方面分析能源消费总量上限，并结合工业、建筑和交通现状及发展需求，分析和规划未来建筑用能量。

2.2 我国能源消费量上限研究

2.2.1 能源供应总量约束

能源供应包括国内生产和进口两部分，比较我国能源消费量与国内能源生产量[20]（图 2.2），1996 年以前，我国能源供应与消费属于自给自足型；2000 年以后，

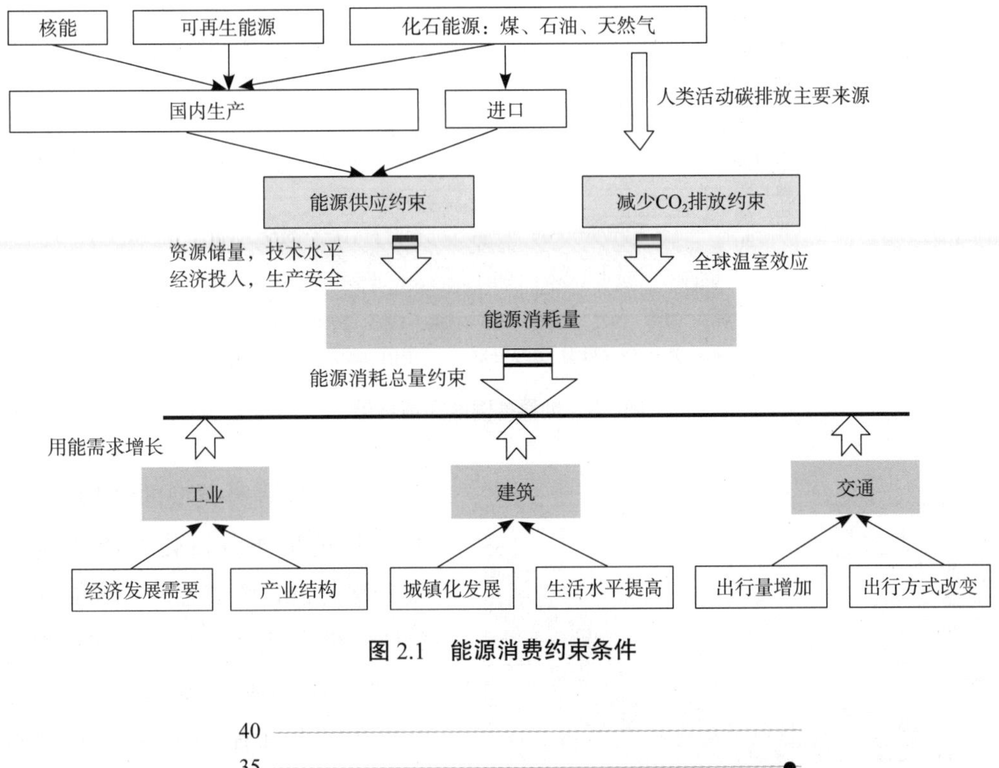

图 2.1　能源消费约束条件

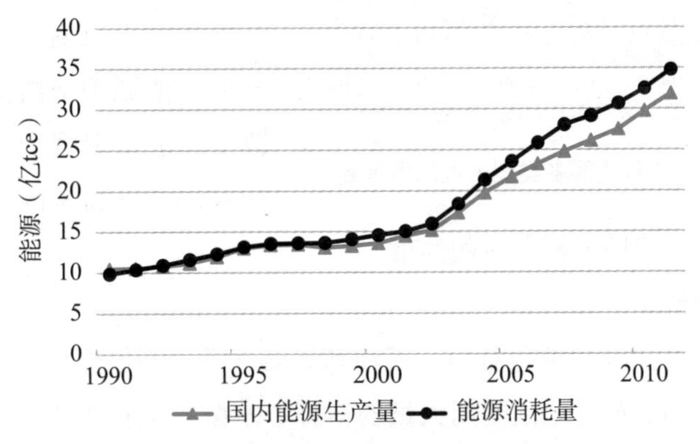

图 2.2　我国能源消耗与国内能源生产量

国内生产的能源量少于能源消费需求，进口能源量及其与消费量的比例也在逐年增长。2011 年，能源进口量占能源消费量的 17.9%。

从世界范围来看（图 2.3），2011 年，世界能源消费总量[84]为 175.4 亿 tce，中国能源消费占世界的近 20%。中国、印度等发展中国家能源消费量的增加，是世界能源消费总量增长的主要原因，而日本、欧盟和美国等发达国家和地区能源消费总量已基本维持稳定。相比于发达国家，能源供应能力及安全保障问题，对于我国来说尤为突出。

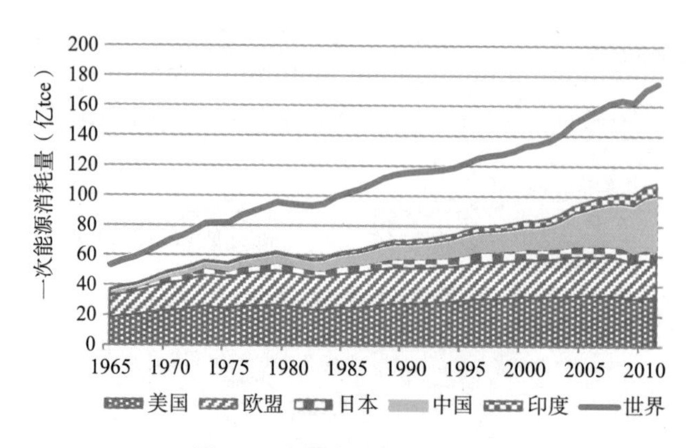

图 2.3　世界各国能源消耗量

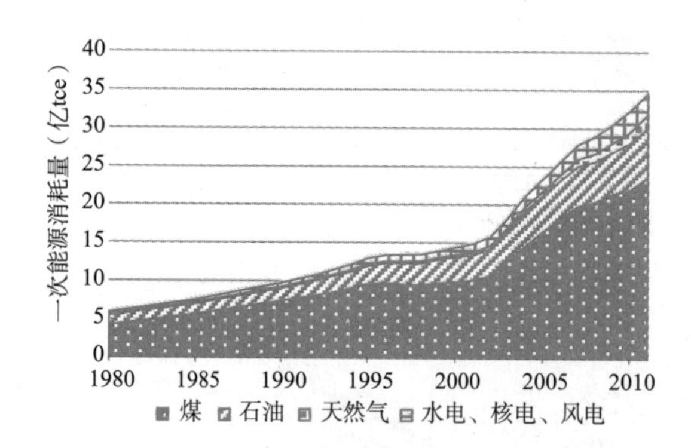

图 2.4　1980 ~ 2010 年我国各类型一次能源消费

从能源消费类型的结构分析，我国目前仍然是以化石能源为主要一次能源，约占总的一次能耗的92%，煤占化石能源消费的 74%。不同类型能源使用系统和设备不同，从历史发展来看（图 2.4），短期内这样的能源消费结构难以发生大的改变。能源消费结构由能源供应结构决定，下面从国内能源生产和能源进口两方面分析我国能源供应的约束。

（1）国内能源生产

我国国内生产能源主要包括煤、石油和天然气等化石能源，水电、风电等可再生能源，以及核电；农村地区使用大量的秸秆、木柴等生物质能，并未像发达国家一样商品化，尚未纳入国家能源统计数据中；此外，太阳能热、地热能等可再生能源所占的比例非常小，这里不进行详细分析。

1）化石能源

化石能源的供应受资源储量、生产技术水平、生产安全和生产及运输经济性等因素制约。

首先，从各类化石能源的储量来看（表 2.1），我国煤炭储量丰富，按照能源含热量折算，煤炭剩余技术可采储量约占我国总化石能源剩余技术可采储量的 89%，占世界煤炭储量的 13%。而石油和天然气的技术可采储量不到世界总量的 2%，我

国油气资源相当的匮乏。

2011 年我国化石能源查明资源储量　　表 2.1

能源类型	单位	查明资源储量	折合吨标准煤（亿tce）	占世界可采储量比例
煤炭	亿 t	13778.9[a]	9842.3	—
	亿 t	1145[b]	817.9	13.3%
石油	亿 t	32.4[a]	46.3	1.4%
天然气	万亿 m^3	4.0[a]	53.2	1.9%

注：1. a 处数据来自国土资源部，http://www.mlr.gov.cn/zygk/#，石油、天然气为剩余技术可采储量，2014 年 2 月 10 日；
2. b 处数据来自 BP 发布的世界能源统计 2012，为剩余技术可采储量。

2011 年，我国人口约占世界人口的 20%，即使煤炭资源总的储量丰富，人均拥有量也只有世界平均水平的 68%（图 2.5）。而石油人均储量仅为世界平均水平的 7%，天然气仅为世界平均水平的 11%。

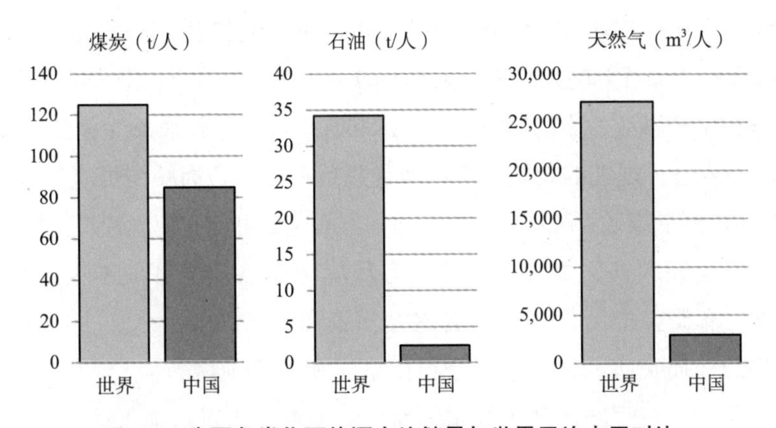

图 2.5　我国各类化石能源人均储量与世界平均水平对比

注：1. 能源储量数据分别来自于国土资源部与 BP 世界能源统计 2012；
2. 人口数据来自中国统计年鉴 2012，世界人口数据来自于联合国人口数据。

另一方面，从各类化石能源开采速度来看，2011 年我国煤炭开采约占世界当年开采量的 45.7%，也就是说，我国煤炭开采量接近世界开采量的一半。这样的开采速度使得我国煤炭储产比大大低于世界平均水平（表 2.2），而石油、天然气由于本身储量有限，储产比也远低于世界平均水平。而从化石能源勘探历史和技术发展来看，在近期内难以大幅增加堪明能源储量。由此看来，由于资源储量的限制，我国化石能源生产供应形势不容乐观。如果考虑国家长远发展，在我国人均储量远低于世界平均水平情况下，人均化石能源消耗至少应该维持在世界平均化石能源消耗水平（2.16tce/人）。

2011 年化石能源产量与储产比　　表 2.2

能源类型	我国产量	占世界产量比例	我国储产比	世界平均储产比
煤炭	35.2 亿 t	45.7%	32.5	111.9
石油	2.0 亿 t	5.1%	16.0	54.2
天然气	1026.9 亿 m^3	3.1%	39.0	63.6

注：储产比指能源储量与年生产量之比，用以表示已勘明的能源在当前开采速度下，挖掘殆尽的年限。

其次，从生产安全和经济性的角度看，能源产量也受到限制。煤炭生产的安全问题是我国能源生产必须重视的问题，调查近年来的煤矿百万吨死亡率，1980 年为 8.17，1989 年为 7.07，2001 年为 5.03，2005 年为 2.81，2009 年全国煤矿百万吨死亡率为 0.892，2011 年 [85] 为 0.564，2012 年 [86] 为 0.374，2013 年 [87] 为 0.293，2012 年煤矿事故死亡人数约为 1300 人。虽然煤矿百万吨死亡率在不断降低，但与发达国家比还有非常大的差距，发达国家的产煤百万吨死亡率大致在 0.02 ~ 0.03，2011 年美国煤矿百万吨死亡率仅 0.019。煤矿生产事故发生的原因包括技术和管理水平、开采条件等多方面因素，从安全生产的角度看，现在的煤炭生产已经是超负荷运行。为减少煤炭生产安全事故，一方面应尽可能降低煤矿百万吨死亡率，另一方面应尽可能避免大幅扩大煤炭生产。

除生产安全问题外，煤炭生产的生态环境污染以及经济成本也是制约其产量的重要因素。有研究指出 [88]，煤炭开采会污染和破坏大气、水、土地和生物资源，引发一系列的地质灾害；煤炭主要分布在华北和西部地区，生产和运输成本较高。而天然气主要分布在西部地区（鄂尔多斯、塔里木、四川盆地），为解决输送问题，国家投入了大量资金建设“西气东输”工程；而随着燃气用量需求的增加，各地出现燃气供应不足的问题。资源分布带来的经济性和技术问题，制约着天然气的供应。

综合以上，国内化石能源供应受资源储量和分布、技术水平、生产安全以及经济性等因素制约，难以满足持续增长的能源消费需求。

2）可再生能源与核能

我国可再生能源与核能主要以电力形式供应。而在生产的电力中，水电、风电和核电的比例不到 20%（2011 年）[60]（图 2.6），约占总的一次能源生产的 9%。

可再生能源的供应量与资源条件、技术水平、经济性以及相应的环境影响有关。

关于水力发电，国家 2005 年水力资源复查结果表明[89]，水力资源理论蕴藏量年电量为 6.08 万亿 kWh，技术可开发装机容量 5.42 亿 kW，年发电量 2.47 万亿 kWh；经济可开发装机容量 4.02 亿 kW，年发电量 1.75 万亿 kWh。2011 年，水力发电已达到 0.70 万亿 kWh。水能资源分布极不均匀，西部多、东部少（西部 12 省占全国水能资源的 82%），未开发的水力资源主要集中在西南地区，库区移民以及相应的环境影响问题制约着水力资源的开发利用。

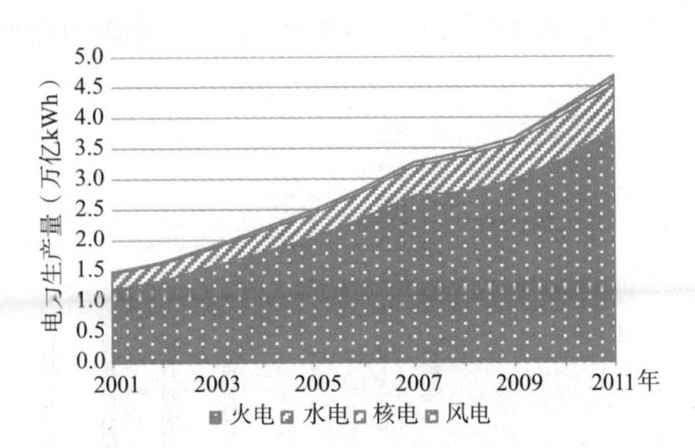

图 2.6　2001 ~ 2011 年我国生产电力组成

与水力资源相似，风电资源大多分布在西北地区，这些地区电力负荷有限，如果要发展大规模的风力发电机组，需解决风电电网接入能力的制约问题，长距离输送水电和风电条件下的输配电费用占到用户电费的一半以上[58]。此外，风力发电的不连续性对电网稳定运行带来附加成本。因此，风电的经济性和电网接入条件是制约其发展的因素。2011 年风电发电量仅 700 亿 kWh，仅为电力生产量的 1.5%，未来可发展的规模有较大的不确定性。

核电发展需考虑铀资源的可供性，安全生产、核电建设速度和可以达到的规模水平。2011 年，核电发电总量为 863.5 亿 kWh，为当年全国电力生产量的 1.8%，不及三峡水电站 2012 年的发电量（981 亿 kWh）[90]，核电大规模发展还需要较长的时间。

综合以上分析，受资源条件、技术水平以及经济性等因素的制约，在近期内我国难以大幅度提高可再生能源与核能的产量。

（2）能源进口

2011 年，进口能源占我国能源供应总量的 17.9%。从 2001 ~ 2011 年，进口能源总量从 1.3 亿 tce 增长到 6.2 亿 tce。而从进口能源类型来看（图 2.7），2011 年，石油进口量超过 4.4 亿 tce，我国原油对外依存度接近 60%；尽管煤炭资源丰富，但从 2001 年开始，我国煤炭进口量逐年增加，到 2011 年[60]已超过 1 亿 tce。

我国作为能源消费大国，不能依靠进口来满足能源需求。增加能源进口量，将威胁到中国能源供给的安全[91]。《中国的能源政策（2012）》[92]指出，中国作为一个人口大国，需要依靠自身力量发展能源，使得能源自给率始终保持在 90% 左右。提高能源自给率，不仅可以保障国内经济社会发展，也是对世界能源安全的重要保证。考虑到能源安全，未来我国也不会大幅扩大进口能源的比例，能源自给率应尽量维持在 90% 左右。

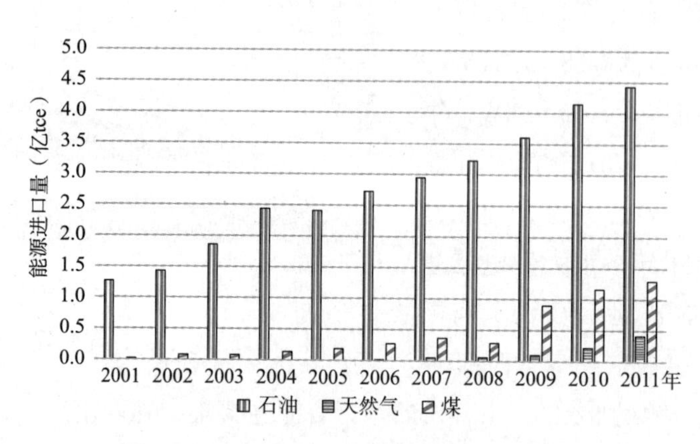

图 2.7　2001 ~ 2011 年我国各类能源进口量

综合考虑我国能源生产与进口，近期内能源供应量难以大幅提升。中国人均化石能源储量远低于世界平均水平，人均能耗至少应维持在世界平均水平（2.31tce/ 人，2013 年[93]）。从供应侧分析，为保障可持续发展和能源安全，到 2030 年前后，人口达到 14.7 亿[156]，可再生能源与核能占比 25% ~ 30% 时，能耗总量应控制在 45 亿 ~ 49 亿 tce。

2.2.2　CO_2 减排约束

（1）化石能源使用的 CO_2 排放量

随着化石能源使用的增加，CO_2 排放量也大幅增长。2010 年，中国 CO_2 排放量达到 72.6 亿 t，超过美国成为世界第一大 CO_2 排放国，同时，中国人均 CO_2 排放量（5.4t/ 人）也超过世界平均水平（4.4t/ 人）。

从 IEA 发布的世界主要国家或地区的 CO_2 排放量数据[94]来看（图 2.8），2001 年以来，中国的 CO_2 排放量以年均近 10% 的速度增长，而美国、欧盟、日本和俄罗斯等国家，CO_2 排放量基本稳定甚至有所下降，印度 CO_2 排放量远小于中国，年均增长率也不到 6%。

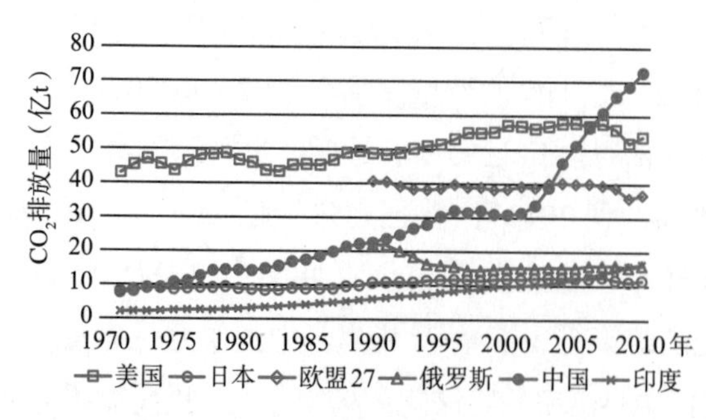

图 2.8　各国 CO_2 排放量历史（1970 ~ 2010）

CO_2 排放量增长是导致气候变化的主要原因，为履行大国责任，中国政府在 2009 年提出了到 2020 年单

位国内生产总值温室气体排放比 2005 年下降 40% ~ 45%的行动目标[95]，并于 2011 年发布《中国应对气候变化的政策与行动（2011）》白皮书[96]，CO_2 减排已成为我国当前社会和经济建设中的一项重要任务。

（2）CO_2 减排要求

IPCC 研究指出[97]，为了保证人类在地球上的生存环境，全球温度升高不能超过 2℃。为实现这个目标，应对 CO_2 的排放进行控制[98] ~ [100]，到 2050 年，大气中 CO_2 的含量应该控制在 450ppm 以内。一些研究分析了不同 CO_2 排放情况下全球气温变化情况[101]，并提出了相应的政策和技术措施[102]。考虑到发展中国家经济发展，人民生活环境的改善和公共服务的建设等多个方面的共同需要，碳排放量还将有所增加，这是发展中国家所必须经历的阶段。在这个认识下，全球碳排放总量到 2020 年前还将有所增长，大气中的 CO_2 浓度还将有所增加。为实现 2050 年的碳排放目标，全球碳排放将经历一个上升阶段后再大幅度减少。IEA 提出[103]了实现全球温升不超过 2℃的 CO_2 排放控制情景（图 2.9）。

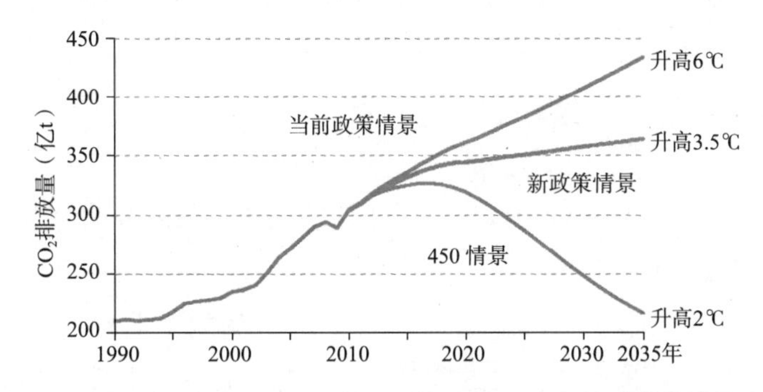

图 2.9　IEA 关于全球不同温升情况下能源使用 CO_2 排放量的情景分析

由于化石能源的燃烧是人类活动产生 CO_2 排放的主要来源，为实现 CO_2 排放控制的目标，应逐步控制化石能源的使用量：

1）到 2020 年，二氧化碳排放总量达到峰值 400 亿 t，由于能源使用产生的碳排放约为 348 亿 t[94]，我国争取将人均碳排放维持在当前欧洲人均碳排放水平[104] 6.8t/人，按照我国目前化石能源消费结构，相当于 2.87tce/人，如果人口增长到 14 亿，化石能源消费总量约 40 亿 tce。如果大力发展核能和可再生能源，2020 年核能和可再生能源占一次能源消费的 20% 左右，我国能源消费总量应控制在 50 亿 tce 以内。

2）到 2050 年，二氧化碳排放总量应减少到 2000 年的 48% ~ 72%[108]，这就意味着，除非调整能源结构，大量使用可再生能源或核能，否则化石能源使用量还需要大幅度降低。

这里需要特别指出的是，由于我国以煤为主的化石能源结构，而煤的碳排放系数在各类化石能源中最高，因而，从 CO_2 减排要求出发，更应该严格控制化石能源的使用量。

因此，从 CO_2 减排的需求来看，2020 年我国化石能源用量应控制在 40 亿 tce 左右。如果大力发展核能和可再生能源，使得其占能源供应量的 20%，考虑到这些非碳能源的贡献，在我国目前化石能源消费结构和当前世界化石能源消费结构的情景下，未来我国一次能源消耗总量上限在 50 亿 tce 以内。

2014 年 6 月，国务院办公厅印发《能源发展战略行动计划（2014 ~ 2020 年）》（国办发 [2014]31 号），明确指出"到 2020 年，一次能源消费总量控制在 48 亿吨标准煤左右，煤炭消费总量控制在 42 亿吨左右。"这是根据我国国民经济发展需求，以及尽快实现碳排放峰值的目标考虑得到的。从长远发展来看，由于我国能源供应能力的限制以及减少 CO_2 排放要求两方面因素，未来我国应该大力发展核能和可再生能源，增加其在能源供应中的比例，同时严格控制化石能源的消耗量。

2.3　建筑用能上限研究

在明确我国能源消费总量上限后，对于建筑用能上限研究需综合分析工业、交通和建筑各个部门的用能需求。

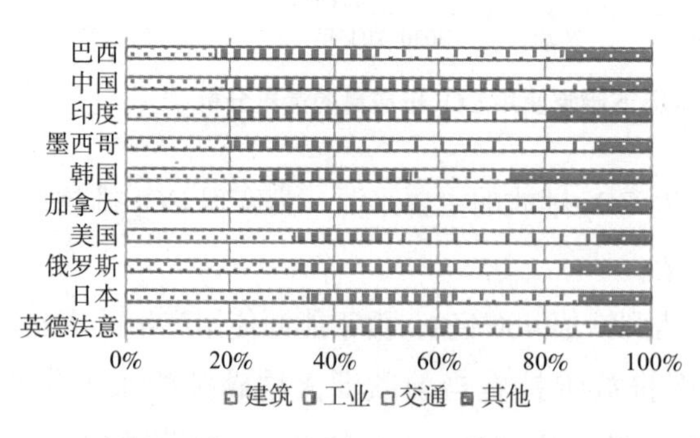

图 2.10　各国终端能源消耗比例（2010 年）

从能源消费量来看，建筑用能是能源消费的重要组成部分。IEA 指出[19]，建筑能耗占世界终端能耗总量的 35%，是最大的终端用能部门。由于国家发展程度和经济结构不同，建筑能耗在各国能源消费中的比例不一样。图 2.10 是引用 IEA 的终端能耗比例数据。发达国家如美国、欧洲四国（英、法、德、意）和日本，建筑能耗占终端能耗比例近 40%；而中国建筑能耗仅占终端能耗的 20%，工业能耗所占的比例大大高于世界其他国家，这是由我国是制造业大国所决定的。

结合国家统计局和清华大学建筑节能研究中心发布的数据分析，2001 年以来，

我国工业、建筑和交通用能都在逐年增长（图 2.11），各部门年均增长率均在 5% 以上（其中，工业用能中包括工业以及农、林、牧、渔、水利业能源消费，后者比例约为工农业用能的 2% ~ 3%）。如果保持这个增长率，到 2020 年，我国能源消费总量将达到 54 亿 tce，大大超出能源供应能力和 CO_2 减排所要求的能源消费上限。

下面从用能现状及发展的角度，分析未来我国工业、建筑和交通的用能需求，根据能源消耗量上限，对各部门未来合理能源消费量进行分析。

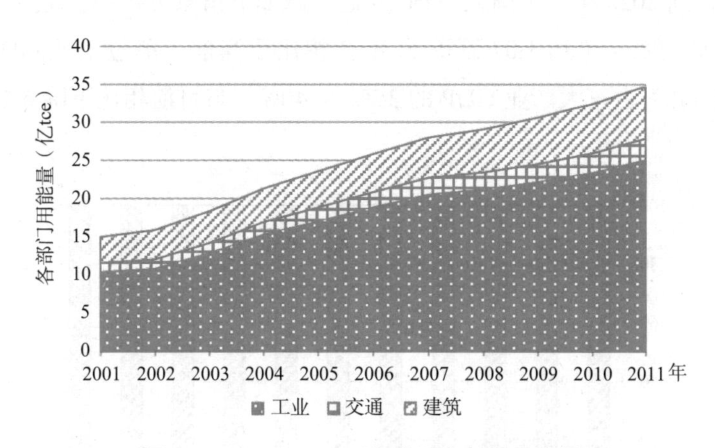

图 2.11　2001 ~ 2011 年我国各部门用能量

2.3.1　工业用能

工业是支撑我国国民经济发展的主要动力。2013 年，国家统计局公布的工业能耗 29.1 亿 tce[105]，占当年我国能源消费总量的 69.8%，建筑和交通分别占 18% 和 12%，这是由于我国以工业（尤其是制造业）为支撑的经济结构所决定。对于未来我国工业用能需求总量，可以从两个角度进行分析：

首先，与发达国家工业能耗比较。

2013 年，我国人均工业能耗为 2.14tce，美国人均工业能耗强度为 3.58tce[106]，而德国人均工业能耗强度为 1.06tce，英国、法国和意大利等国家人均工业能耗均低于 1tce[107]。德国、美国同样属于工业大国。从节能减排的目标出发，我国应尽可能地提高工业能效，在工业产值大幅增长的情况下，尽可能使人均工业能耗强度不显著增长，甚至有所降低。

到 2020 年，人均工业能耗强度在 2.0 ~ 2.2tce，使得国家工业能耗总量维持在

30 亿 tce 左右。未来更进一步提高工业能效，尽可能向德国水平发展，还有望降低工业能耗总量。

其次，依据国民经济结构及发展需求测算。

近 10 年来，我国工业 GDP 占三大产业的比例维持在 45% 左右（图 2.12），而世界平均水平约为 30%（图 2.13）[109]，美国工业 GDP 占三大产业的 20%。比较来看，反映了我国以工业为支撑的经济结构特点。

考虑未来我国产业结构调整[110]，工业 GDP 比重下降，同时降低单位 GDP 能耗的情况下，到 2020 年，全国人口约 14 亿，做如下情景分析：①我国人均 GDP 达到当前世界平均水平（约 1.07 万美元）；②相比于当前，单位工业 GDP 能耗降低 30%；③工业 GDP 占三大产业 GDP 的 35% ~ 40%，与目前相比下降 5% ~ 10%。

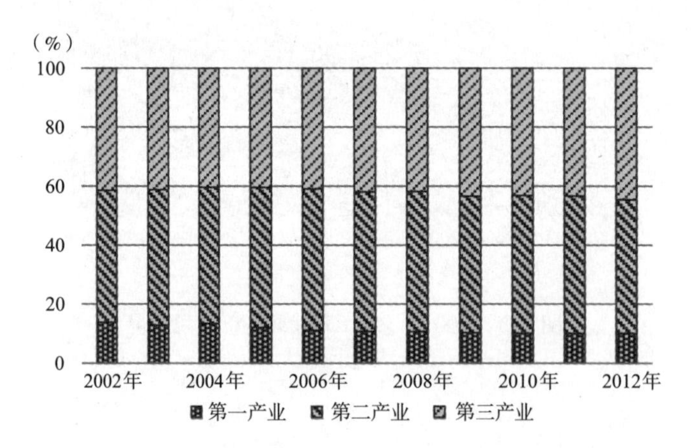

图 2.12　2002 ~ 2012 年中国 GDP 三大产业构成

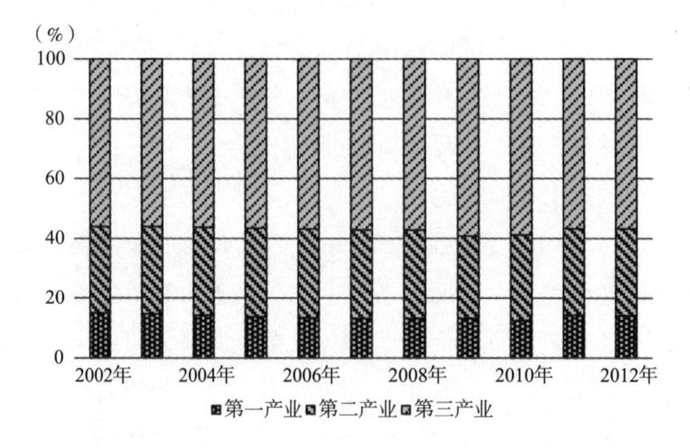

图 2.13　2002 ~ 2012 年世界 GDP 三大产业构成

这样分析来看，到 2020 年左右，我国工业能耗有望控制在 30 亿 tce 以内。即综合考虑单位 GDP 能耗降低以及 GDP 总量增长的情况，未来工业用能略有增长。

2.3.2　交通用能

2013 年，我国人均交通能耗约 0.37tce，大大低于发达国家平均水平（图 2.14）。比较来看，欧洲四国（英德法意）人均交通能耗约 1tce，而美国人均交通能耗超过了 3tce。世界平均交通能耗强度约为 0.52tce/ 人[93][111]。我国人均交通能耗较低，分析认为是由人均汽车拥有量低、出行量较少以及出行方式特点等原因所致。

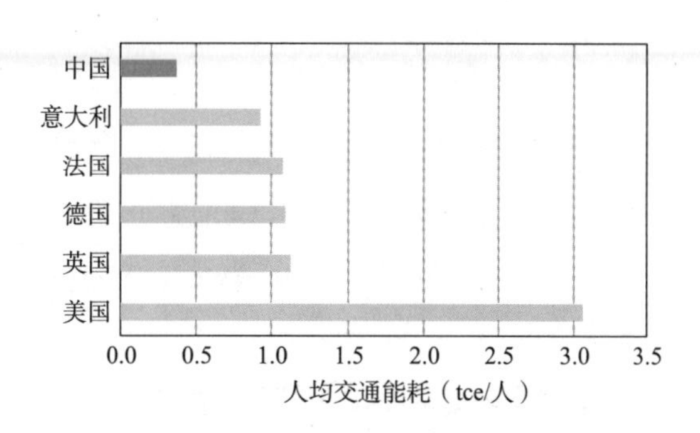

图 2.14　2013 年各国人均交通能耗对比

根据国家统计年鉴公布的数据，2013 年，我国人均汽车拥有率约 9.3%，而美国人均汽车拥有率约为 71.4%[106]，欧盟、日本小汽车拥有率在 40% ~ 60% 之间。未来我国小汽车保有量还有很大的增长空间。另外，我国人均铁路长度也大大低于欧美发达国家。

比较当前发达国家交通用能水平[54]，如果未来人均交通能耗达到美国人均水平，仅交通能耗一项就达到 47 亿 tce，超过我国能源消费总量上限。如果达到世界平均水平，我国交通能耗总量将达到 7.2 亿 tce。

考虑交通用能的需求，未来我国交通用能将有较大的增长潜力。为推动交通节能[112]，一些城市采取了大力发展公共交通、逐步发展公共自行车系统等措施，减少交通出行能耗。在我国能源和资源条件限制下，交通能耗应尽可能控制在世界平均水平以内，即未来交通能耗总量维持在 7 亿 tce 左右。

2.3.3　建筑用能

根据清华大学建筑节能研究中心的研究[113]，2013 年，我国建筑能耗总量约为 7.56 亿 tce，约占我国能源消耗总量的 20%。从图 1.3（详见 1.1 节）来看，我国建筑能耗强度大大低于发达国家水平。然而，在能耗总量控制的要求下，建筑能耗不能参照美国或欧洲发达国家的发展模式。分析我国宏观建筑用能发展趋势：在城镇化和经济发展的背景下，一方面，建筑面积规模还将明显增长，从宏观方面主要体现在每年新建建筑面积逐年增加（2012 年已超过 30 亿 m^2），且年竣工面积还有增长的趋势，城乡居民人均住宅面积大幅增加，而各地公共建筑面积量也明显增加；另一方面，建筑用能强度也有增长的趋势，这是由于各类建筑中空调、采暖、通风、生活热水和电器等各项用能需求还可能明显增长。因而，建筑能耗总量存在较大的增长可能。

综合考虑工业、交通和建筑各部门的发展需求，在符合经济发展和人民生产、生活需求的情况下，根据前面分析，在能耗总量不超过 48 亿 tce 的情况下，工业能耗控制在约 30 亿 tce，交通能耗总量约 7 亿 tce，建筑能耗总量应控制在 11 亿 tce 以内，人均建筑能耗约 0.79tce。在当前建筑能耗总量情况下，大概还能增长约 3.5 亿 tce。

表 2.3 是我国各部门用能现状及未来规划情况。从用能总量来看，工业用能维持在当前水平，略有增长，而建筑和交通用能将明显增长。从各部门用能比例来看，工业能耗比例将有所降低，建筑和交通能耗比例上升，符合经济水平发展、产业结构调整后能源消费结构整体的发展变化趋势。

我国各部门用能现状及未来规划　表 2.3

	2013年		2020年	
用能部门	能耗量（亿tce）	比例	能耗量（亿tce）	比例
工业	29.1	70%	30	62.5%
建筑	7.56	20%	11	23%
交通	5.03	8%	7	14.5%
总计	41.69	—	48	—

2.4　建筑用能初步规划

随着经济和社会发展，人民生活水平提高且建筑面积规模不断增长，将促使我国建筑能耗总量增长。具体来看，城镇住宅和公共建筑用能量有明显的增长趋势；而农村住宅用能，需考虑农民生活水平提高导致的能耗水平增长，与农村人口减少使得家庭户数、住宅数量减少等因素作用，农村能耗总量发展趋势不明确。在现有研究认识下 [113]，对未来建筑用能进行初步规划。

北方城镇采暖用能：2012 年，北方城镇采暖用能为 1.71 亿 tce，能耗强度从 2001 年的约 22kgce/m^2 降低到 16kgce/m^2，这充分说明已有的节能工作取得了十分显著的成果。在继续推进围护结构保温、供热计量和收费改革及推广高效热源应用的情况下，未来北方城镇采暖能耗强度还将有可能降低。如果未来北方城镇采暖面积增长 50%，能耗强度继续降低的情况下（约 5kgce/m^2），规划北方城镇采暖能耗量不超过 2 亿 tce。

公共建筑用能：2012 年，公共建筑能耗总量达到 1.84 亿 tce，单位面积能耗强度为 22.1kgce/m^2。城镇人口大幅增长也促进了各类公共建筑的建设；而随着公共建筑体量趋向于大型化，以及空调、通风和各类现代化设施普及等因素，公共建筑能耗强度水平也有明显增长的趋势，即公共建筑能耗总量有较大的增长潜力。而另一方面，由于良好的建筑和系统设计、运行管理和行为模式，也出现了一批现代化的低能耗公共建筑，证明通过各项节能措施可以在较低的能耗强度下，满足公共建筑使用要求。此外，政府对公共建筑节能可以直接进行有效的奖惩措施激励，而节能服务市场也逐步形成，考虑这些促进节能的条件，公共建筑能耗强度有可能控制在当前水平甚至以下。控制公共建筑面积规模，是公共建筑节能的关键点之一，如果未来公共建筑面积增长一倍，能耗强度保持不变，公共建筑能耗总量将达到 3.6 亿 tce；如果考虑城镇人口增长 50%，人均公共建筑面积和能耗强度都维持当前水平，公共建筑能耗总量可以控制在 2.7 亿 tce。

城镇住宅用能：2012 年，城镇住宅用能达到 1.67 亿 tce，比 2011 年的 1.54 亿 tce，增长了近 0.13 亿 tce。在城镇人口继续大幅增加、每年大量新增城镇住宅面积以及住宅家庭用能需求增加的情况下，住宅用能总量增长趋势还可能加速。以当前能耗年增长率水平测算，到 2020 年，将增长到 3.1 亿 tce，到 2030 年，将增长到 6.7 亿 tce，尽管人均能耗水平仍远低于美国人均水平，这样的发展将会使得能耗总量失控。因此，应尽可能的通过战略规划、政策、管理和技术手段，控制住宅能耗强度总量，初步规划未来城镇住宅能耗总量尽可能不超过 3.5 亿 tce。

农村住宅用能：2012 年，农村住宅用能为 1.72 亿 tce，户均能耗强度略高于城镇住宅，这与农村住宅建设水平较低以及农民生产生活方式相关。通过提高农村住宅建设水平，充分利用农村地区优越的资源条件，在提高农民生活水平的情况下，住宅能耗强度将有可能维持在当前水平，考虑农村人口大幅减少，当城镇化率达到 70% 时，农村住宅用能总量规划 1.5 亿 tce。

通过考虑人口、建筑规模以及各类能耗强度发展的情况下，对我国建筑能耗初步规划，各类建筑用能总量为 9.7 亿 tce，符合以 11 亿 tce 为上限的能耗总量控制目标。

本章从能源供应以及 CO_2 减排要求的角度分析了我国未来能源消费总量的上限，即在保障我国能源安全、保护环境和应对气候变化的要求下，应该尽可能的将能源消费总量控制在 48 亿 tce 以内。从工业、交通和建筑各部门用能现状及发展趋势，综合分析了在不影响经济发展，同时满足人民生产、生活用能需求的情况下，各部门用能的合理区间。未来建筑能耗总量应控制在 11 亿 tce 以内，进行能耗总量控制规划。

这个目标能否实现以及如何实现，需从建筑用能的现状出发，分析建筑用能的影响因素、可行的技术和措施以及相关政策，充分考虑建筑中各项用能需求的变化可能，通过实证和理论分析的方法进行论证。结合已有研究对各类建筑用能现状的认识，在考虑建筑用能强度和面积规模的因素下，初步提出了建筑能耗总量控制的规划，认为通过控制能耗强度水平和建筑面积规模，有可能实现建筑能耗总量不超过 11 亿 tce。

国家建筑能耗总量由建筑规模和人口等宏观参数，以及各种类型建筑用能强度所决定。第 3 章分析在我国资源和能源有限的约束下，未来合理的建筑规模及相应的政策措施；第 4 章分析我国建筑用能的特点以及能耗强度影响因素，以此为基础，提出新的宏观建筑能耗分析工具，针对各类建筑用能提出相应的节能目标和实现目标的技术途径，论证建筑能耗总量控制在 11 亿 tce 以内的可行性。

第 2 篇

中国建筑节能路线

第 3 章　建筑面积总量现状与未来规划

3.1　建筑规模现状研究

3.1.1　建筑面积定义界定

本书研究的建筑指民用建筑，不包括服务于工业和农业生产建筑。《民用建筑设计通则》[114]将民用建筑定义为供人们居住和进行公共活动的建筑的总称，按使用功能分为居住建筑和公共建筑两大类。而《中国建筑业统计年鉴》[44]将建筑按照功能分为厂房、仓库，住宅，办公用房，批发和零售用房，住宿和餐饮用房，居民服务业用房，教育用房，文化、体育和娱乐用房，卫生医疗用房，科研用房，其他用房等，其中厂房、仓库属于服务工农业生产的建筑，不属于本书所指的对象，而住宅对应于居住建筑，其他类型建筑属于公共建筑。

建筑面积是指建筑物各层水平面积的总和[115]，对于住宅建筑，还有辅助面积、居住面积、使用面积等概念[116]，这里列出以示区分。本书讨论的建筑面积，特指民用建筑面积。

3.1.2　建筑面积现状

已有一些研究对实际工程中涉及的建筑面积的概念问题[117]以及测算方法[118][119]进行了讨论，主要针对具体的建筑，没有涉及国家或地区建筑面积规模的研究。目前，我国官方没有公布各类建筑面积总量数据信息，而在《中国统计年鉴》[20]、《中国建筑业统计年鉴》和《中国城乡建设统计年鉴》[120]等材料中，分别有一些关于宏观建筑面积的信息。

《中国统计年鉴》公布了城镇居民和农村居民人均建筑面积，其中城镇居民人均住房建筑面积为城镇住户抽样调查数据（不含集体户）。如果考虑集体户和流动人口，实际城镇人均建筑面积小于《中国统计年鉴》公布的人均建筑面积。2006 年以前,《中

国统计年鉴》中有非居住建筑面积的数据，到 2007 年以后，不再公布非居住建筑面积。

（第六次人口普查）公布了 2010 年人口普查过程中得到的城乡居民人均建筑面积，相比于《中国统计年鉴》，《中国 2010 年人口普查资料》[121] 的数据更为深入细致，通过六普调研得到的全国居住建筑面积为 385 亿 m^2（不包括集体户建筑面积），缺公共建筑面积数据。

《中国城乡建筑统计年鉴》从 2001 年开始，公布了镇、乡村的住宅和公共建筑面积，但缺乏城市的建筑面积数据。

从各个年鉴公布的数据来看，无法获得一个由官方直接提供的建筑面积总量的数据，主要问题概括为：

1）2006 年以后，未公布城市的居住建筑总量，而仅仅给出了城市人均建筑面积，由于数据的采集群体，不能通过人均建筑面积与人口计算出城市居住建筑总量；

2）在 2006 年以后，未公布城市公共建筑面积，无法直接从年鉴中获得城市公共建筑面积的数据；

3）各个年鉴公布的住宅面积数据存在明显差异，根据各年鉴公布数据得到的 2010 年住宅面积，见表 3.1。

根据各年鉴公布数据得到的 2010 年住宅面积（单位：亿 m^2）　　　　**表 3.1**

来源	城市住宅	镇住宅	乡村住宅	合计
中国 2010 年人口普查资料	101.6	77.4	206.2	385.2
中国统计年鉴	—	211.7	229.9	441.6
中国城乡建设统计年鉴	—	45.1	252.3	—

注：1.《中国 2010 年人口普查资料》数据为家庭户住宅面积，不包括集体户住宅面积；
2.《中国 2010 年人口普查资料》和《中国统计年鉴》的城乡住宅面积，由人口数和人均住宅建筑面积计算得到；
3.《中国城乡建设统计年鉴》直接公布了镇、乡和村的住宅面积。

《中国建筑业统计年鉴》提供了一个分析城市公共建筑面积总量的途径，该年鉴从 2001 年开始，公布每年各类型建筑的新建建筑面积，例如 2011 年，全国新建居住建筑 19 亿 m^2，公共建筑 6 亿 m^2。然而，在新建建筑的过程中还有大量建筑拆除，未查到官方公布的拆除建筑面积量。而国家发展改革委发布的数据显示 [122]，2011 年建筑拆除垃圾为 6 亿 t，相当于拆除了 5 亿 m^2 的建筑，再根据关于我国建筑使用寿命的报道，测算年拆除建筑面积。

根据可获得的数据，对我国建筑面积进行测算，测算方法及数据来源说明如下：

全国建筑面积 = 城镇住宅面积 + 农村住宅面积 + 公共建筑面积　（3–1）

城镇住宅面积 = 既有城镇住宅面积 + 新建城镇住宅面积 – 拆除城镇住宅面积（3–2）

既有城镇住宅面积 = 城市住宅面积 + 镇住宅面积　（3–3）

农村住宅面积 = 农村人口 × 农村人均住宅面积　（3–4）

公共建筑面积 = 既有公共建筑面积 + 新建公共建筑面积 – 拆除公共建筑面积（3–5）

数据来源说明：

1）城市住宅面积:《中国统计年鉴》中表 11-6“各地区城市建设情况”有从 1996 ~ 2006 年的城市住宅面积数据；

2）镇住宅面积:《中国城乡建设统计年鉴》中表“中国历年建制镇基本情况统计（1990-2011）”有建制镇逐年年末实有建筑面积；

3）新建城镇住宅面积:《中国统计年鉴》中表 10-35“城乡新建住宅面积和居民住房情况”，有自 1978 年至今的数据；

4）农村人口:《中国统计年鉴》中表 4-1“人口数及构成”,有自 1978 年至今的数据；

5）农村人均住宅面积:《中国统计年鉴》中表 10-35“城乡新建住宅面积和居民住房情况”，有自 1978 年至今的数据；

6）既有公共建筑面积:《中国统计年鉴》中表 11-6“各地区城市建设情况”有城市“年末实有房屋建筑面积”，减去表中当年“年末实有住宅建筑面积”，可认为近似等于城市公共建筑面积（还包括一定量的仓库建筑），该数据截止到 2006 年;根据《中国城乡建设统计年鉴》可获得乡镇中公共建筑面积，二者之和为公共建筑面积；

7）新建公共建筑面积:《中国建筑业统计年鉴》中表 1-13“各地区按主要用途分的建筑业企业房屋建筑竣工面积”，有办公用房，批发和零售用房，住宿和餐饮用房，居民服务业用房，教育用房，文化、体育和娱乐用房，卫生医疗用房，科研用房，其他用房等各类公共建筑竣工面积。

需要补充的是，由于拆除面积为估算值，综合测算得到的全国建筑面积并非一个确切的数。通过各项数据测算，2012 年我国建筑面积总量约为 510 亿 m^2。

3.2　建筑营造现状的资源、环境及经济影响

3.2.1　新建建筑量

随着城镇化的高速发展和城乡居民生活水平提高，每年有大量住宅和公共建筑

竣工（图 3.1）。2011 年，《中国统计年鉴》公布的新建建筑面积达到 31.6 亿 m^2，这其中包括了 5.1 亿 m^2 的工业和农业建筑[44]，实际新建住宅和公共建筑面积约为 26.5 亿 m^2；而 2002 年，新建建筑面积不到 10 亿 m^2，建筑营造速度在 10 年间增长了近 2.5 倍，新建建筑面积以每年近 12% 的增长率增长。除竣工面积外，2011 年还有 85 亿 m^2 的施工面积。

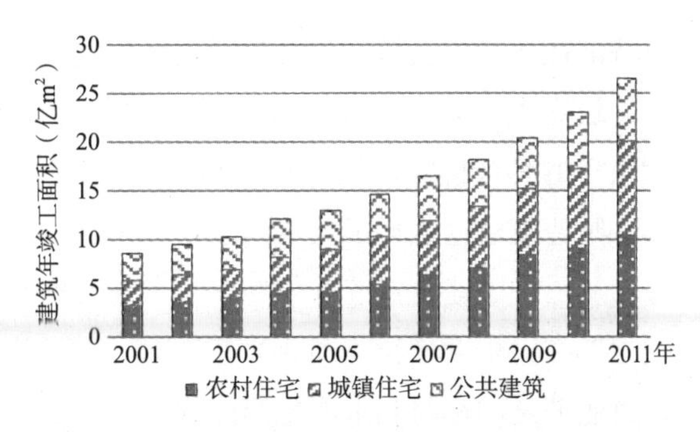

图 3.1　2001 ~ 2011 年我国逐年新建建筑面积

新建建筑中，有 75% 以上的面积为住宅建筑。从逐年新建面积来看，新建的公共建筑中各类型建筑占公共建筑面积的比例基本维持稳定（图 3.2），例如，新建办公建筑面积约占总的新建公共建筑面积的 34%，教育用房约占 19%，这个比例一定程度反映了各类型公共建筑占实有公共建筑的比例。

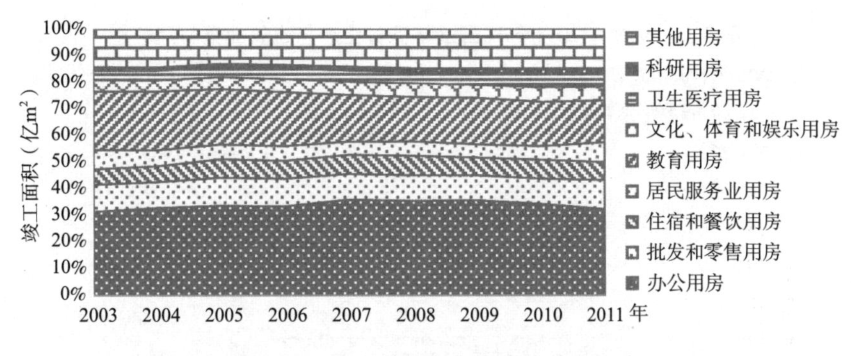

图 3.2　2003 ~ 2011 年我国逐年各类公共建筑竣工面积

3.2.2　钢材、水泥与能源消耗

建筑营造过程是一个“高资源、高能源”消耗的过程。建筑营造需要耗费水泥、钢筋、铝材和玻璃等建筑材料，这些材料的生产消耗大量的能源和矿产资源。一些研究指出[123] ~ [125]，为减少由于建筑营造产生的能源和资源消耗，未来我国建筑行业的发展应尽早控制建设速度，减少每年新建建筑面积，延长建筑使用寿命。日本有学者指出[126]，由于日本二次世界大战后建筑营造缺乏规划，大量新建并拆除建筑，使得日本建筑寿命仅 50 年，远低于欧美国家，为节约能源和资源，应尽量使得建筑寿命在 100 年以上，这也是亚洲发展中国家值得借鉴的地方；德国学者研究指出[127]，新建建

筑将消耗大量的资源，应该尽可能延长建筑使用寿命，通过既有建筑改造来满足新的建筑需求。有官方数据指出[128]，我国建筑平均寿命不到 30 年（这里的平均寿命应该指的是被拆除建筑的平均寿命），大量的既有建筑甚至新建不久的建筑被拆除，而这些建筑建造消耗了大量的水泥和钢材，无疑是对资源和能源的巨大浪费。

从《中国建筑业统计年鉴》公布的数据来看，近年来，我国建筑业消耗的水泥、钢材都在大幅度增长（图 3.3、图 3.4）。按照当年钢铁和水泥生产能耗计算，2011 年，建筑业消耗的钢材和水泥生产能耗就达到了 8.4 亿 tce（见表 3.2）。

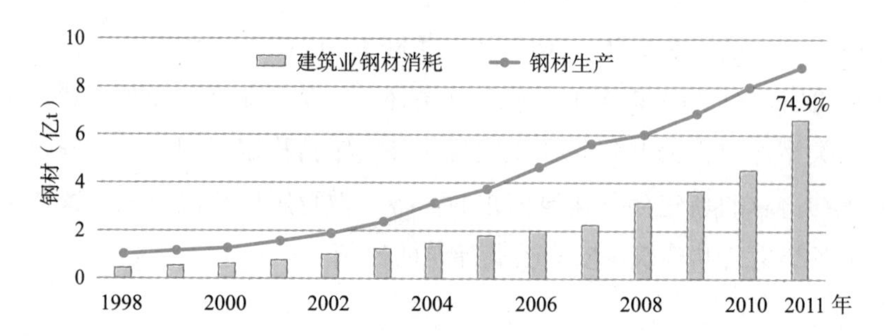

图 3.3　1998 ~ 2011 年我国逐年钢材生产与建筑业钢材消耗量

数据来源：钢材消耗量来自于《中国建筑业统计年鉴》，钢材生产量来自于《中国统计年鉴》。
图 3.4 数据来源相同。

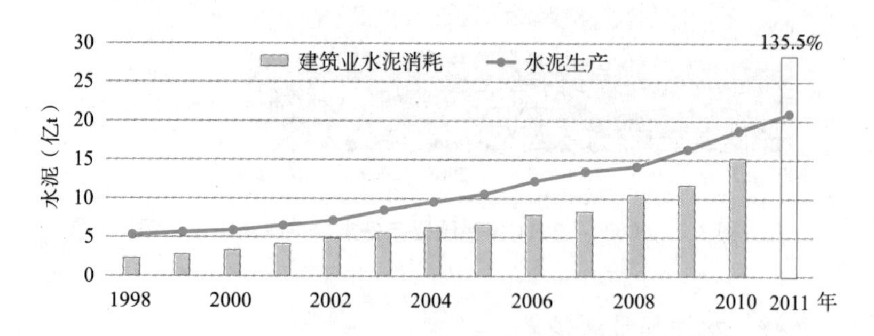

图 3.4　1998 ~ 2011 年我国逐年水泥生产与建筑业水泥消耗量

2005 ~ 2011 年我国建筑业消耗钢材和水泥生产能耗　　**表 3.2**

年份	钢材			水泥		
	消耗量（亿t）	每吨能耗（kgce/t）	生产能耗（亿tce）	消耗量（亿t）	每吨能耗（kgce/t）	生产能耗（亿tce）
2005	1.8	732	1.3	6.6	178	1.2
2006	2.0	729	1.5	7.9	172	1.4
2007	2.2	718	1.6	8.3	168	1.4

续表

年份	钢材			水泥		
	消耗量（亿t）	每吨能耗（kgce/t）	生产能耗（亿tce）	消耗量（亿t）	每吨能耗（kgce/t）	生产能耗（亿tce）
2008	3.2	709	2.2	10.5	161	1.7
2009	3.7	697	2.5	11.7	148	1.7
2010	4.5	681	3.1	15.2	143	2.2
2011	6.6	675	4.5	28.4	138	3.9

注：表中单位钢材和水泥生产能耗来自于《中国能源统计年鉴 2012》。

建筑业消耗的钢铁和水泥有大部分用于房屋建造，年鉴中未给出用于房屋建造消耗的钢材和水泥量。对于具体建筑物的钢材和水泥消耗量，可以通过设计与施工方案获得，而由于建筑物构造方式繁多，国家房屋建筑消耗钢材和水泥量只能通过测算得到。

途径一：分析《中国建筑业统计年鉴 2002》（之后的年鉴中未公布此项数据）公布的建筑业各子行业钢材和水泥消耗比例（图 3.5、图 3.6），2001 年，房屋建设消耗的钢材和水泥分别占建筑业消耗的 70% 和 73%，其次是铁路公路隧道桥梁消耗。考虑到近年来，铁路、地铁和公路等交通设施大量投入建设，建筑业中房屋建设消耗的钢材和水泥的比例有所下降，而由于房屋建造同样保持高速增长的趋势，其资源消耗应该仍然是建筑业消耗的主要部分，考虑其钢材和水泥的消耗量占建筑业消耗的 60%。测算 2011 年，房屋建造消耗的钢材和水泥分别为 3.98 亿 t 和 17.06 亿 t。

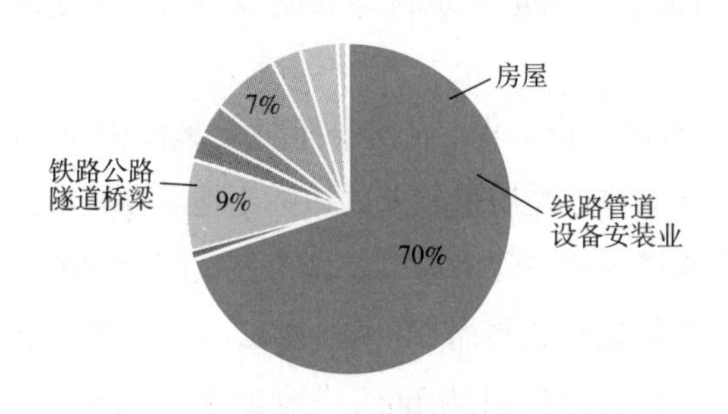

图 3.5　2001 年建筑业各子行业钢材消耗量

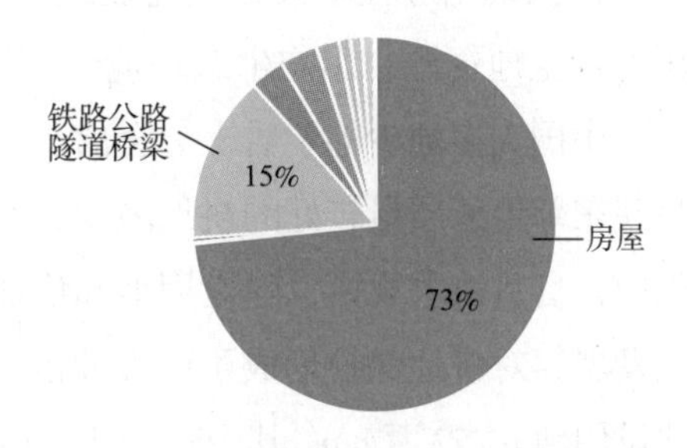

图 3.6　2001 年建筑业各子行业水泥消耗量

途径二：2001 年新建房屋建筑面积为 9.8 亿 m^2，消耗了 0.78 亿 t 钢材和 4.14 亿 t 水泥，即从宏观参数折算，每平方米建筑约消耗 75kg 钢材和 420kg 水泥，按照同样的消耗强度，测算 2011 年钢材和水泥消耗量分别为 2.38 亿 t 和 12.63 亿 t。考虑到我国施工质量要求的提高，单位面积钢材和水泥消耗量有所提高，因此该测算值与实际相比偏小。

通过两种方法，测算得到钢材和水泥的消耗量及相应的能耗如表 3.3，2011 年，仅房屋建造消耗的钢材和水泥的生产能耗一项就有约 5 亿 tce，约占当年能耗总量的 14%。建筑还消耗大量的铝材和玻璃等建材，其生产过程同样也消耗大量的能源。

2011 年房屋建设钢材和水泥消耗量及生产能耗　　表 3.3

	单位	钢材	水泥	合计
建材消耗	亿 t	2.4 ~ 4.0	12.6 ~ 17.1	—
生产能耗	亿 tce	1.6 ~ 2.7	1.7 ~ 2.4	3.3 ~ 5.1

补充说明的是，有基于建筑实际案例研究 [129] 指出，住宅建筑单位面积建材含能平均约 3527MJ，公共建筑建材含能约 5015MJ。按照当年住宅和公共建筑建设情况，建筑面积建设情况，计算得到建材含能量为 4.4 亿 tce，处于上面计算区间之中。

有研究指出 [130]，考虑几类主要的建材生产能源以及建造施工能耗，2012 年，我国建造能耗约为 9.1 亿 tce。比较建造能耗增长率和我国 GDP 增长率，建造能耗的年均增长率始终高于我国 GDP 的增长率（10.5%），反映出在我国单位 GDP 能耗逐年下降的同时，建造能耗却在高速增长。

3.2.3　占用土地资源与影响经济健康发展

（1）占用土地资源

在城镇化过程中大量兴建建筑，一方面消耗大量建筑材料和能源，另一方面占用大量土地资源，影响生态环境。

中国人多地少的矛盾十分突出 [131][132]，有研究指出 [133]，近年来我国耕地面积变化，呈现东部地区质量较好的耕地减少，而增加的耕地是质量较差的边际土地。在城市建设中，盲目追求规模，建设用地和耕地高邻接度的空间格局以及城市在空间上的摊饼式发展，对耕地保护形成了巨大冲击，导致耕地日益萎缩 [134][135]。2012 年，国家批准建设用地 61.52 万 hm^2，其中转为建设用地的农用地 42.91 万 hm^2，耕地 25.94 万 hm^2 [136]。

对照我国经济发展水平及地少人多的基本国情，从居住公平、社会的可持续发展及和谐社会建设出发，有研究指出 [137][138] 必须控制城市住宅建筑面积标准，才能够在尽可能保证更多居民住房需求的情况下，占用更少的土地资源。建设部于 2006 年发布的“关于落实新建住房结构比例要求的若干意见” [139] 中指出：套型建筑面积 $90m^2$ 以下住房（含经济适用住房）面积所占比例，必须达到 70% 以上。然而，从商品房市场调查发现，实际新建住宅建筑中，超过 $90m^2$ 的住房比重大大高于 30%。

（2）影响经济健康和持续发展

当前新建建筑面积逐年攀升，与依靠房地产拉动 GDP 的经济增长模式密切相关。地方政府为刺激经济发展，为房屋建设创造了有利条件；而开发商为获取商业利益，更期望扩大房地产市场；一些消费者将房产作为投资手段，促进了房屋建设，刺激房价升高。

不论是宏观市场还是居民生活，大量快速新建房屋建筑都存在不利的影响。

首先，房地产市场逐渐趋于饱和，商品房销售面积与利润总额增速明显减慢 [140]（图 3.7），而房地产市场投资者仍在不断加大投资（图 3.8），施工面积攀升的同时，商品房销售面积开始趋于稳定，两者之间的差异越来越大，房地产市场的风险也越来越大。虽然销售额稳定，但并不是由简单的供需关系所导致的价格，而与投资者不断加大投资、“炒房”热情不减有很大的关系。一旦出现超预期的不稳定因素，楼市价格超预期大幅下滑，投资者将大量撤出资金，导致房价进一步下降，这将对房地产市场产生致命的冲击。同时，房屋建筑消耗大量的钢材和水泥，如果房地产市场不景气，或者我国房屋建筑需求增长停滞，钢材和水泥需求骤降，这对我国工业将带来巨大的冲击，可能造成的损失也是无法估量的。

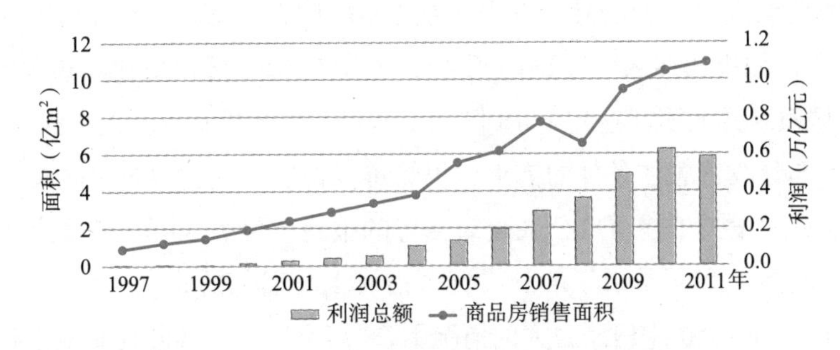

图 3.7　1997 ~ 2011 年商品房逐年利润总额与销售面积

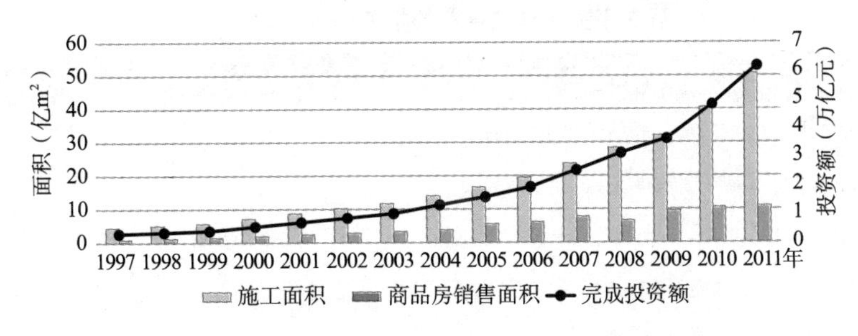

图 3.8　1997 ~ 2011 年房屋施工、销售面积与投资

另一方面，房地产市场发展强势，从生产和消费两方面影响了第三产业发展，

不利于影响产业调整。从生产侧分析，房地产市场吸引了大量的投资，变相地减少了第三产业投资额，不利于第三产业的生产。从消费侧分析，过高的购房压力，抑制了居民的消费[141]，尽管居民收入逐年增长，储蓄存款余额增幅高于收入增长，消费占收入的比例逐年下降[20]（图 3.9），降低了居民的幸福感。

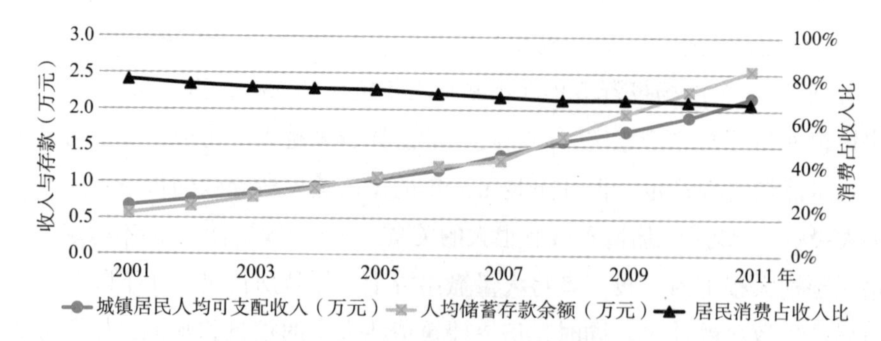

图 3.9　我国逐年居民收入与储蓄情况

第三，当前的建筑建造速度实际超出了城镇化以及居民改善居住水平的需求，造成资源浪费的同时，影响社会和谐。从 2001 年以来，城镇人口每年平均增长约 2100 万人[20]，如果按照人均建筑面积 $40m^2$ 计算，每年城镇新建建筑仅需 8 亿 m^2，而 2011 年城镇新建面积已达到了 16 亿 m^2，这其中并非所有进城人员都购买了住房，即使考虑一部分改善居住条件的需求，仍然难以说明新建建筑量是合理的。另一方面，近年来有大量关于住房或公共建筑空置的报道（见表 3.4），涉及全国各地多个城市，住房空置一方面是由于部分投资者占有 1 套以上的住宅[142]，另一方面也是过速建造所造成的。在购房压力大的情况下，“高空置率”实际还影响着社会和谐。

近年来关于建筑空置的报道列举　　**表 3.4**

	新闻标题	所指地区	来源	日期
1	长沙部分楼盘空置率超四成，百万平方米超级社区云集	长沙	华夏时报	2013/5/5
2	美媒称中国“鬼城万岁”：投机催生大量空置公寓	东莞	投资者报	2013/3/11
3	媒体称内地“鬼城”蔓延，常州、鹤壁、十堰等新近加入	常州、鹤壁、十堰	中国经营报	2013/2/23
4	昔日疯狂抢购如今大量空置，唐山成又一座“鬼城”	唐山	中国证券报	2013/2/18
5	南通楼市“围城”：里面不停在建，外面不想进来	南通	每日经济新闻	2013/1/25
6	廉租房空置率高达 51%，河南可能全面取消经适房建设	河南	中国经营报	2012/8/11
7	乌鲁木齐商品房预售空置率逾 30%	乌鲁木齐	新华网	2012/4/17

续表

	新闻标题	所指地区	来源	日期
8	三亚市商品住房空置率平均高达 85%	三亚	工人日报	2012/3/28
9	珠三角空城计	惠州、珠海、东莞、清远	网易房产	2011/6/23
10	郑州大学生自费调查住房空置率　房管局称将作为规划参考	郑州	南方周末	2010/12/10
11	专家调研商品房空置率，北京 27% 的电表几乎不走	北京、南京、石家庄	21 世纪经济报道	2010/7/21
12	京津新城成亚洲最大"空城"空置率高达 90%	京津新城	凤凰网房产综合	2010/7/9

建筑营造消耗大量的能源资源并占用土地，维持当前的建筑营造速度对经济也产生不良的影响。而从节约资源和保护环境的角度，也应控制合理的建筑规模。

3.3　未来各类建筑规模研究

2012 年，我国建筑面积总量约为 510 亿 m^2，人均建筑面积约为 38m^2。如果按照当前建筑营造速度，不到 20 年，我国建筑面积将增长 1 倍，突破 1000 亿 m^2。这将消耗大量的能源和资源，占用大量的土地。同时，由于建筑运行能耗与建筑面积密切相关[61]，在能源消费总量控制的要求下，未来我国建筑规模也应予以合理规划。

建筑为人们生活和工作提供活动的场所，而人均建筑面积的大小并无必需达到的标准。从国家层面看，人均建筑面积的大小，与资源条件、经济、居住模式、公共服务及商业发展水平和模式相关。我国处于发展中国家阶段，发达国家建筑水平对我国未来建筑面积规划有一定的参考作用；而由于我国人均能源、资源匮乏，在满足人们生活需求的情况下，应尽可能控制建筑面积，以节约资源、减少对土地的占用和对环境的影响。

下面分别从中外建筑面积对比出发，分析在我国能源资源贫乏的情况下，未来住宅和公共建筑应该控制的规模，并提出实现建筑规模控制的政策建议。

3.3.1　住宅建筑规模规划研究

（1）中外人均住宅建筑面积对比

由于中国城乡住宅模式差异巨大，城镇居民绝大多数居住在公寓楼中，而农村居民由于有自己的宅基地，可以自己营造房屋，实际城乡居民的居住条件水平差异巨大。因此，本书对城镇住宅和农村住宅分别进行讨论。

从各国数据比较来看（图 3.10），美国人均住宅面积超过 70m^2，大大高出世界其他国家水平；丹麦、挪威和加拿大属于人均住宅面积第二大的国家群体，人均住宅面积约为 55m²；法国、德国、英国和日本等国家，人均住宅面积约为 40m²，中国人均住宅面积约为 30m²，在金砖各国中面积是最大的；而俄罗斯、韩国等国家，人均住宅面积只有约 20m²。

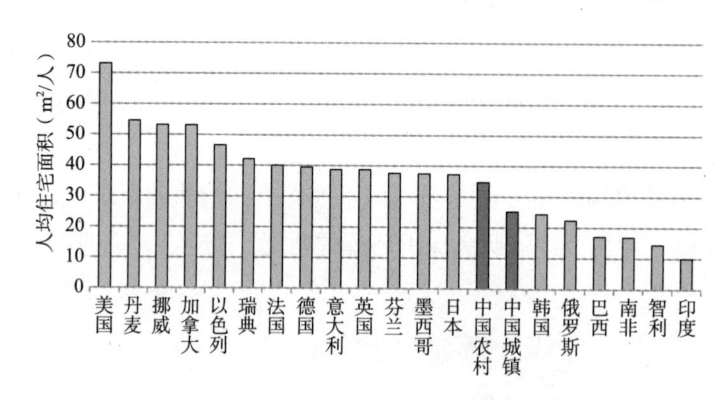

图 3.10　2009 年各国人均住宅面积比较

数据来源：1. 中国数据由年鉴测算得到；

2. 其他各国数据来自于 IEA，World Energy Outlook 2012。

从各国住宅建筑面积发展的历史来看（图 3.11），美国在 1980 年以前，住宅面积水平与丹麦、挪威等北欧国家接近，而 1980 年以后，经历了一个增长的过程，达到现在的水平；欧洲发达国家人均住宅面积也经历了一个缓慢增长的历史过程，并逐渐趋于稳定状态。

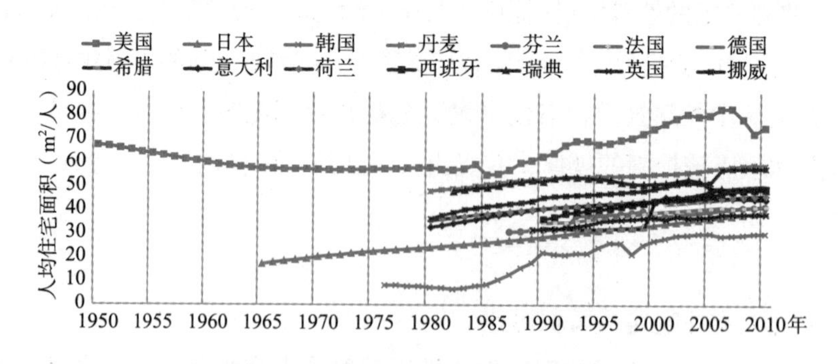

图 3.11　各国逐年人均住宅建筑面积

数据来源：1. 美国数据，美国能源部发布的 Buildings energy data book；

2. 欧洲各国数据，Odyssee 数据库；

3. 日本数据，IEEJ，Handbook of Energy and economic statistics in Japan 2012；

4. 韩国数据，Korea National Statistical Office，http：//www.kosis.kr/eng/e_kosis.jsp?listid=B&lanType=ENG。

人均住宅面积的大小，一方面与该国经济发展水平相关，另一方面，不同国家的居住建筑发展模式也有重要影响。

美国资源环境优厚，国土面积大，居民习惯居住在独门独院。数据表明 [143]，美国有 70% 以上的家庭居住在独栋住宅中，而独栋住宅的平均面积为 264m^2，住宅楼的套型面积也接近 90m^2。除纽约、华盛顿等大城市外，居民更倾向于选择在城市近郊区的独栋别墅中居住。法国、英国和日本等发达国家，一方面，大量人口生活在城市中，法国有近 20% 的人口（约 1300 万人）居住在巴黎大区 [144]，英国有 20% 的人口（约 1200 万人）居住在伦敦城市区域 [145]，日本有 27% 的居民（约 3500 万人）居住在东京城市圈，大量居民居住在大型城市中，他们只能选择公寓式住宅；因此，虽然在这些国家广泛存在独栋式别墅，同样也存在大量多层式公寓楼，其人均住宅面积大大低于美国水平。印度约有 28.1% 的居民居住在贫民窟 [146]，而贫民窟的人均居住面积 [147] 仅有约 3m^2，这是印度人均住宅面积大大低于其他国家的重要原因。

中国人均住宅面积处于快速增长的阶段，从国家统计局公布的人均住宅面积来看，2001 年，城镇居民（不含集体户）人均住宅建筑面积为 20.8 m^2，而到 2011 年，城镇人均住宅建筑面积已达到 32.7m^2，10 年期间增长了近 12m^2；而农村人均住宅面积也从 25.7m^2 增长到 36.2m^2，增长超过 10m^2。未来中国人均建筑面积将达到怎样的水平？从历史发展条件来看，西方发达国家在 200 年前就进入了现代工业文明，经过长期掠夺亚非拉国家的能源和资源，城镇建设发展到当前水平。而我国发展阶段仍然大大落后于发达国家，而且我国人均土地资源、能源资源拥有量远低于世界平均水平，因此，应该加强对建筑面积的规划和控置，以保障能源和资源可持续发展。

（2）我国住宅建筑面积现状与需求分析

有研究指出，我国城市住宅发展已从追求居住面积的阶段进入追求住房质量的阶段 [148]，人们要求住宅的功能空间要更加合理 [149]。住宅面积不宜盲目攀大，住宅的发展应是以进一步改善功能与质量为目的 [150]。从居民居住幸福感和需求来看，评价与衡量住宅优劣的标准不应该仅包括套型的面积指标，而应包括是否适应日益变化的家庭生活模式变化所产生的新的心理要求，以及是否满足家庭成员活动的私密性要求和参与家庭公共活动的要求 [151]。有调查显示，我国居住面积在 70 ~ 100m^2 的人感到最幸福 [152]，在满足居民幸福需求以及资源节约的目标下，城镇家庭住房面积建设应以 60 ~ 90m^2 以及 90 ~ 110m^2 为主，同时以建筑面积 60m^2 以下住房为保障，严格限制 140 ~ 200m^2 的大户型住房 [153]。开发小户型住宅，也是解决中低收入人群购房需求的重要途径 [154]。

分析于 2008 年到 2009 年开展的覆盖北京、上海、沈阳、银川、温州、武汉和

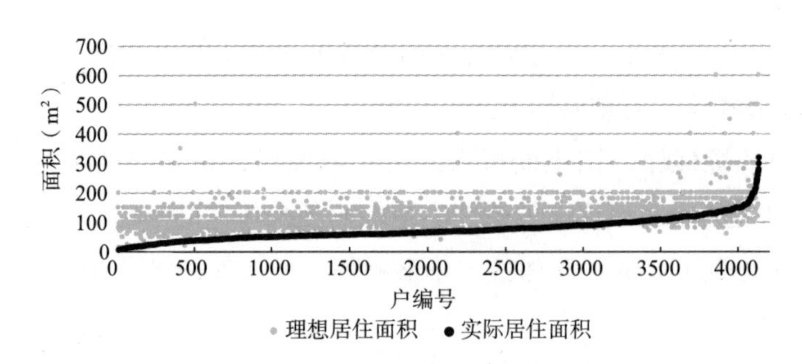

图 3.12 七城市调研居民理想居住面积与实际居住面积

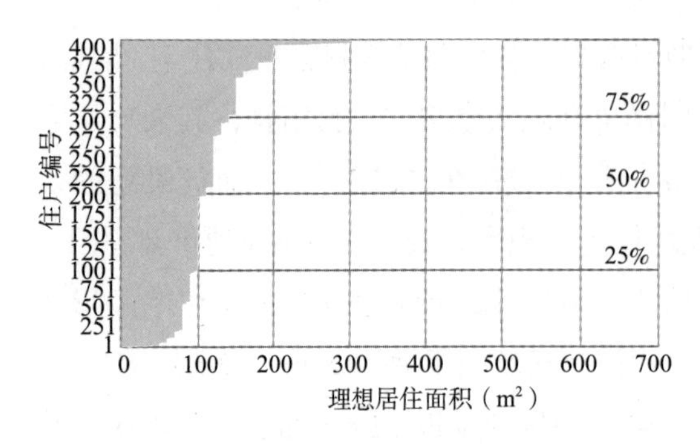

图 3.13 理想居住面积分布

苏州等七个城市的居民居住与消费情况调查数据，调查中考察了在不考虑经济因素情况下，居民理想的家庭住宅面积以及当前实际的住宅面积情况（图 3.12）。分析回收的 4131 份有效问卷，得到样本的户均实际居住面积为 $74m^2$，人均住宅建筑面积约为 $25m^2$。从图 3.12 看出，理想居住面积集中在 $100m^2$ 左右；当实际居住面积大于 $100m^2$ 时，开始出现理想居住面积小于实际居住面积的情况，实际居住面积越大，越多地出现理想居住面积小于实际居住面积的情况，这反映了居住面积并非越大越好，当面积大到一定程度时，人们趋向于期望减小居住面积，以提高其居住环境的满意度。从图 3.13 看出，近 50% 的居民理想户均居住面积不超过 $100m^2$，折算到理想人均住宅面积为 $34m^2$。

以上是实际调研的数据，如果将建筑面积用 x 表示，对居住面积的满意度用 y 表示。每提高单位面积，增长的满意度可以表示为（其中 a 定义为满意度系数）

$$\mathrm{d}y = a \cdot \mathrm{d}x / x \tag{3–6}$$

用图形表示满意度与居住面积的关系如下（图 3.14），即随着建筑面积的增大，满意度增长的趋势减缓。可见，当建筑面积达到一定程度后，通过增大建筑面积来改善住房满意度效果有限。

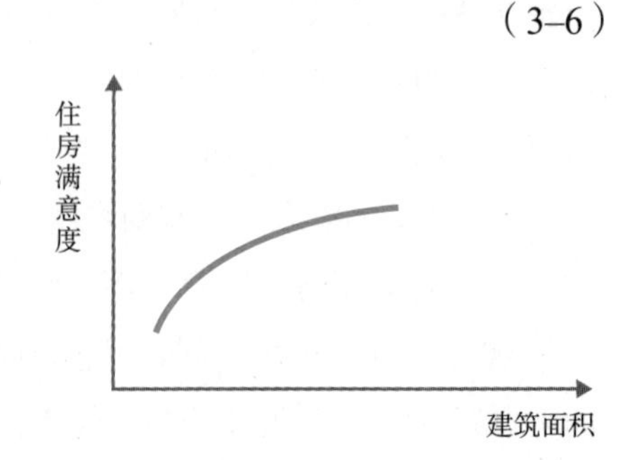

图 3.14 建筑面积与居住满意度关系

此外，不同年龄对于住房的需求也有差异。美国有研究者通过分析调查数据指出 [155]，人的一生中对住房需求呈现“驼峰状”变化趋势：

在 20 岁以前住房需求水平很低，20 ～ 30 岁住房需求快速增加而达到顶峰，40 岁以后进入递减区间。

综合以上，从节约土地、能源和资源的角度，同时考虑居民期望、居民实际经济承受能力以及不同年龄对住房需求的差异，城镇住宅套型平均面积应该尽可能控制在 100m² 以内,城镇人均住宅面积应控制在 35m² 左右。而农村资源条件优于城镇，住宅建筑消耗的钢材、水泥也少于城镇，未来农村住宅重点在改善住宅质量，考虑当前农村住宅水平现状（约 37m²/ 人），农村住宅人均建筑面积尽可能维持在当前水平，约 40m²。当未来我国人口达到 14.7 亿，城镇人口达到 10 亿 [156] 时，我国城镇住宅建筑规模应维持在 350 亿 m² 以内，农村住宅面积应维持在 190 亿 m² 以内。

3.3.2　公共建筑规模规划研究

公共建筑主要服务于人们的公共或商业活动，从类型上来看，有办公、商场、旅馆、医院、交通枢纽、体育场馆等。公共建筑面积大小，可以反映该国经济发展水平、公共服务水平或者社会公共活动的特点。

从各国数据比较来看（图 3.15），美国人均公共建筑面积最大，为 24m²/ 人；公共建筑面积超过 20m²/ 人的国家还有丹麦、挪威和加拿大；其他发达国家人均公共建筑面积主要分布在 10 ～ 20m²；中国人均公共建筑面积约为 12m²，在金砖各国中是面积最大的，接近日本、法国、以色列等发达国家水平；而俄罗斯、南非人均公共建筑面积只有约 5m²，巴西、印度、智利等国家人均公共建筑面积不到 2m²。

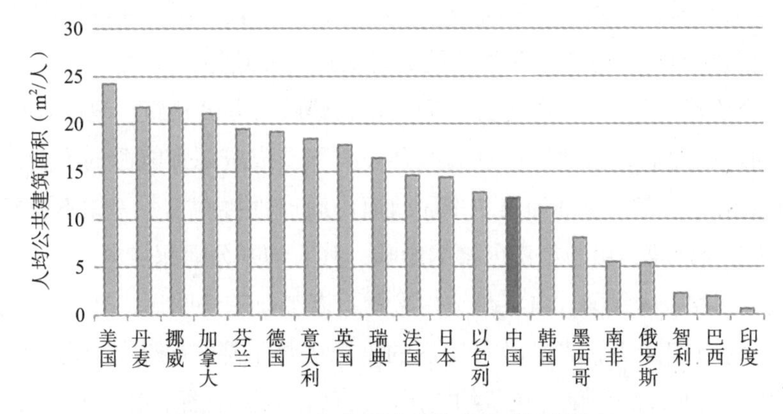

图 3.15　2009 年各国人均公共建筑面积比较

注：1. 由于我国城乡二元结构的特点，公共建筑主要集中在城镇，这里的人均公共建筑面积按照城镇人口计算；
2. 数据来源：（1）中国数据由年鉴测算得到；（2）其他各国数据来自于 IEA，World Energy Outlook 2012。

从各国公共建筑面积发展历史来看（图 3.16），美国从 20 世纪 60 年代开始到 90 年代，人均公共建筑面积从约 18m² 增长到当前水平，并基本维持稳定；英国、法国等欧洲国家，人均公共建筑面积经过一段时间的增长，也基本维持在当前水平；而日本、韩国人均公共建筑面积经历了一个大幅增长的过程，分析其原因，由于战争的影响，其建筑受到较大的损毁，在增长前人均公共建筑面积不到 5m²，而在 20 世纪 60 年代、70 年代经历了经济腾飞，人均公共建筑面积开始迅速增长，接近欧洲发达国家水平。

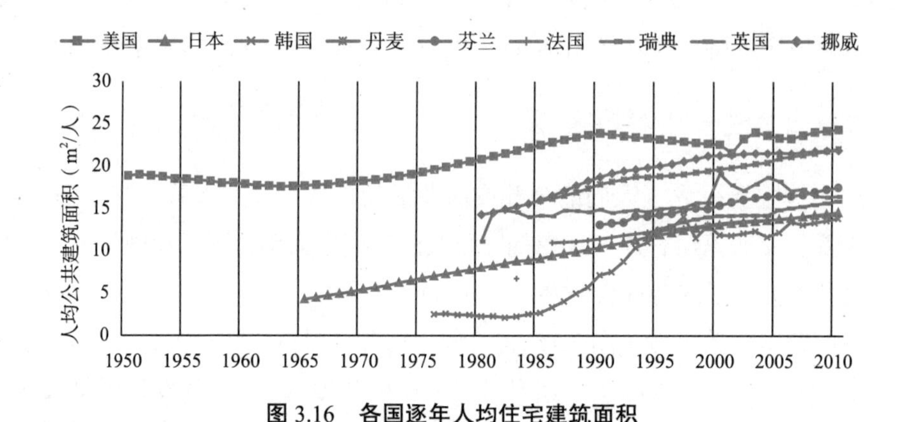

图 3.16　各国逐年人均住宅建筑面积

数据来源：（1）美国数据，美国能源部发布的 Buildings energy data book；（2）欧洲各国数据，Odyssee 数据库；（3）日本数据，IEEJ，Handbook of Energy and economic statistics in Japan 2012；（4）韩国数据，Korea National Statistical Office，http：//www.kosis.kr/eng/e_kosis.jsp?listid=B&lanType=ENG。

根据功能来看，公共建筑种类繁多，办公建筑、教育用房和商场商铺约占总的公共建筑面积的 60%。分析这几类建筑的现状及发展趋势：

1）办公建筑：近年来一些地方政府大量新建政府办公建筑，政府人均办公建筑面积高于同地区商业办公建筑，过大的办公面积造成资源和能源的浪费；针对这个问题，2013 年，李克强总理提出“本届政府内政府性楼堂馆所一律不得新建”[157]。而对于商业办公建筑，由于经济因素的影响，其人均办公面积需求也不会大幅增长。

2）教育用房：从我国人口年龄结构来看，老龄化趋势明显，处于教育需求年龄阶段的人口将持续减少，未来教育用房的需求也将下降；有研究指出[158][159]，由于读者数量和阅读方式的变化，从节约资源的角度，应控制图书馆建筑面积。

3）商场与商铺：在网络购物、物流快速发展情况下，商场或商铺的实体店面发展应合理引导，尽可能避免过度建造此类建筑。

从我国资源条件出发，分析我国目前公共建筑现状以及发展趋势，未来人均公共建筑面积应避免大幅增长，在当前水平上，增长 50%，控制在 18m^2/ 人以内。在未来城市人口达到 10 亿时，公共建筑规模总量应控制在 180 亿 m^2。

3.4　我国建筑规模发展规划与政策建议

3.4.1　我国未来建筑规模发展规划

我国城镇化处于高速发展的阶段，由于社会发展、人口迁移以及生活水平改善，未来我国建筑规模还有较大的增长空间。

建筑面积规模既是影响建筑用能总量的主要因素，同时建筑营造过程将消耗能源和资源。而从节约土地、能源和资源角度，应该尽可能控制建筑规模。通过与发达国家人均住宅和公共建筑面积对比，我国居民生活需求以及我国社会发展趋势分析，未来我国建筑规模应尽可能控制在 600 亿 m^2 左右。

表 3.5 给出了三种不同建筑规模规划下的建筑总量。

我国未来建筑面积规划发展模式（亿 m^2）　　**表 3.5**

发展模式	公共建筑	城镇住宅	农村住宅	总计	说明
1. 严格控制	120	300	190	610	严格控制各类建筑面积
2. 中等控制	180	350	190	720	中等控制城镇住宅规模
3. 基本控制	200	400	200	800	建筑规模控制的上界点

从建筑用能总量控制的角度，我国建筑面积总量如果超过 800 亿 m^2，即使建筑能耗强度保持当前水平不增长，未来建筑能耗总量将超过 11 亿 tce。另一方面看，即使参照法国、德国等欧洲发达国家发展水平，人均住宅面积不超过 45m^2/ 人，公共建筑约 15m^2/ 人，我国建筑面积规模也应控制在 800 亿 m^2 以内。

3.4.2　实现建筑规划的政策建议

为实现建筑规模总体控制目标，需从新建建筑速度、住宅和公共建筑建筑规模控制和引导等方面确定相关政策。针对建筑总量规划、新建建筑速度以及城镇住房问题，从以下三个方面着手进行宏观调控：

第一，严格控制我国建筑总量，明确各地建筑发展规模。

从人均建筑面积规划出发，我国未来建筑面积应尽可能控制在 720 亿 m^2 左右。建筑规模总量规划目标应拆分到各地政府，根据未来人口规模明确建筑总量，制定并严格执行建筑量控制规划。

根据各类型建筑功能不同，对各类建筑控制规划的建议如下：

1）城镇住宅建筑：根据当前城镇人口规模和增长速度，依据人均住宅建筑面积控制目标，逐步明确该地区城镇居住建筑总体规模，在进行城镇建设规划时，严格控制居住建筑建设规模；同时，严格限制房地产开发商建造大户型、超大户型的住房数量，保障居民尤其是中低收入人群能够购买到合适的住房；引导住宅改善需求向以建筑改造转变，提高居住质量，而不是追求居住面积[148]。

2）公共服务建筑，如政府办公、交通枢纽、医疗、教育、文体场馆等，基于当前情况分析如下：一些地区的政府办公建筑占地规模大，人均建筑面积大大超出同地区其他办公建筑，应根据实际办公人数严格控制政府办公建筑规模；一些新建的铁路客站、机场等交通枢纽，实际使用人数远低于设计需求，浪费土地资源的同时又增加运行维护成本，在开展交通枢纽建设时，应根据当地人口规模，经济发展水平，以及所在地交通需求来规划控制；而医院、学校、文体场馆等保障居民医疗、教育、社会活动的场所，应鼓励适当增加建设规模，提高社会公共服务水平和居民生活幸福感。

3）商业建筑，如商业办公，大型商场、酒店等类型建筑，政府应根据当地实际发展情况引导其合理建设，例如，商场建筑建设规模应考虑当前网络购物大幅发展的趋势，不应过度建设（目前多地已出现商场建筑空置率高的现象）。

第二，逐年减少新建建筑量，稳定建筑业及相关产业市场。

当前每年新建建筑超过 25 亿 m^2 的情况下，为避免因突然停止建设给建筑与相关产业带来的冲击，各级政府应制定计划，逐年减少新建建筑量。在未来建筑达到饱和时，新建建筑主要以房屋的维修翻新为主，尽量避免“大拆大建”来维持建筑及建材业的发展。未来房屋建造主要为替换达到使用年限的建筑，每年新建建筑竣工面积应为建筑存量的 1.5% 左右（即以建筑寿命 70 年来规划），作为未来建筑营造规划的远景目标。在这个目标下，逐步减缓新建建筑量，实现建筑业和建材产业软着陆，避免对经济和社会的巨大冲击。

第三，开征房产税，遏制购房作为投资手段。

解决城乡居民的住房问题，改善居民居住条件，应该是住宅建设的主要任务。

当前由于一些投资者将住房作为投资对象而抬高房价，影响社会和谐，同时造成的房屋空置实质也是资源浪费。作为老百姓生活必需的住房，不能成为一部分人牟取财富的投资手段。

针对房价过高以及地方政府以转让土地为地方收入主要来源[160]的问题，应尽快开征房产税，一方面可以调控房价[161]，引导资金从房地产投资转向其他领域，从而抑制房价上涨，规范房地产市场的健康平稳运行；另一方面，房产税是许多国家地方财政的重要收入来源[162]，开征房产税可以使地方政府从依赖土地财政中摆脱出来，改变目前这种不具有持续性的土地财政现象。此外，为了遏制投资性购房，可以借鉴法国经验，制定房屋转让规则[163]，提高房屋转让成本，从市场方面遏制投资性购房，使得炒房者无利可图。

在控制住建筑规模总量的条件下，建筑能耗总量控制目标的实现才有保障。而为节约土地、能源和其他资源，应采取各项措施尽可能控制我国建筑规模总量。

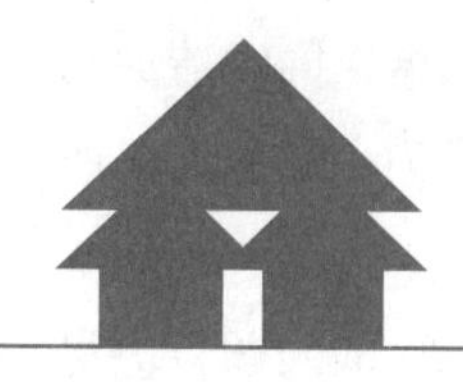

第4章　宏观建筑用能特点与影响因素分析

为了实现建筑能耗总量规划的目标，一方面要尽可能控制建筑规模，另一方面还需要从建筑用能现状特点出发，分析建筑能耗的影响因素及其变化趋势，在满足居民生活和工作需求的情况下，合理规划我国各类建筑用能指标。同时，为从宏观层面定量分析各项影响因素及技术措施应用效果，需建立可分析各项参数的宏观用能计算模型，论证各项技术途径和政策措施可实现的建筑用能规划目标。

目前，世界一些国家的统计部门或研究机构发布了国家或地区的宏观建筑运行能耗数据，并结合技术、政策或经济发展进行未来发展情景分析。其中，国际能源署（IEA）和美国能源信息署（EIA）以年度报告的形式逐年发布世界各国能源消费情况，建筑能耗数据分为住宅能耗（Residential）和公共建筑能耗（Services）两部分，并分别提出未来的建筑能耗情景分析；美国劳伦斯伯克利国家实验室（LBNL）于2007年发布专门针对中国能源消耗的报告[55]，同样将建筑能耗分为住宅和公共建筑两类；此外，还有GBPN[164]、WBCSD[165]、L. D. Danny Harvey[166]和国家发改委能源研究所[56]等国内外研究机构或个人，发布了中国建筑能源消耗量的数据及对未来的分析。

分析这些研究对中国建筑能耗数据的认识，认为存在以下几方面问题：首先，将建筑用能分为住宅能耗和公共建筑能耗两类，未考虑中国与发达国家实际建筑用能特点的差异。从数据对比的需求出发，统一分类方法便于分析，而如果对中国建筑用能现状特点及发展趋势进行研究，需要考虑中国与发达国家之间的差异，如城乡二元结构，以及覆盖北方各省城镇的集中供暖；其次，对于北方集中供暖，仅统计了热量消耗，而未考虑供暖一次能耗；第三，采用电热当量法折算，由于中国以煤发电为主，而建筑能耗以电力为主要能源类型，采用电热当量法难以反映建筑能耗在终端能源消费中的影响。

下面根据调查数据和理论分析，论述我国建筑用能现状、特点及影响因素。

4.1　宏观建筑用能的特点及分类

研究某栋建筑物的能耗，可以直接着眼于空调、供暖和照明等各个终端用能项。分析宏观建筑能耗现状时，则需要考虑建筑功能种类多、覆盖面广等因素。一方面，需要把握建筑用能整体的影响因素和组成特点；另一方面，考虑到建筑不同功能与用能特点，需要区分不同建筑用能类型，以便于研究能耗发展趋势和用能总量规划，并针对性提出节能技术措施和政策建议。

4.1.1　从建筑功能角度分析

从建筑功能来看，民用建筑可以分为住宅建筑和公共建筑两类。由于建筑功能不同，服务的对象以及各项终端用能需求不同：如住宅建筑中用能主要服务于居民生活，以家庭为单元，炊事、生活热水和各类家电是主要的用能项；而公共建筑主要服务于不同人群的工作或商业活动，以楼栋或功能空间为单元，办公设备、电梯和照明等是服务其功能的主要用能项。

公共建筑种类繁多，如办公、商场、酒店、学校和医院等，各类公共建筑的终端用能项需求有差异，如果将其逐一区分，将使得建筑用能分类繁多而难以表达；公共建筑通常以楼栋为用能单元，在节能技术和政策措施方面可以统一方法管理。因此，世界各国统计部门或研究机构，按照住宅和公共建筑两种类型区分建筑能耗。

4.1.2　从城乡住宅用能差异分析

我国处于发展中阶段，城乡二元差异明显，在对建筑用能分类时，需考虑城乡之间的不同。比较城镇和农村住宅用能的差异，主要包括：

第一，能源使用种类的差异：在农村住宅中，生物质（如秸秆、薪柴等）广泛用于满足生活热水、炊事以及采暖需求。从清华大学 2007 年组织的农村能源调研项目得到的实际调查数据来看[67]，北方地区农村生物质能耗比例为 28.8%，而南方地区农村生物质能耗比例为 52.2%。而清华大学与 IEA 的研究分别指出，2010 年，生物质能占中国住宅能耗的 30%[40]、44%[19]，生物质能在农村用能中占据十分重要的位置。这些生物质，是农村居民在农作物收割后自发收集并使用的，并未像发达国家一样将生物质能商品化，因而，在城镇住宅中没有用到生物质能。

同时，由于清洁使用的需求，煤炭在城镇住宅中已逐步消失，电力、天然气和液化石油气为城镇住宅中的主要能源；而相比之下，煤炭在农村仍然广泛使用，由于输送成本及相关技术问题，天然气与液化石油气难以在农村中推广普及。

第二，建筑形式的差异：农村住宅绝大部分为农民自建房，以户为单位建造的独栋住宅。从《中国 2010 年人口普查资料》[121] 分析，农村地区平房和 2 ~ 3 层住房的户数比例为 98.3%，可以认为这些基本为独栋住宅，居住在多层、中高层住宅建筑中的户数不到 2%。而城镇家庭户仅 25% 为平房，由于城镇建筑通常由房地产开发商、集体或政府统一建设，可以认为绝大部分城镇住宅为多户居住的住宅楼。城乡住宅建筑营造方式与类型的巨大差异，对建筑运行能耗、节能技术措施和节能政策都有非常大的影响。

第三，各项终端能耗：由于城乡居民生产方式不同、收入水平差异、各类建筑用能设备拥有率（图 4.1）差异，以及前面提到的能源类型和建筑形式的差别等因素，使得各项终端用能使用方式存在明显差异，能耗水平也明显不同。

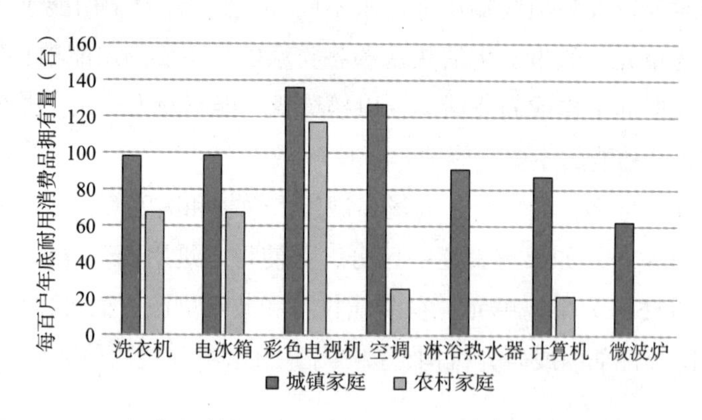

图 4.1　2012 年我国城镇和农村居民平均每百户年底耐用消费品拥有量

综合以上，如果将城乡住宅用能统一分析，将难以客观认识我国住宅能耗的能源类型及终端能源使用的特点，难以提出合理的能源总量规划和针对性的节能政策及技术措施。因此，我国住宅用能应区分城镇住宅用能和农村住宅用能两类。

4.1.3　中国北方城镇的采暖用能

我国北方地区气候寒冷，为保证冬季室内热舒适性，从新中国成立以来颁布了一系列的设计规范 [114][168] ~ [172]，要求北方地区（主要覆盖秦岭淮河以北的地区）城镇建筑需供暖。为避免因分散采暖烧煤产生大量煤渣垃圾污染环境，便于能源使用管理等，各种规模的集中供热方式在北方城镇中广泛应用。由于集中供热在能源使用系统、用能方式、能耗强度等方面与当前住宅中空调、照明、生活热水、炊事等各类终端用能存在明显差异；同时，由于集中供热系统由统一热源供热，在节能管理以

及技术措施应用方面与住宅用能和公共建筑用能有着明显的不同。具体分析来看：

第一，北方城镇地区的采暖多为集中采暖，包括大量的城市级别热网与小区级别热网。集中供暖系统通常由热源、输配系统以及系统覆盖的建筑物末端组成。在锅炉房或热电厂使用一次能源如煤炭、燃气等生产出热力，通过热力管网以及若干换热站，将热力供应到建筑，满足采暖需求。在这个过程中，热源处消耗的一次能源以及输配过程中的电耗都是为满足采暖需求而产生的，如果只统计建筑物所消耗的热量，或者热力站提供的热力，不能客观反映建筑采暖能源消耗情况。在统计能耗时，北方地区采暖能耗应统计供暖的一次能源消耗，而不仅仅是建筑所消耗的热量。

第二，由于集中采暖的能源系统特点，在对其进行能源管理、研究节能技术措施和制定相应节能政策时，需分别针对热源、输配系统和建筑围护结构性能及其负责方。例如，热源效率由热电厂或锅炉房管理方负责，而建筑围护结构性能由建筑设计方负责，属于完全不同的主体，前者与建筑物没有直接的关系；而其他建筑的运行能耗的主体，通常为具体建筑的使用者或设计方，可以针对具体的建筑提出节能技术措施和政策。

第三，集中采暖的运行方式，通常为“全时间，全空间”模式。北方地区各个城镇都有明确的采暖期规定，例如，北京的采暖期为 11 月 15 日开始至次年的 3 月 15 日，哈尔滨的采暖期为 10 月 15 日开始至次年的 4 月 15 日，在这段时间，集中供暖系统不间断运行；在建筑中，广泛采用的散热器末端形式，通常不支持用户进行开关调节，或者由于采暖的收费方式为按面积收费，用户调节意识较差，这样一来，即使房间没有人在，采暖也持续运行。而建筑中其他类型的终端用能，通常根据使用的实际需求调节。

第四，分析北方地区城镇建筑的用能强度，2011 年，采暖平均能源消耗强度为 $16kgce/m^2$，在城镇住宅建筑中，其他各类能源消耗强度总量只有约 $10kgce/m^2$，采暖用能占北方城镇住宅用能总量的 60%；而公共建筑中，除采暖外其他各类能源消耗强度量总量也只有 $21\ kgce/m^2$，采暖能耗占北方公共建筑用能总量的 43%，这也造成了南北方建筑采暖能耗强度巨大的差异。

综合以上，北方城镇集中采暖用能流程与其他类型建筑运行能耗不同，采暖能源消耗包括热源生产、热力输配和建筑物末端热力消耗等三个环节，对应的节能主体除建筑使用者和设计方外，还包括热源管理方和热力供应服务公司，后两者与具体建筑没有直接关系；北方城镇采暖通常为“全时间，全空间”运行方式，用户的使用方式对其能耗的影响有限，由于这种运行方式，北方采暖能耗强度明显高于其他终端用能项的能耗。因此，为科学分析中国建筑能耗的特点并提出相应的节能技术和节能政策，应将北方城镇采暖用能与其他类型能耗区分开来。

4.1.4　用能分类及其现状

综合考虑建筑功能，城乡建筑形式、能源类型和生活方式的差别，北方地区城镇采暖运行的特点，中国建筑用能可以分为城镇住宅用能（除北方城镇采暖）、公共建筑用能（除北方城镇采暖）、北方城镇采暖用能和农村住宅用能四类。

清华大学建筑节能研究中心指出，2012 年，中国建筑能耗总量为 6.93 亿 tce，这四类建筑商品能耗及其比例见表 4.1。此外，农村住宅用能中还有大量的生物质能，这部分能耗不属于商品能耗，但在解决农村能源需求中，有着十分重要的作用。

2012 年中国各类建筑商品能耗及比例　　表 4.1

建筑用能分类	用能量（亿tce）	占总能耗的比例
北方城镇采暖用能	1.71	24.6%
城镇住宅用能（除北方城镇采暖）	1.67	24.1%
公共建筑用能（除北方城镇采暖）	1.84	26.5%
农村住宅用能	1.72	24.8%
总量	6.93	100%

4.2　建筑用能主要影响因素与节能途径分析

4.2.1　建筑用能影响因素研究与归类

近年来，我国建筑能耗总量呈现持续增长的趋势。分析建筑能耗特点、发展趋势以及节能途径，应从其影响因素入手。当前有一系列研究针对不同类型建筑的影响因素进行了研究和分析。

张欢等[173]分析指出，宏观因素（包括城市常住人口、城市生产力、第三产业发展和居民消费水平）对城市建筑能耗有着显著性的影响。城市宏观因素发展趋势在一定程度上反映了城市建筑能耗的发展状态。蔡伟光[174]研究指出，人口、城镇化、建筑面积、消费水平、第三产业发展对建筑能耗增长发挥了关键驱动作用。技术进步、政策的推进有效缓解了建筑能耗增长。刘大龙等[175]通过模拟分析指出，气候变化将大幅减少采暖能耗，而同时增加空调能耗。周伟等[176]研究指出，家庭小型化、

消费水平提高导致建筑运行阶段的能耗（如采暖、空调及其他家电能耗）将保持持续上升，其占总能耗的比例也将持续提高。江亿[177]从中外对比角度分析影响建筑能耗的因素，认为中外不同的生活模式和文化理念，使得建筑物的使用方式和运行方式不同，是造成中外建筑能耗不同的主要原因。

对于住宅建筑，李涛等[178]认为运行模式、采暖空调设备能效、室内环境参数、气候是影响居住建筑总体能耗较为显著的因素，并提出应将居住建筑能耗的约束主要包括四类：气候约束、技术约束、用能行为约束以及其他约束。李兆坚等[179]通过实际测试指出，室内空调温度对空调能耗的影响较大，空调室温从 25℃提高到 26℃，空调能耗减少约 23%，空调运行期间开启内门可使空调能耗增加 1.4 倍，因此住宅空调行为节能的潜力很大。高岩等[180]认为住宅使用模式是影响供暖空调能耗的主要因素。冯小平等[181]对通过对无锡住宅能耗调查，指出人均收入、人均居住面积、分时电费制度的实施等因素对住宅户均空调拥有量产生重要影响，进一步促使空调能耗增长。而付衡等[182]研究认为，在采暖空调间歇运行模式下，居住建筑能耗与体形系数并没有必然的对应关系，不必对居住建筑体形系数严格限制。

对于公共建筑，张硕鹏等[183]认为办公建筑能耗影响因素包括设备性能、使用方式和使用条件。李莹莹等[184]研究指出，室内设定温度，设备和照明功率密度，外窗类型是影响夏热冬冷地区高层办公建筑能耗的显著因素。对于严寒地区的办公和商场，有研究指出[185][186]，人员密度、新风指标是影响能耗非常重要的因素，而灯具类型是影响哈尔滨地区办公楼和商场建筑能耗的主要因素，使用节能灯有明显的节能效果。刘雄伟等[187]研究指出，在公共建筑中随人均建筑面积的增加，单位面积能耗指标值与人均建筑能耗指标值产生相反的变化趋势。王春雷[188]研究发现照明功率密度、空调系统形式、室内设计参数、办公设备功率密度、冷水机组台数配置方案、人员密度和冷水机组 COP 等影响因素对夏热冬暖地区大型办公建筑的能耗影响显著，是能耗预测模型建立时需要重点研究的对象。

这些研究对各类建筑能耗的影响因素进行了分析，总结来看，影响建筑能耗的因素可以分为宏观影响因素和能耗强度影响因素（见表 4.2）。

建筑能耗影响因素及分类　　**表** 4.2

类型	主要因素
宏观影响因素	人口、建筑面积、户数、城镇化水平、家电拥有率和各项技术普及率等
能耗强度影响因素	气候条件、使用方式、运行模式、新风指标、人员密度、灯具类型、围护结构性能、经济收入和文化理念等

宏观影响因素：这类因素是宏观统计量，由宏观建筑能耗统计的范围决定，是在进行宏观建筑能耗计算以及情景分析时必需考虑的状态参数。

能耗强度影响因素：这类因素直接或间接地影响着建筑的终端能耗强度。从影响因素的特点分析，可以分为技术因素、使用与运行因素。技术因素包括建筑窗墙比、围护结构性能、灯具种类及效率和空调设备或系统效率等；使用与运行因素包括人员密度、建筑物使用时间、外窗开启方式、空调使用时间和设定温度、生活热水用量和新风系统运行时间等[189][190]。这些因素，影响着照明、空调、电器、生活热水等各类建筑终端用能的能耗强度。此外，气候条件也是影响空调、采暖和通风能耗的重要客观因素。而经济收入和文化理念,从侧面影响着建筑能耗使用方式以及设备的拥有情况。

4.2.2　能耗影响因素与宏观建筑能耗分析指标参数

从宏观建筑能耗的影响出发，宏观建筑能耗可以表示为人口、建筑面积和家庭户数等宏观参数与人均、单位面积或户均能耗强度的积（式 4–1），即宏观建筑能耗与建筑用能相关的宏观参数及对应的建筑能耗强度成正比。分析建筑用能的特点以及未来发展趋势，应从宏观参数与能耗强度两方面分析。

$$\text{宏观建筑能耗} = \text{建筑能耗相关宏观参数} \times \text{建筑能耗强度} \tag{4–1}$$

不同种类的建筑用能，宏观参数与对应的能耗强度不同。对于住宅建筑，EIA[143] 和 LBNL[55] 选择户均能耗强度作为能耗指标，对应的宏观参数为国家总的户数；IEA[19] 选择了户均能耗强度和单位面积能耗强度两种指标作为住宅能耗强度指标，对应的宏观参数为户数和住宅建筑面积；对于公共建筑，各个研究机构均采用单位面积建筑能耗强度作为能耗指标；而在杨秀的 CBEM 模型中，将单位建筑面积能耗强度作为各类建筑用能强度指标进行统计计算分析。分析各类型建筑用能的特点，对其建筑能耗强度指标以及相应的宏观参数选择做如下说明：

（1）公共建筑

公共建筑用能通常以楼栋或者楼栋中各个用户为单位进行能耗统计和结算，特别是对于采用集中控制的空调、通风或照明系统的建筑，更适合以楼栋为单位统计能耗，而由于公共建筑规模大小差异巨大，由数平方米到数万平方米，以楼栋作为单位统计分析能耗强度，难以找到公共建筑能耗强度水平的规律。相比之下，以单位面积能耗强度作为能耗强度指标，一方面便于进行宏观能耗总量统计与分析，另一方面，也是当前公共建筑能耗分析和比较时常用的指标。因此，公共建筑以单位面积能耗强度为指标，相应的宏观参数为公共建筑面积。

（2）住宅建筑

对于住宅建筑能耗强度指标，有单位面积能耗和户均能耗两种类型。分析美国、日本、欧洲等发达国家和地区的住宅建筑能耗数据，都是按照户进行统计和分析的。而《民用建筑能耗和节能信息统计报表制度》[191] 以单位面积能耗强度为指标对住宅建筑能耗进行统计，当前我国也有一些住宅能耗研究以单位面积能耗强度为指标。

分析来看，住宅建筑用能的各个终端用能项（主要包括生活热水、照明、家电、炊事、空调和采暖等）具有十分明确的以户为单位的特性：炊事和生活热水的能耗强度与家庭人数有比较明显的关系；主要家电（例如电冰箱、洗衣机、电视等）也是以户为单位使用；此外，家庭中照明、空调和采暖的使用，与人员在室情况密切相关，通常是人在的房间，才会开启照明、空调和采暖设备（不包括北方集中采暖）。

而在进行住宅能耗比较分析时，如果以单位面积能耗强度为指标，建筑面积大的家庭，能耗强度可能会相对较小，使得单位面积能耗强度与户均能耗强度的相对关系不同，对其节能效果的评价也相矛盾。

从住宅能耗获得的渠道来看，电耗和天然气消耗量可以从电力或燃气公司获得，都是以户为单位的数据，在调查住户用能时，直接调查得到的能耗数据也是以家庭为单位；而阶梯电价标准，直接针对的也是住户，跟住宅面积大小没有相应的关系。

结合客观用能特点、数据采集与分析和节能管理，对于住宅建筑以户均能耗强度为能耗指标参数较以单位面积强度为指标更为科学，其对应的宏观参数为居民户数。

（3）北方城镇采暖

北方城镇采暖能耗，与建筑面积和能耗强度成正相关关系。在气候、围护结构性能、建筑室内发热量和新风量等条件确定的情况下，建筑面积越大，采暖能耗越大。而集中供热系统的输配能耗也与供热规模密切相关，也可以折算到单位面积能耗强度。北方城镇采暖能耗选择以单位面积能耗强度为能耗指标，其对应的宏观参数为北方城镇采暖面积。

4.2.3　宏观参数发展趋势及对能耗的影响

影响建筑能耗的宏观参数主要包括人口、建筑面积、户数、城镇化率和各类电器拥有率等。下面从统计部门公布的数据以及相关研究分析各个宏观参数的发展趋势。

第一，人口、户数与城镇化率

从统计局公布的中国统计年鉴分析 [192]（图 4.2），1970 年以来我国总人口稳步增长，从 8.3 亿增长到 2012 年的 13.5 亿，而 2001 年以来人口增长速度逐渐减缓，年平均人口增长率从之前的约 1.4% 降低到 0.55%。与此同时，城乡人口结构发生着巨大的变化：1970 年，我国城镇人口仅为 1.4 亿，而到 2012 年，城镇人口已增长到 7.1 亿，城镇化率从 17.4% 增长到 52.6%；农村人口经历了一个先增加后减少的过程，增长过程一直从 1970 年持续到 1995 年，之后持续减少，2012 年农村人口为 6.4 亿。在人口总量增长的同时，城乡家庭规模不断缩小，居民总的户数在不断增长（图 4.3）。

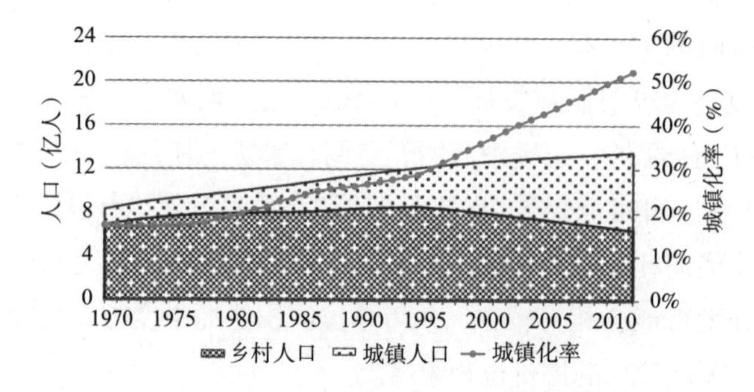

图 4.2　1970 年以来我国城乡人口及城镇化率

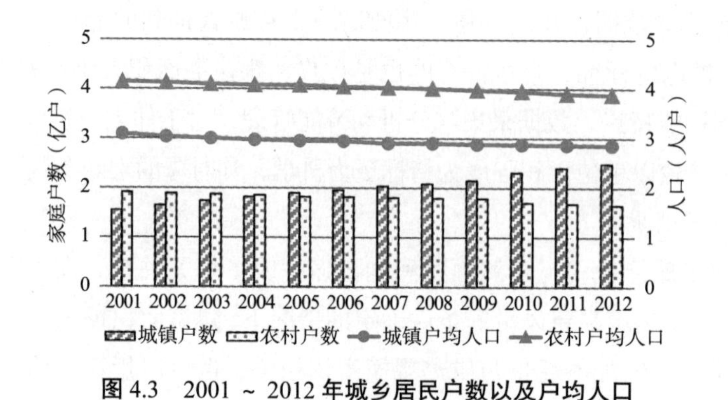

图 4.3　2001 ~ 2012 年城乡居民户数以及户均人口

原新等 [193] 研究认为，中国人口经历了自发快速增长（从新中国成立到 1970 年代初）、严格控制增长（1970 年代初至 1990 年代初）、稳定低生育水平（1990 年代初到 21 世纪前 5 年）和统筹解决人口问题（2006 年以来）四个发展阶段。而到 2020 年人口规模为 14.36 亿人，2033 年达到峰值 14.73 亿人。尉敏炜等 [194] 通过建立模型预测，到 2020 年，中国人口将增长到 14.46 亿，到 2048 年，人口达到峰值 14.9 亿；而陈卫 [195] 研究认为，到 2020 年人口将达到 14.2 亿，到 2029 年人口达到峰值为 14.42 亿。从这些研究来看，中国未来人口还将持续较长时间的增长。

人口总量的增长以及农村人口大量迁移到城市，对宏观建筑能耗增加产生了

巨大的影响。概括来看，城镇人口与家庭户数的增加，是使得城镇住宅能耗增加的直接原因，同时也促使公共建筑和北方采暖能耗的增加。农村人口减少的同时，生物质能在农村家庭的使用比例减少，使得农村生物质能耗总量持续减少，由于商品能耗需求在农村家庭中增加，农村商品能耗总量变化趋势不明显。

第二，建筑面积

由第 3 章对我国建筑面积现状分析来看，我国城乡建筑规模仍在不断增长，2012 年，城乡竣工建筑面积接近 31 亿 m^2（图 4.4），相比 2011 年，竣工面积增长约 4 亿 m^2，新建城乡住宅约 23 亿 m^2，相当于人均建筑面积增长 $2m^2$。由于空调、采暖和照明等终端用能与建筑面积密切相关，这样快速的建筑面积增长速度，势必使得建筑能耗总量快速增长。

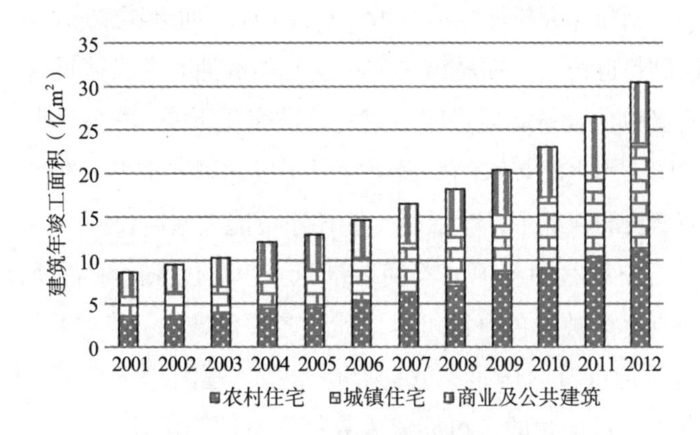

图 4.4 2001 ~ 2012 年我国各类建筑竣工面积

第三，各类设备拥有率

宏观住宅能耗与家庭中各项设备拥有率有关。调研城乡居民家庭常用电器拥有率 [196] 如图 4.5 和图 4.6。

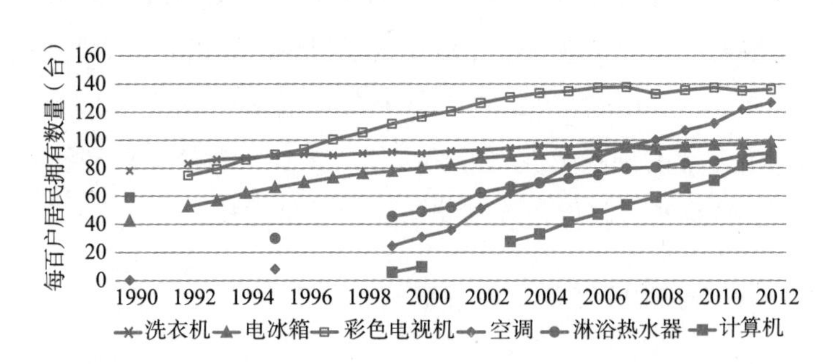

图 4.5 我国城镇居民家庭平均每百户年底耐用消费品拥有量

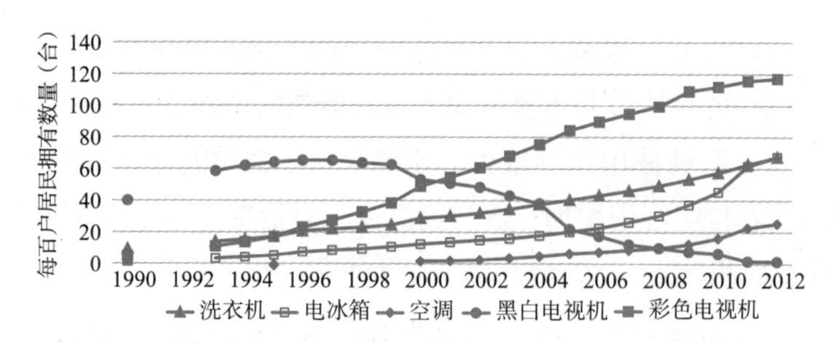

图 4.6　我国农村居民家庭平均每百户年底耐用消费品拥有量

城镇居民每百户家庭中洗衣机、电冰箱、空调、电视、热水器以及计算机等各项设备拥有量逐年增长，到 2012 年均已接近或超过 100 台，这意味着这些电器普及程度接近或超过 100%。其中，空调和计算机拥有量是各类电器中增长最快的，且仍保持增长的趋势，空调和计算机能耗将有可能持续增长；而近年来彩色电视机、洗衣机、电冰箱的拥有量已趋近稳定，在城镇住宅中这几类的拥有率已接近饱和，未来这几项的能耗总量主要受单台设备能耗强度与家庭总数变化影响；淋浴热水器的拥有量仍在持续增长，而我国人均生活热水的用量仍远低于发达国家水平，在生活热水需求以及热水器拥有量都增长的情况下，生活热水能耗还可能大幅增长。

农村居民每百户家庭中各项电器拥有量与城镇居民家庭中各项比较有明显的差距，除黑白电视机逐渐被彩色电视机所取代，各项设备的拥有量也明显增长。其中，彩色电视机拥有量接近城镇居民家庭拥有量水平，逐渐趋于稳定；电冰箱拥有量是近年来各类电器中增长最快的，可能成为农村家庭用能增长的主要因素。

分析各项宏观参数发展的特点及相应政策：推行计划生育政策在控制人口增长上取得了较好的效果 [197]，使得人口增长量得到明显控制 [198]，对于我国社会和经济的可持续发展是必要的，也存在一些问题（如人口结构老龄化）[199]，在客观条件发生变化的情况下，应逐步调整促进人口均衡发展 [200]。而由于我国能源、资源和环境的承载能力有限，对于建筑面积规模也应加强控制，逐步改变依赖房屋及基础设施建设推动经济发展的模式，这在第 3 章进行了讨论。而由于人们改善生活的需求，一些设备的普及程度以及用能需求，仍然还有较大的增长空间。

通过各项宏观参数的现状及发展趋势分析，人口、建筑面积和设备拥有量等各项宏观参数还将持续增长，将促使宏观建筑能耗总量增长。

4.2.4　能耗强度影响因素及其发展研究

从能源用途分析，建筑用能主要包括空调、采暖、照明、生活热水、炊事、办公

和家用电器等终端用途，相应的技术和设备服务于这些用途，同时，这些技术和设备的使用以及人的行为也将影响建筑能耗。此外，气候是影响建筑采暖和空调能耗的重要条件。下面分别讨论气候、技术和使用与行为等三个方面的因素及其变化趋势。

第一，气候条件

气候是影响建筑能耗的客观条件，对空调和采暖能耗有明显的影响。因而，在分析宏观建筑能耗时，应充分考虑不同地区气候条件的差异。

我国幅员辽阔，南北气候条件差异明显，室内对采暖和空调的需求差异较大，其能耗也有明显不同。北方地区由于气候寒冷而广泛采用集中采暖，而在夏热冬冷和夏热冬暖地区，空调广泛应用于住宅和公共建筑。根据我国《民用建筑设计通则》提出的建筑气候区划，在分析建筑采暖和空调能耗时，应区分严寒地区、寒冷地区、夏热冬冷地区、夏热冬暖地区和温和地区的空调和采暖用能需求。

由于人类活动产生的 CO_2 增加，全球气温有逐步升高的趋势。气候变暖，直接的影响是增加空调能耗，减少采暖能耗 [201][202]，对于建筑能耗总量的影响取决于采暖和空调需求变化的大小。

第二，技术因素

各类建筑能耗通常由空调、采暖、照明和生活热水等终端用能项构成，影响这些用能项能耗的技术因素主要包括建筑形式和围护结构性能、各类家电和灯具的功率大小，以及空调、采暖和生活热水设备能效等。下面对各项终端用能项的技术因素及其发展趋势进行论述分析。

（1）空调

从集中程度来看，空调设备可以分为集中空调系统、半集中空调系统以及分散式空调系统，其热源包括空气源、水源或地源等。各类建筑中常见的空调形式，如住宅中广泛使用的分体空调，宾馆建筑中的风机盘管加新风空调系统，大中型公共建筑变风量中央空调系统，以及近年来兴起的一拖多空调机组等。

空调能耗由实际制冷量和制冷能效比决定。影响实际制冷量的因素包括：气候条件、建筑构造形式（如窗墙比、体形系数）、围护结构性能、气密性水平、室内空调温度、新风量、使用空调时间和空间等，其中，建筑构造形式、围护结构传热性能和气密性水平属于技术因素；制冷设备的能效比属于技术因素。相关节能设计标准给出了在标准模式下的围护结构性能的节能设计参数，如外墙的传热系数，窗墙比限值和气密性要求等；而对于空调设备，也有相关标准促使其不断提高能效。另一方面，新技术的开发也促进了空调能效的提高。

整体来看，各项技术因素的发展趋势将促进空调能耗下降。

（2）照明

当前常见的照明灯具类型包括白炽灯、荧光灯、节能灯和 LED 灯。影响照明能耗的技术因素主要为灯具的功率，而同等照度条件下，照明功率大小与灯具类型密切相关。提高灯具的能效，可以有效地降低在满足照度需求下的灯具功率，降低同等使用模式下的照明能耗。为推动照明节能，在政策鼓励下节能灯具逐渐推广，而白炽灯也逐步停止生产。技术因素将促进照明能耗降低。

（3）住宅和办公电器

电器种类繁多，我国住宅中常用的电器包括洗衣机、电冰箱、电视机、计算机和饮水机等，而浴霸、衣物烘干机和洗碗机等电器设备也逐渐进入居民家庭。服务于办公的电器主要包括计算机、打印机和饮水机等。

相比于发达国家，家庭中电器种类以及类型存在一定的差异。例如，烘干机在美国的家庭中拥有率达到 82%[143]，而在中国住宅中，烘干机的拥有率还非常低，国家统计年鉴也未将其列入家庭常用耐用品中；洗衣机通常包括波轮洗衣机和滚筒洗衣机两类，在发达国家中，滚筒洗衣机最为常见，而中国家庭中更多使用波轮洗衣机，同等洗衣量的情况下，滚筒洗衣机的能耗大大高于波轮洗衣机的能耗；此外，电视机和冰箱的尺寸也有逐步变大的趋势，这将使得其能源消耗量增加。家用电器数量和电器类型是影响户均能耗的重要技术因素，在未来居民收入水平提高，同时市场利益推动下，家庭中电器的数量将有可能显著增加，而高能耗电器也可能随之进入市场。技术因素的发展对住宅电器的能耗有正反两个方向的作用。

（4）生活热水

生活热水能耗与制备生活热水的方式与设备效率有关，当前常见的生活热水制备设备包括燃气热水器、电热水器以及太阳能热水器。此外，对于宾馆、医院等需要大量生活热水的公共建筑，燃气锅炉为较常见的提供热水的设备。太阳能热水器能源来自于太阳，如果没有辅助热源，可以认为仅仅消耗了水泵的电耗；燃气热水器与电热水器制备热水的效率是影响其能耗的技术因素。太阳能生活热水的推广应用，成为减少生活热水能耗的主要技术途径。

（5）采暖

北方城镇采暖以各种规模集中采暖为主，也有少部分分散采暖。供热设备和系统按热源系统形式及规模分类，包括不同规模的热电联产、燃气或燃煤锅炉、水源或地源热泵以及工业余热等。

集中供热系统能耗由热源能耗率、输配过程能耗和损失以及建筑采暖需求共同决定。其中，热源能耗率是指热源单位输出热量所消耗的燃料，与生产效率、热源系统形式和规模密切相关；输配过程需考虑的因素包括供热管网输配电耗和管网热损失，都与采暖面积相关；而建筑采暖需求受气候条件、建筑构造形式、围护结构性能、气密性水平、室内采暖温度、气密性水平、新风量、采暖时间和空间等因素影响，其中建筑构造形式、围护结构性能和气密性属于技术因素。

北方城镇采暖能耗约占建筑能耗总量的 1/4，是节能工作的重点。近年来，随着围护结构保温，供热改革，大中规模的热电联产推广，可再生能源和工业余热的利用以及技术因素发展，将推动北方城镇采暖能耗强度降低。

在北方采暖地区以南，以各种形式的分散采暖或局部采暖为主，集中采暖的比例很少。局部采暖设备的类型包括电暖风机、暖脚器和电暖气等，其能耗与设备的功率以及使用时间相关，设备功率是影响采暖能耗的技术因素。

（6）炊事

炊事设备种类繁多，中国家庭中常见的炊事设备包括电饭煲、微波炉、燃气或液化石油气灶、高压锅和电磁炉等，各类设备的功率大小是影响其能耗的主要技术因素，未来各类用电炊事用具能效提高的空间有限。

第三，使用与行为因素

使用与行为是影响建筑能耗强度的重要因素，这类因素由使用者调节控制，主要包括使用时间长度、频率和服务水平等，不同终端类型对应的使用与行为因素也有差异。结合开展调查，下面分别论述各个建筑终端能耗的使用与行为因素。

（1）空调

空调设定温度、使用时间、开空调的房间大小、新风量、开窗行为以及室内发热量等因素也影响着空调能耗，这些因素由房间使用者或系统运行管理人员调节决定，属于使用与行为因素。

从调研的情况来看，居民家庭中空调拥有量增多，意味着使用空调的房间增多，而空调平均使用时间也有延长的趋势。整体来看，使用与行为因素的变化趋势将促使空调能耗增长。

（2）照明

影响照明能耗的使用与行为因素，主要包括使用时间和开启数量。在住宅建筑中，居民通常根据实际照明需求使用灯具，例如，在室内照度低时开启，入睡时关闭。在生活作息一定的情况下，照明使用的习惯基本保持不变。因此，可以认为居住建筑中照明的使用与行为因素未来变化不大。而在公共建筑中，对于大体量、有较大内区的公共建筑，由于自然采光条件差，即使在白天也有人工照明的需要，而这类建筑的面积比例在逐渐增加，使得照明平均使用时间延长。

（3）住宅和办公电器

影响电器能耗的使用与行为因素，主要包括电器的使用时间或频率。总体来看，拥有量增加表明此类电器的需求增加，其使用时间和频率也可能增长。

在住宅建筑中，计算机的拥有量增长明显，随着各类日常生活与工作活动以及网络关系的密切，其日均使用时间有增长的趋势；电视的使用时间受年龄、工作与否及个人喜欢等因素决定，整体变化趋势不明显；洗衣机的使用频率将随着沐浴频率增加而增加；由于冰箱通常全天使用，宏观上看其使用时间基本维持不变；饮水机的使用时间由家庭使用习惯决定，未来变化趋势不明显。

在公共建筑中，计算机和打印机等办公设备普及的同时，由于工作方式的需求，其使用时间也有延长的趋势；在节能管理良好的条件下，饮水机的使用时间通常由公共建筑使用时间决定，在节能管理不佳的情况下，饮水机往往全天使用。加强运行管理，将是办公电器节能的主要途径。

（4）生活热水

影响生活热水能耗的使用与行为因素主要包括单次生活热水用量和生活热水使用频率，从调查数据来看，生活热水的使用量需求在逐渐增长，频率也有提高的趋势。

（5）采暖

影响采暖能耗的使用与行为因素主要包括采暖的设定温度、使用时间、空间、新风量、开窗行为以及室内发热量等。北方地区主要采用集中采暖形式，由于系统形式制约，使用者不能调节设定温度、使用时间以及使用的房间，同时按照面积进行收费的方式，也使得即使可以调节时也不会主动调节。而在夏热冬冷地区，通常采用分散式设备采暖，调查和测试发现居民家庭冬季室内温度大部分时间低于18℃，由于使用者对室内环境要求的提高，采暖使用时间和空间以及设定温度都将有明显的增长趋势，将促进采暖能耗增长。

（6）炊事

影响炊事能耗的主要使用与行为因素为炊事频率。炊事往往以户为单位，炊事强度和频率的变化趋势不明显。

综合以上对影响各项建筑能耗的技术因素和使用与行为因素的分析，归纳如表 4.3

所示。整体来看，技术因素主要促进建筑能耗强度降低，而部分用能项的使用和行为因素将促使建筑能耗强度增加。推动建筑节能，应重视使用和行为因素的变化趋势的引导和控制。在对宏观建筑能耗量的分析中，也应充分考虑使用和行为的因素。

影响建筑能耗的技术因素和使用与行为因素及趋势　　**表 4.3**

终端类型	技术因素	趋势影响	使用和行为因素	趋势影响
空调	建筑构造	不显著	使用时间	增加
	围护结构性能	降低	使用空间	增加
	设备能效	降低	设定温度	增加
照明	灯具效率	降低	使用时间	不显著
电器	设备能效	降低	计算机使用时间	增加
	种类	增加	洗衣机频率	增加
生活热水	效率	不显著	热水用量	增加
	种类	降低	使用频率	增加
采暖	建筑构造	不显著	使用时间	增加
	围护结构性能	降低	使用空间	增加
	设备能效	降低	设定温度	增加
炊事	效率	不显著	频率	不显著

注：降低，指该因素变化趋势将促使该项能耗强度降低；增加，指该因素变化趋势将促使该项能耗强度增加；不显著，指该项因素变化趋势不明显，对能耗影响变化趋势不显著。

本章从我国宏观建筑能耗的总体特点出发，对我国建筑用能分类进行分析，并根据各类建筑用能的特点，提出了相应的能耗指标。整体来看，我国建筑能耗应分为北方城镇采暖用能、公共建筑（除北方城镇采暖）用能、城镇住宅（除北方城镇采暖）用能和农村住宅用能；根据能耗特点，前两项的能耗强度指标应折算到单位面积，住宅能耗指标则应按照户进行计算。

分析各类建筑用能特点，认为宏观建筑能耗的影响因素可以分为两类：宏观参数，包括各类建筑面积、城镇和农村户数，各项设备的拥有率等；能耗强度参数，受气候条件、建筑形式和围护结构性能、设备和系统的形式和效率、服务水平、使用方式和建筑及系统的运行管理方式等因素影响，其中建筑形式和围护结构性能、设备及系统的形式和效率可以归纳为技术因素，而服务水平、使用方式和运行管理模式可以归纳为使用与行为因素。在此基础上，归纳总结了各类建筑能耗的影响因素及其发展趋势。

第 5 章　北方城镇采暖节能路径研究

5.1　北方城镇采暖能耗现状与趋势

5.1.1　能耗现状

北方城镇采暖用能是我国建筑能耗的重要组成部分，覆盖的范围包括严寒地区和寒冷地区城镇各类建筑。根据 TBM 模型（技术与行为模型，见附录）计算分析，2012 年，其能耗总量为 1.71 亿 tce，占当年建筑能耗总量的 24.6%，逐年能耗总量及能耗强度如图 5.1。

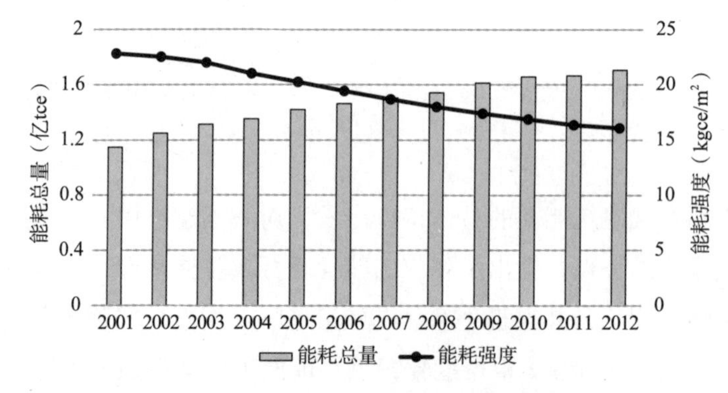

图 5.1　2001 ~ 2012 年北方城镇采暖能耗总量与强度

从 2001 ~ 2012 年，尽管采暖能耗强度持续下降，从 22.8kgce/m^2 降低到 16.1kgce/m^2（降低近 30%），北方城镇采暖用能总量仍持续增长。北方城镇采暖面积的增加，是导致采暖能耗总量增长的主要原因。从 2001 ~ 2012 年，北方城镇采暖面积从不到 50 亿 m^2 增长到 106 亿 m^2，增长超过 1 倍。一方面，该地区建筑面积随着城镇建设而增加；另一方面，采暖面积的比例提高，基本全面覆盖各类城镇建筑。

从北方城镇采暖热源的类型来看，包括各种规模的燃煤热电联产、燃气热电联

产、燃煤锅炉、燃气锅炉、地源或水源热泵、工业余热和分户采暖（包括分户燃气锅炉、燃煤炉、热泵和电采暖等形式），各类采暖形式的面积如图 5.2。整体来看，北方城镇采暖以各种规模的集中供暖系统为主，约占总的采暖面积的 90%，且趋势是比例越来越大；热电联产的增长速度明显，约有近 40 亿 m^2 的建筑采用热电联产供热；从能源类型来看，燃煤是集中供热的主要能源形式，燃气在各种供热系统中的应用也越来越多，这与国家逐步控制煤的用量，大力发展燃气供热、发电有关；而在北方地区，利用工业余热供暖的面积还较少，未来还有较大的开发潜力。

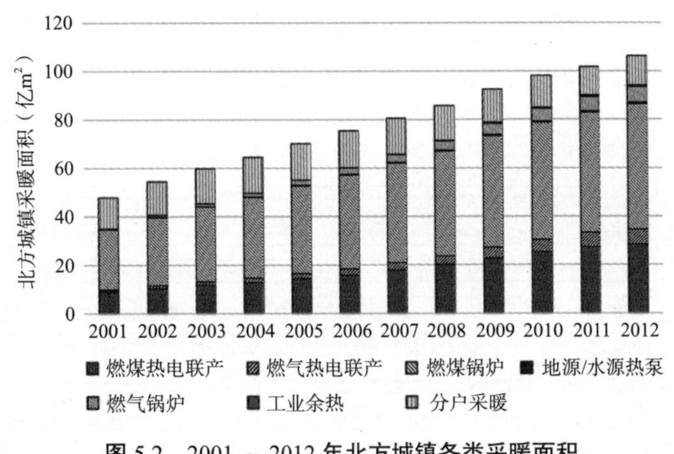

图 5.2　2001 ~ 2012 年北方城镇各类采暖面积

5.1.2　中外对比

调查已有的采暖能耗数据，国际能源署（IEA）以终端能耗的形式发布了各国建筑采暖能耗强度数据，参照相关资料 [203]，折算得到各国采暖一次能耗量如图 5.3 所示。对比世界其他有采暖需求的地区，我国北方地区采暖能耗强度处于较低的水平。建筑形式差异是我国供暖能耗较低的重要原因，相比于发达国家以独栋别墅为主的建筑形式，我国城镇住宅以高层公寓楼为主，体形系数较小，同等气候和围护结构性能条件下，建筑需热量较小。已有数据中，芬兰采暖能耗强度最大，单位面积采暖能耗超过 60kgce/m^2，而波兰、俄罗斯和韩国，采暖能耗强度约为 30kgce/m^2。丹麦、加拿大和中国采暖能耗强度在 15 ~ 20kgce/m^2 之间。

分析来看，供暖能耗强度与气候条件、建筑围护结构性能、采暖系统类型及性能等因素有关。从气候条件来看，上述各个国家冬季气候寒冷，均有较大的采暖需求，提高围护结构保温性能是采暖节能的关键技术。而各国的采暖方式有较大的差异，

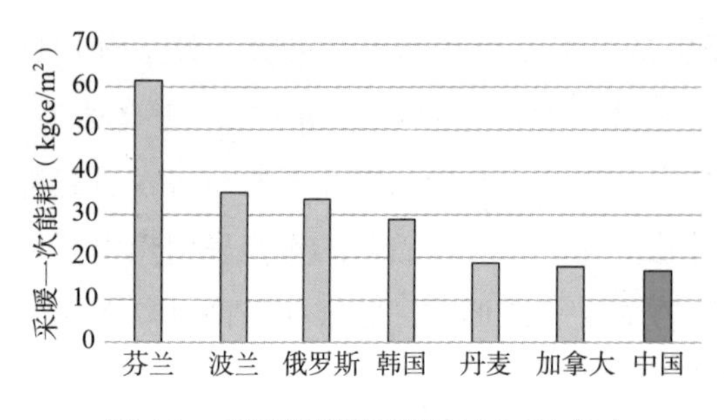

图 5.3　各国供暖能耗强度（2010 年）

IEA 的数据显示，不同类型采暖类型按照供热量比例如图 5.4。在 IEA 研究的 22 个 OECD 国家中，除瑞典、芬兰、丹麦和斯洛伐克有较大量的集中供热比例（占总的供热量的 30% 以上）外，其他国家集中供热的供热量均不到 20%；美国、英国、日本和加拿大等国家，几乎没有集中供热；统计各国供热总量，只有 3.8% 的热量由集中供热提供。而天然气、油类和可再生能源的供热量占 22 个国家中总供热量的 80.7%；比较各国 1990 ~ 2010 年数据，天然气的供热比例明显提高。

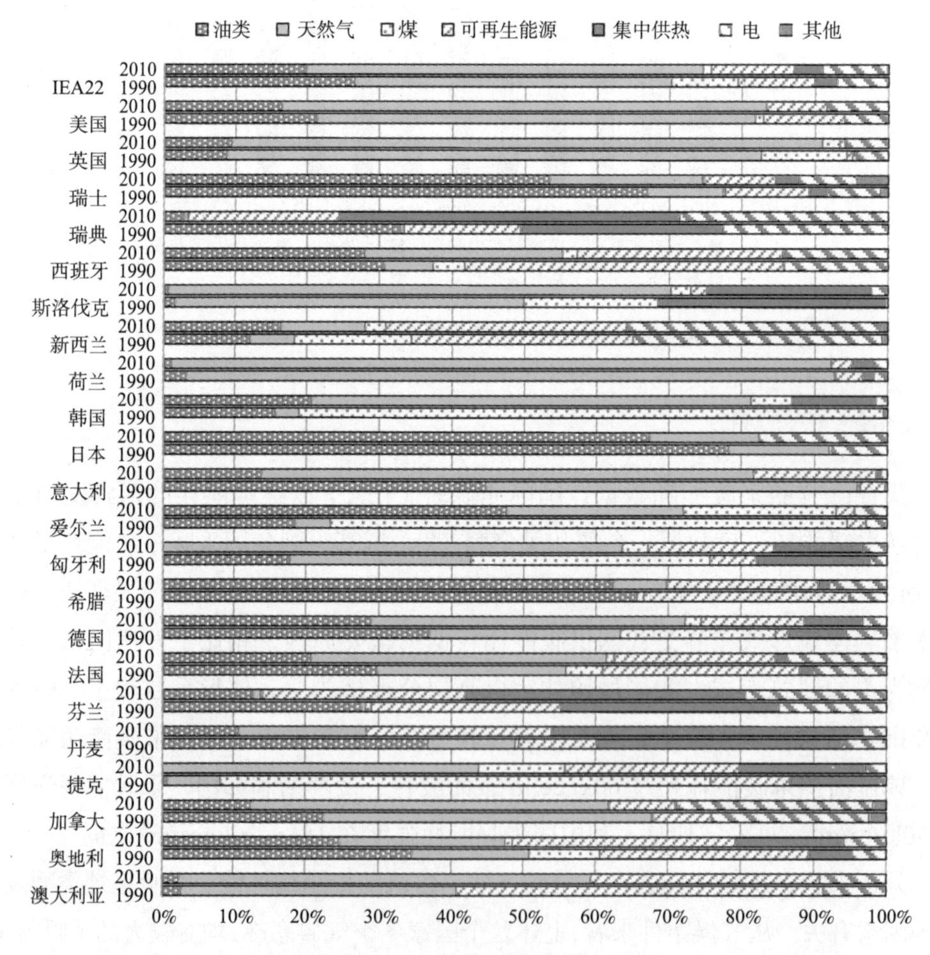

图 5.4　IEA 各国不同能源类型采暖按热量比例（1990 年和 2010 年数据）

由 TBM 模型测算，2012 年中国集中供热量占总供热量的 92%。比较来看，我国北方供暖模式与 IEA 国家有很大的差别。由于我国以集中供热为主要供暖模式，分析我国北方城镇供暖节能目标和途径，应重点分析集中供热系统的特点和节能措施。集中供热的一次能耗量与建筑耗热量，输配能耗与损失以及热力生产效率有关。

北方城镇采暖能耗是我国建筑能耗中重要的组成部分。与世界其他国家或地区相比，大规模的集中供热是我国北方地区采暖形式的特点。对于北方地区城镇采暖节能，我国政府在政策和规划方面给予巨大支持，并逐渐完善相关节能标准体系，同时业界不断研究开发出新的适应用北方采暖节能的技术和设备，在这样的条件下，通过围护结构保温，推广高能效的热源等技术措施，采暖能耗强度持续降低。然而，仍然存在大量既有建筑保温性能较差，供热改革推广范围有待扩大，高效热源系统以及工业余热利用等技术应用还有较大的提升空间等。

下面从我国当前北方城镇采暖的现状和特点出发，分析采暖能耗的主要影响因素及节能潜力，并提出针对性的政策和技术建议，以实际案例为依据，论证可行的节能目标，从而提出北方城镇采暖节能的整体目标和实现目标的规划。

5.2　采暖用能主要影响因素及节能潜力分析

5.2.1　采暖用能关键影响因素

综合大型城市供热管网、小区集中供热管网、分楼栋集中供热以及分户采暖等各种类型的采暖方式，分析影响北方地区城镇采暖能耗的环节（如图 5.5）[204]。供暖能源消耗环节包括，热源处生产热力的一次能耗与各级管网输配水泵电耗；热量经由输配系统向建筑输送，在各级管网和热力站均有热力损失，直到建筑中耗散。图 5.5 中的数值是以北京地区典型建筑采暖为例，典型的采暖耗值。不同采暖设备或系统所包括的环节不同，总体来看，可以将采暖耗能过程分为三个节点：热源、输配系统和建筑物。研究采暖节能的途径，可以从各个节点的技术因素以及使用与行为因素进行分析。

从采暖系统运行方式来看，由于北方地区冬季气候寒冷，为保证居民在建筑中活动的需求，城镇采暖设备或系统的使用运行方式基本是从采暖季开始到采暖季结束连续供暖；除部分分散采暖方式外，绝大部分建筑采暖覆盖所有空间，可以认为北方城镇采暖使用方式为“全时间，全空间”。

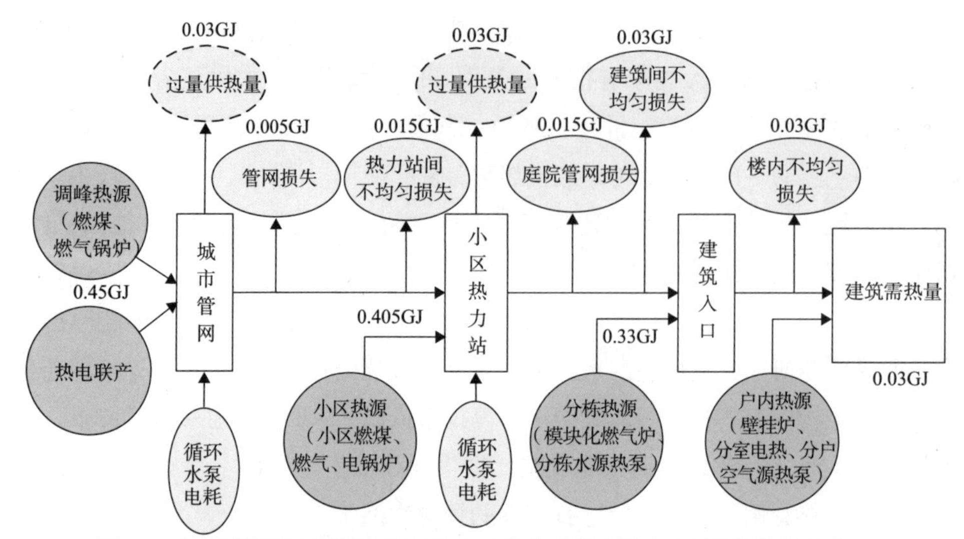

图 5.5　北方城镇采暖能耗影响环节（以北京为例的平方米采暖能耗强度）

在实际供热过程中，由于围护结构保温性能差异，不同建筑单位面积耗热量甚至有成倍的差异；由于热网系统惯性与运行调节问题，一些建筑室温大大高于 18℃；而供热按面积收费的方式以及末端运行状态难以调节，常常出现用户在采暖期开窗以降低室温的现象，热量直接散失到室外。这些问题实际造成了大量的能源浪费。

分析建筑物、输配系统和热源各个环节，对影响采暖能耗的主要技术因素讨论如下：

在建筑物中，围护结构保温性能是影响建筑需热量的主要技术因素。在《严寒和寒冷地区居住建筑节能设计标准》中，对于不同地区建筑的体形系数、窗墙比、外墙和外窗等围护结构部件的传热系数以及外窗综合遮阳系数提出了节能指标。这些指标是基于大量研究确定的，是开展围护结构节能的重要依据。

在输配过程中，水泵的能效是影响输配能耗的主要技术因素；除了输配水泵的电耗外，还需要考虑各级管网处的热力耗散损失，这与管网保温性能密切相关。

而在热源处，影响能耗的主要技术因素为热源的生产能效，即每生产 1GJ 的热力所需要的一次能源量。热源的生产能效受热源系统形式、生产热力规模和一次能源类型等因素的影响。

前面提到的过量供热问题，需要综合热网系统与末端的技术措施和运行调节，是集中供热系统作为一个整体需解决的综合性问题。

下面从现状出发，分析建筑物、输配以及热源等环节能耗影响因素以及其节能潜力。

5.2.2　建筑围护结构性能对能耗的影响

建筑需要供热是由气候条件与室内存在热环境舒适性需求产生的。需热量的大小，由室内外温差、建筑及其围护结构性能和室内换气次数等因素决定。而建筑物的需热量可以表示为：

建筑需热量 =（体形系数 × 围护结构平均传热系数 + 单位体积空气热容 × 换气次数）× 室内外温差 × 层高 × 采暖建筑面积　　（5–1）

其中，建筑的体形系数、层高和面积属于建筑本身的属性，节能标准对于新建建筑的指标提出了要求。建筑一旦建成其形式难以改变，因而，既有建筑的围护结构节能主要通过改善屋顶、外墙和外窗等围护结构部件的传热性能、提高建筑气密性条件实现。此外，北方城镇采暖设计室内温度为 18℃，理论上看室内外温差主要受室外气温影响。由此来看，建筑气密性条件、围护结构性能是影响建筑需热量的主要技术因素。

清华大学于 2011 年调研和计算得到的北方地区不同省份建筑采暖需热量状况 [204] 大致分布如图 5.6 所示。

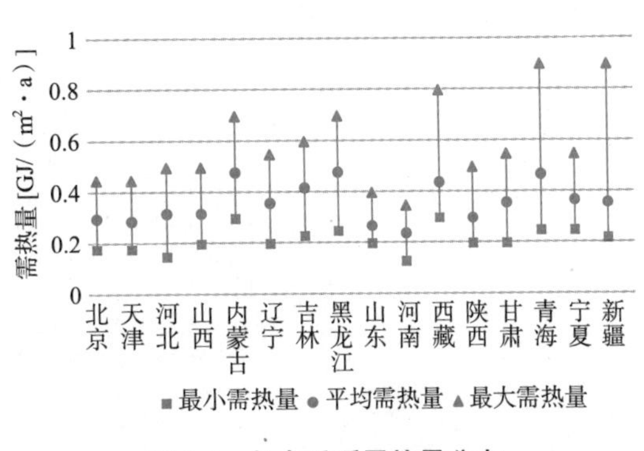

图 5.6　各省采暖需热量分布

由图看出，各省建筑需热量有较大的差异，最大平均需热量为 0.48GJ/（m^2·a），而最小平均需热量只有 0.24 GJ/（m^2·a）。如果各地建筑性能平均水平接近，则可以认为气候条件差异是造成各地平均需热量差异的主要原因。然而，同一地区建筑需热量的最大值和最小值之间有 2 ~ 4 倍的差异，在气候调节接近的情况下，可以认为围护结构的传热性能和建筑气密性条件是产生这些差异的主要原因，改善围护结构传热性能和气密性条件，可以大幅降低建筑需热量。

大量研究认为，围护结构保温性能较差以及气密性不佳，是我国采暖能耗高的主要原因。中国建筑科学研究院在 2008 ~ 2009 年组织开展了针对居住建筑围护结构性能现状的调查 [205]，选择唐山市、乌鲁木齐市、天津市和鹤壁市 4 个北方地区城市，在通过 4000 多栋建筑情况普查并进行分析后，考虑建筑的类型、建设年代、楼层数和供热方式等因素，选取 26 栋具有代表性的建筑物对其围护结构保温性能进行了测试（图 5.7）。这些建筑主要为多层建筑，建成年代分布在 20 世纪 80 年代到 2000 年前后。调查测试了各栋建筑的外墙、屋顶和外窗传热系数与《严寒和寒冷地区居住建筑节能设计标准》JGJ 20−2010（以下简称“10 标准”）中规定的参数限值，发现：（1）这些建筑外墙、屋顶的传热系数明显大于标准所规定的限值，有的甚至是标准规定限值的 3 倍多；（2）W 市的案例中，外窗的传热系数小于标准值，而其他地区外窗传热系数仍是明显大于标准值的。从既有建筑的围护结构传热性能来看，仍有巨大的节能空间。

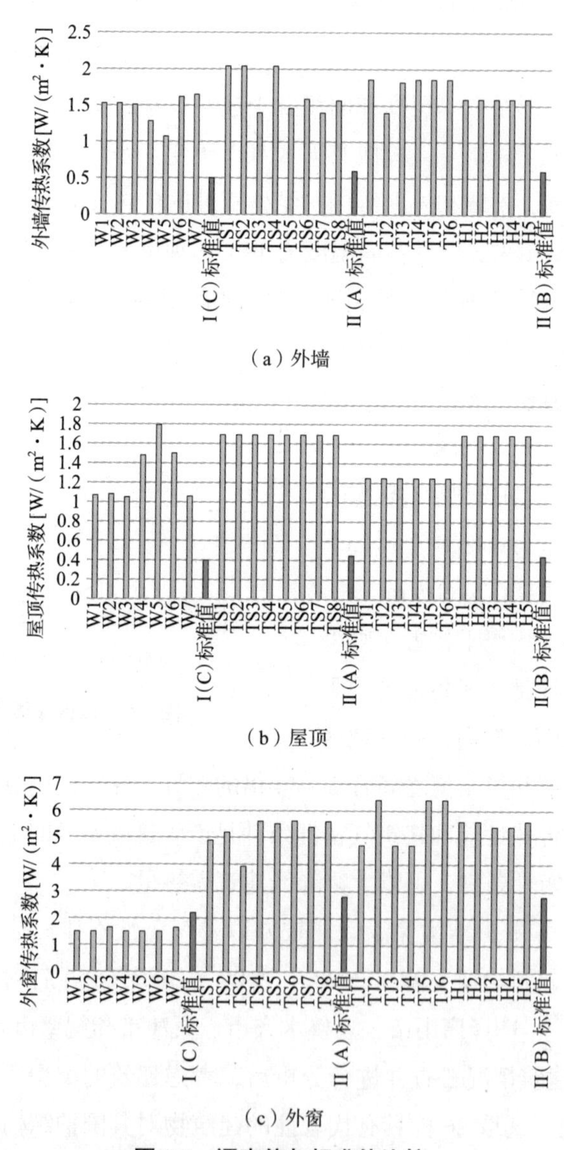

（a）外墙

（b）屋顶

（c）外窗

图 5.7　调查值与标准值比较

注：1. 外墙、屋顶和外窗的标准值选择该城市所在气候分区的标准值；

2. 考虑案例多为多层建筑，标准值为（4 ~ 8）层的建筑限值，外窗选择窗墙面积比在 0.2 ~ 0.3 之间的限值。

在测试围护结构传热性能的同时，该项调查还采集了建筑物的换气次数（50Pa 下换气次数），按照相关研究指出的折算方法[206]，整理各地案例建筑在正常情况下的换气次数如图 5.8。可以看出，（1）各地建筑气密性水平相差较大；（2）比较标准计算取值 $0.5h^{-1}$，现有的技术完全可以做到更好的水平。而标准以 $0.5h^{-1}$ 作为能耗计算取值，实际还考虑了通风卫生需求。在建筑进行围护结构气密性设计和通风设计时，需综合考虑节能和卫生要求。

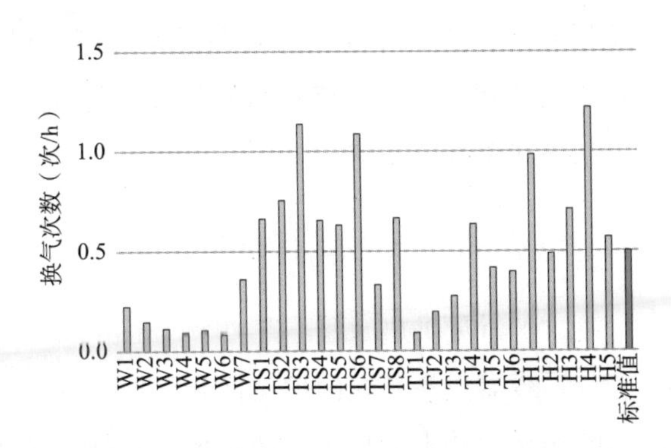

图 5.8　各个案例测试换气次数与标准值比较

由于各项节能标准的实施，新建建筑围护结构性能得到明显的改善。2011 年，在严格执行“10 标准”后新建的建筑需热量大大低于既有建筑的需热量。以《民用建筑节能设计标准》JGJ 26–1995（以下简称“95 标准”，已废止）规定的围护结构性能作参照，按照建筑需热量的计算方法，将两个标准下建筑的需热量进行计算，如图 5.9。可以看出，“10 标准”提高了外墙、外窗和屋顶等围护结构的保温性能要求，建筑需热量大幅降低。各地建筑需热量的降低幅度为 24% ~ 62%。以北京为例，建筑需热量可从 0.26GJ/（m^2·年）降低到 0.19 GJ/（m^2·年），降低约 27%。

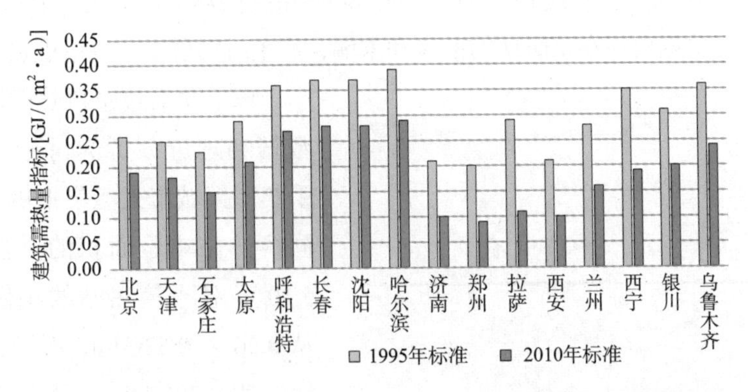

图 5.9　满足“95 标准”与“10 标准”设计标准建筑的需热量比较

统计既有建筑面积、逐年新建建筑面积和节能改造面积，通过对各省建筑面积按照各类节能标准进行加权，2012 年北方地区建筑平均需热量为 0.31GJ/m^2，与 2001 年的情况相比，建筑平均需热量下降了近 15%（2001 年，该值约为 0.37GJ/m^2）。

这样看来，通过提高围护结构保温性能，可以明显地降低建筑物的需热量。因此，对于新建建筑，应严格执行建筑节能标准；对于该地区既有建筑，应该大力推动围护结构保温性能改造。

5.2.3　输配过程的损失与能耗

（1）过量供热问题

采暖需热量是在围护结构和气候条件因素确定后，满足室内采暖需求的理论需求的能耗，并不是真正的建筑采暖能耗。从目前调查的数据来看，建筑实际耗热量往往大于建筑需热量。有研究指出[207]，2005 ~ 2008 年我国北方地区城镇建筑采暖年耗热量在 0.3 ~ 0.55GJ/m^2 之间（热源总出口处计量），整体测算北方地区采暖年平均耗热量为 0.42GJ/m^2 左右（2008 年），考虑一、二级管网约有 5% 的热损失，到建筑实际耗热量约为 0.40GJ/m^2，明显高于当年建筑需热量值 0.34GJ/m^2。

造成建筑耗热量高于建筑需热量的原因，可以归纳为空间维度和时间维度上的过量供热：一方面，集中采暖系统末端数量繁多，在房间负荷差异以及随时间有所变化的情况下，系统本身无法做到精确调节，为保证采暖系统中所有房间都能够满足采暖的室温需求，尽量保证最不利的末端房间也达到 18℃，这样，系统中其他末端房间的温度就将高于 18℃，出现了超出采暖设计需求的供热工况，造成空间上的过量供热；另一方面，集中供热系统管网规模庞大，在运行时针对气温变化的供热调节能力有限，即当室外温度升高时，供热系统难以短时间调整系统供热量，造成整个系统的过量供热，这种情况普遍出现在供暖期的前段和末端，产生时间层面上过量供热。

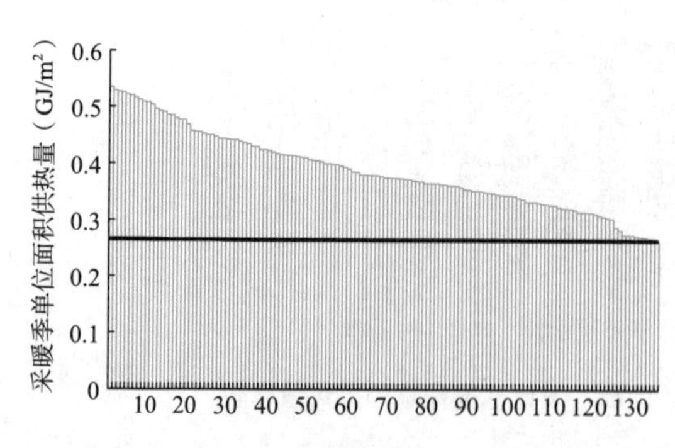

图 5.10　某城市大型管网换热站供热量强度

以上是对过量供热问题基于宏观数据和理论分析的讨论。清华大学采集了某城市大型集中供热网中，不同换热站单位面积的供热量（如图 5.10），各个换热站的年供热量指标从 0.26 ~ 0.53GJ/m^2 不等，平均供热量约为 0.39GJ/m^2，最大值供热量强度比最小供热量值大 1 倍，而平均值也超出最小值的 46%。这样大的差异，很难归结为是由于不同换热站负责的建筑保温水平不同造成。另外，在同一个城市气候条件相同，在认为各个换热站负责的建筑围护结构性能差别不大的情况下，最

小供热量的换热站所能耗水平最接近该城市建筑需热量，其他高于这个水平的供热量，可以认为是过量供热值。而从这批调研的数据来看，该城市各个换热站平均过量供热量占了建筑需热量的 46%。

图 5.11 所示为该城市燃气锅炉房单位面积的供热量，与管网系统的换热站之间差异类似，燃气锅炉房年供热量差别明显，从 0.19 ~ 0.44GJ/m^2，最大值与最小值之间有超过 1 倍的差异；以锅炉房为单位的平均供热量约为 0.30GJ/m^2，超出最低值 61%。如果认为燃气锅炉房可以较好地处理供暖期气温变化导致的整体需热量的变化，而大型城市热力管网有较严重的滞后性，那么，城市管网平均供热量（0.39GJ/m^2）高出燃气锅炉平均供热量（0.30GJ/m^2）的部分，可以看作是由于气温变化，系统没有及时调节造成的过量供热。

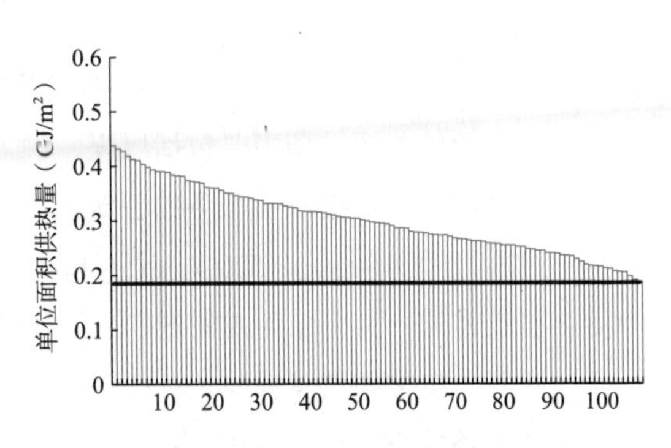

图 5.11　某城市燃气锅炉站供热量强度

从调查数据和理论分析来看，由于系统末端的调节能力以及难以根据气温变化调节系统供热量等问题，存在大量的过量供热损失。而因为采暖末端不能调节以及按照面积收费方式，居民在采暖时不注意行为节能（如开窗户通风不关闭采暖），更增加了采暖用能的浪费。由此来看，减少过量供热损失是采暖节能的关键因素。

（2）集中供热的管网损失与输配电耗

在热力输配过程中，不可避免地存在管网热损耗。将管网输送过程中的热量损耗与输送的热量比值定义为热损失率，近年来新建系统采用的直埋热水管网的热损失率可以低于 1%；存在少量年代较长的蒸汽管网或庭院管网，热损失率超过 10%。这部分损耗将使得热源增加需要提供的热量以保障末端的需求。从管网的使用周期来看，高热损失率的管网正在逐步被替代；现有的技术很容易实现将热损失率控制在 1% 左右，因此，这部分损耗不是采暖节能的关键点。

在热力输配过程中，水泵的电耗相对于整个供热系统能耗比例非常小。已有的调查研究指出[204]，直供系统的输配电耗在 1.5 ~ 2.0kWh/m^2 之间，有二次泵的间接供应系统，输配电耗在 2.5 ~ 3.5kWh/m^2 之间。造成输配水泵能耗不合理损失的主要原因包括两类，一类是用户侧循环泵选型偏大，水泵运行时偏离高效区；另一类则是阀门、过滤器设置不合理，以及人为关小总阀门导致管网压降过大，增加了水泵能耗。更换水泵或调整阀门与过滤器的设置，可以实现输配过程水泵节能运行。总体来看，水泵能耗在集中供热能耗中的比例非常小，不是采暖节能的关键问题。

5.2.4　供热热源

供热热源所用能源的类型、系统形式及规模对采暖的一次能耗量都有明显的影响。供热热源的能源类型主要包括燃煤、燃气、电力、地源或水源热以及工业余热，供热系统管网的规模按照所服务的建筑面积大致可以分为大型系统（500 万 m^2 及以上）、中型系统（100 万 ~ 500 万 m^2）和小型系统（小于 100 万 m^2）；此外，楼栋集中供热也较常见，其以煤为主要燃料；北方地区还有少量分散采暖设备。

按照能源类型和供热规模，对各类热源的单位热量所需的一次能耗量进行分析，在当前技术条件下，按能源种类将各类系统的一次能耗量列出不同热源的热源能耗率测算值，见表 5.1。由表中数据来看，我国目前各类型热源的热源能耗率有较大的差别：同样采用煤为原料，采用热电联产时，生产 1GJ 的热仅需要热量为 18kgce 的煤，而分散燃煤炉需要热量为 76kgce 的煤。在对热源进行选择时，一方面要考虑实际节能效果，另一方面考虑资源合理利用以及对环境的影响。

不同热源的热源能耗率测算值　　表 5.1

编号	热源类型	热源能耗率	单位
1	大型燃煤热电	18	kgce/GJ
2	中型燃煤热电	27	kgce/GJ
3	小型燃煤热电	35	kgce/GJ
4	大型燃气热电	12	Nm3/GJ
5	中型燃气热电	18	Nm3/GJ
6	小型燃气热电	18	Nm3/GJ
7	大型燃煤锅炉	43	kgce/GJ
8	中型燃煤锅炉	49	kgce/GJ
9	小型燃煤锅炉	57	kgce/GJ
10	分户燃煤炉	76	kgce/GJ
11	大型燃气锅炉	29	Nm^3/GJ
12	中型燃气锅炉	29	Nm^3/GJ
13	小型燃气锅炉	29	Nm^3/GJ

续表

编号	热源类型	热源能耗率	单位
14	分栋燃气锅炉	29	Nm^3/GJ
15	分户燃气锅炉	29	Nm^3/GJ
16	分栋热泵	99	kgce/GJ
17	分户热泵	103	kgce/GJ
18	分户电采暖	292	kgce/GJ
19	工业余热	近似为 0	

首先，当可以采用集中管网进行供热时，尽可能利用热源能耗率低的大规模热电联产。我国北方地区城市现有大规模的热力管网，为推广热电联产提供了有利的条件。

其次，当没有条件进行热电联产供热时，如果使用煤作燃料，应尽量采用大型的燃煤锅炉；如果使用天然气作燃料，尽可能采用分散式系统。由能源供应条件看，煤是我国主要的一次能源，且燃煤集中使用便于处理；而分散的燃煤炉具效率低，同时煤渣分散处理容易污染环境，应尽量避免。规模的大小对天然气锅炉的热源能耗率影响很小，而系统规模越小越有利于减少时间和空间维度的过量供热损失；在当前燃气普及率高的情况下，分户式燃气锅炉采暖能够避免集中系统的过量供热问题，也避免了大锅炉高温燃烧产生大量 NO_x 的问题，可以鼓励其应用。

第三，电采暖、电热锅炉采暖系统的热源能耗率非常高，应该尽量避免使用；各种类型的热泵也具有小规模优于大规模的特点，避免各种过量供热损失，其中，水源或地源热泵受当地气候、水源或土壤温度条件以及系统设计和运行方式等因素影响，循环水泵的明显能耗大于一般的集中供热系统，相对于其他类型的系统，并不一定节能。

综合来看，由于不同热源的热源能耗率有较大的差异，推广高能效的热源系统对北方城镇采暖节能有着十分重要的意义。

5.2.5　小结

以上通过对北方城镇采暖的各个影响因素进行了分析，认为提高围护结构保温、减少输配过程中的过量供热损失以及推广高能效的热源系统，有较大的节能潜力，是推动节能的关键因素。其中，围护结构保温可以有效地降低建筑需热量，“10 标准”可使得北方城镇建筑需热量在“95 标准”上降低约 30%；通过实测得到的过量供热情况十分普及，综合考虑各类形式管网过量供热损失约在 15% ~ 30% 之间，甚至更高；而不同系统形式和规模对热源能耗率有较大的影响，在条件允许的情况下，选择高效的热电联产热源能够大幅地减少一次能耗量，而充分利用工业余热，对减少采暖一次能耗有十分显著的作用。

5.3　节能途径与实证研究

通过前一节的分析，北方城镇采暖节能的关键点包括改善围护结构保温、减少过量供热量以及提高热源效率，各个关键点都需要相关的政策和技术。下面先总结当前北方城镇采暖相关规划、政策以及技术，进而分别对推动各项关键点的政策和技术措施进行分析，并以实际案例论证节能的实际效果。

5.3.1　已有节能政策与技术

从 2001 ~ 2012 年，我国北方城镇采暖能耗强度持续降低。提高新建建筑围护结构保温要求，改造既有建筑围护结构保温条件和大面积推广热电联产等高能效的热源，是我国北方城镇采暖能耗强度持续降低的主要原因。国家在政策措施方面，如发展规划、财政支持和节能标准等，对采暖给予了极大的支持；同时，在政策支撑下，一大批服务于采暖的技术或设备研发出来，并得到推广应用。这些是支撑采暖节能的基本条件。

首先，从北方城镇采暖的节能政策措施来看，主要包括严格要求新建建筑执行节能标准、推广既有供热计量和节能改造、推动供热体制改革和开展供热系统节能改造。通过行政管理和财政补贴等途径，从宏观政策和规划层面推动北方城镇采暖。归纳近年来出台的政策如下：

（1）2007 年国务院印发的《节能减排综合性工作方案》（国发 [2007]15 号），要求“强化新建建筑执行能耗限额标准全过程监督管理，实施建筑能效专项测评，对达不到标准的建筑，不得办理开工和竣工验收备案手续”；

（2）2008 年出台的《民用建筑节能条例》的总则中，提出对既有建筑围护结构和供热系统进行节能改造的要求，从国家层面“推进供热体制改革，完善供热价格形成机制”；

（3）“十一五”期间，财政部和住房城乡建设部设立了“北方采暖地区既有居住建筑供热计量及节能改造奖励资金”[208]，支持北方采暖地区既有居住建筑供热计量及节能改造；

（4）在 2012 年 5 月由住房城乡建设部颁布的《“十二五”建筑节能专项规划》（建科 [2012]72 号）中，对北方采暖地区既有居住建筑提出了“北方采暖地区：实施既

有居住建筑供热计量及节能改造 4 亿平方米以上”的约束性目标，在同年 8 月，国务院印发的《节能减排“十二五”规划》(国发 [2012]40 号) 以及 2013 年 1 月国务院办公厅印发的《绿色建筑行动方案》(国办发 [2013]1 号),进一步强调了这个目标，后者同时将“开展城镇供热系统节能改造，提高热源效率和管网保温性能，优化系统调节能力，改善管网热平衡”作为重点任务；

(5) 2013 年 1 月,国务院印发《能源发展“十二五”规划》(国发 [2013]2 号)，将“加快既有建筑和城市供暖管网节能改造，实行供热计量收费和能耗定额管理”作为控制能源消耗总量的一项重要措施。

由以上归纳政策规划来看，国家对北方城镇采暖的节能要求逐步提高，涉及内容也逐渐完善：从开始的对新建建筑性能约束，到制定供热改造计划、推动供热机制改革，到 2013 年提出将供热节能作为能耗总量控制的一项重要措施，这些都充分反映了在规划和政策层面对供热的重视程度。

第二，采暖相关标准或规范是推动节能的重要工具，从 1993 年颁布《民用建筑热工设计规范》GB 50176-93 至今已过去 20 多年。主要类型包括设计规范或规程、节能设计标准、验收规范、设备能效标准和评价标准等，对象包括设计参数、围护结构性能要求、技术应用和设备性能等。此外，由中国建筑标准设计院组织编写的《全国民用建筑工程设计技术措施》是依据于各类规范整理总结成的设计技术文件，对指导节能设计有重要作用。经过 20 多年的发展，标准体系逐渐完备，特别是在“十一五”期间，每年有 3 ~ 4 部采暖相关标准出台，对促进采暖节能有着十分重要的意义。在标准体系内容完善的同时，其节能指标也在提高。例如，节能设计标准中对各地区围护结构保温性能要求逐步提高,“10 标准”与“95 标准”相比，在围护结构性能和建筑构造等方面提出了更高的要求，以及更加细致的指标。表 5.2 比较了两个标准中屋顶、外墙和外窗的传热系数。

“95 标准”和“10 标准”中围护结构传热系数比较 [单位 W/ ($m^2 \cdot K$)]　　表 5.2

典型城市		屋顶		外墙		外窗	
	10标准分区	10标准	95标准	10标准	95标准	10标准	95标准
伊春	严寒（A）	0.25	0.4	0.4	0.52	2	2
哈尔滨	严寒（B）	0.3	0.5	0.45	0.52	2.2	2.5
乌鲁木齐	严寒（C）	0.4	0.5	0.5	0.56	2.2	2.5
唐山	寒冷（A）	0.45	0.7	0.6	0.85	2.8	4.7
北京	寒冷（B）	0.45	0.8	0.6	0.9	2.8	4.7

注：“10 标准”选择的是 4 ~ 8 层建筑，外墙面积比在 0.2 ~ 0.3 间建筑指标值。

从标准类型和对象分析看，当前采暖节能标准以规定服务水平、指导技术和措施的设计及应用、提高工程中建筑及各类系统的能效为主，与法国、德国等欧洲发达国家关于采暖的标准相比，还没有提出明确的能耗强度约束指标。分析来看，集中采暖系统普遍采用连续运行的方式，标准要求提高围护结构性能、输配系统和采暖热源的能效，确实能够起到明显的节能作用；然而没有给出具体的能耗指标值，在运行过程中的能源消耗无从控制，难以避免由于节能运行管理工作不到位或系统设计不足而导致的过量供热，造成能源浪费。

第三，从支持北方城镇采暖节能技术条件来看，已有一大批针对北方城镇采暖节能的技术与措施，例如，围护结构保温材料，高能效的热源热电联产的技术[209][210]，支持按照使用需求调节的末端调节控制装置[204]。同时，利用工业余热的技术也日趋成熟，在一些城镇采暖系统中也有了实际的应用[211]。大量新技术的研发，为我国北方城镇采暖节能提供了良好的基础。充分考虑各地的实际条件并推广适宜的技术，可以进一步降低采暖能耗强度。

分析已有的政策规划、标准和规范以及技术手段，较好地支持了北方城镇采暖节能，根据 5.2 节发现的北方城镇采暖的几个关键问题，下面提出针对性的政策和技术措施建议，进一步推进北方城镇采暖节能。

5.3.2　改善围护结构保温

针对围护结构保温问题，当前国家建筑节能政策与发展规划都给予了明确的支持，同时行业节能标准也加强了对围护结构保温的要求，而屋顶、外墙和外窗等各个围护结构部件的保温材料技术也日趋成熟，初步形成了从政策到标准再到技术的支撑体系。

现有的屋顶、外墙和外窗的保温技术，可以实现比节能标准中的限值更低的传热性能参数，从技术可行性方面是完全得到保障的。因而，其关键问题在如何推进保温的改善。

对于新建建筑，要求其在设计和施工过程中严格执行节能标准，设计未达标的不允许建设，施工未达标处以相应的罚款，确保新建建筑围护结构性能达到保温要求。

对于既有建筑，围护结构保温改造仍需要政府主导推动。这是因为目前集中采暖基本还是按照采暖面积收费，用户对改善围护结构保温没有经济动力；而对于供热企业，一方面难以直接落实各个具体建筑的保温，另一方面，由于其供热覆盖面广，除非大规模的改造，经济因素对其激励不明显。对于非集中采暖的住宅，由于

当前住宅以多层或高层楼栋形式为主，个别住户有改善保温的需求，也难以整体落实。在这样的情况下，国家制定整体规划，同时要求各级政府切实执行，是通过政策改善围护结构保温的基本保障。

然而，完全依靠政府资金支持围护结构改造，要对当前的既有建筑全部实施改造需要很长的周期（《“十二五”建筑节能专项规划》以 4 亿 m^2 为改造目标，而北方地区有超过 100 亿 m^2 的采暖面积，其中一半以上的建筑有改善保温水平的需求）。分析当前关于围护结构保温政策的问题，主要还是缺乏采暖运行阶段的考核机制。参考法国和德国针对采暖能耗的能源证书制度，对进入市场交易的建筑要求提供采暖能耗水平，并以此引导和推动市场进行围护结构保温；同时，逐步推进按照热量收费的机制（将在下面展开），促进使用者对改善围护结构保温的要求。

在改善围护结构保温的同时，还应该注意建筑气密性的问题。对于渗风量大大超过卫生需求的建筑，加强气密性对减少采暖能耗非常重要；对于气密性能良好的建筑，在考虑其卫生要求的情况下，引进定量通风窗或者高效的带热回收的换气装置，是促进节能的有效手段。

综合以上，现有的技术水平可以保障围护结构保温改善的要求，政策与标准是推动围护结构保温改善的关键。

案例论证：

【案例 5.1】：北京惠新西街案例楼 [204]

该建筑的面积约 11000m^2，共 18 层，建于 1988 年，建筑为内浇外挂预制大板结构。

在进行改造前，实测得到外墙传热系数为 2.04W/(m^2·K)，屋面为 1.26W/(m^2·K)。检测得到该楼的耗热量为 78.6kWh/m^2，高于北京市节能 30% 设计标准的耗热量水平（75.9kWh/ m^2）。改造方案为参照北京市节能 65% 设计标准，通过围护结构改造，降低建筑需热量。具体围护结构保温对象包括外墙（100mm 聚苯厚度）、外窗、屋面（60mm 挤塑板），此外，通过设计有组织通风改善了外窗的气密性。

改造后，外墙的传热系数降为 0.39W/（m^2·K），屋面为 0.41W/（m^2·K），同时气密性得到显著提高。表 5.3 是改造后，案例楼与同小区未改造的三栋对照楼能耗对照结果。可以看出，案例楼室温高于其他三栋对照楼，而能耗水平比对照楼要低约 35%，节能效果十分明显。如果进一步改善室内温度调节手段，使得采暖温度适度，可进一步降低案例楼的采暖能耗强度。而对该案例楼居民的室内热舒适性调查也发现，改造后室温偏高，如果调整室温维持在 18℃时，冬季采暖能耗将维持在 50kWh/（m^2·a）以下。

北京惠新西街案例楼与对照楼采暖能耗与同时刻室温比较　　表 5.3

楼号	采暖面积（m^2）	室内温度（℃）	采暖能耗（kWh）	单位面积能耗 [kWh/（m^2·a）]
案例楼	10179.9	23.0	547104	53.74
对照楼 1	8967.9	21.3	731974	81.62
对照楼 2	8967.9	19.5	737256	82.21
对照楼 3	8967.9	20.3	740036	82.52

5.3.3　推动供热改革

过量供热是集中供热系统能源浪费的突出问题，其产生的原因主要包括：系统末端调节能力有限或使用者不予调节，气候变化情况下系统整体调节能力滞后等。对于后者，在节能要求和能源价格上涨因素的作用下，供热企业积极的寻找技术途径解决，并取得了良好的效果；对于前者，涉及的节能主体是各个末端的使用者，面多量大，仅仅通过节能意识宣传难以解决问题，实际上，政府和节能工作者都认识到按照面积对采暖进行收费的机制十分不利于采暖节能，因此一直在大力推动供热体制改革，包括供热计量和收费方式方面。

推动供热改革，从技术和措施上，着重考虑两方面：一是增加末端调节能力，二是改变采暖收费方式。前者是技术基础，后者是制度保障。

增强末端调节能力，需要保证房间温度控制，因为采暖的根本目的还是保障室内环境需求。现有的一种常见的末端调节技术，是在散热片处安装恒温调节阀，其实际应用的问题包括：首先，大部分既有建筑采用单管串联的方式，恒温调节阀不适宜于这种管网形式；其次，由于集中热源不能保证精细调节，且外网不易有效控制，难以保证恒温阀有效调节的条件；第三，恒温阀容易堵塞，调节能力差（不保证可靠性、调节范围小且时常滞后）；此外，不能满足一些新型末端（如地板辐射）使用的需求。而末端的热量计量要保证公平性，也存在诸多难题，包括：首先，建筑两侧及顶层的房间有较大的外围护面积，其耗热强度将大大高出建筑的中间部分；其次，由于有相邻房间的传热，建筑中相邻用户采暖耗热量计量存在分配问题；第三，恒温阀及其安装需要较大的投资，标定和维修都需要大量人力和资金。这些是供热改革难以推进的主要技术原因。

针对这些问题，刘兰斌等 [213] 研究提出了一种末端通断调节与热分摊技术，该技术装置可以调节室温，通过工程案例对其进行了检验 [214]，论证了其合理性 [215]。这项

技术的特点是：首先，末端通断调节可以实现每个住户中各散热器的散热量均匀变化；其次，热分摊技术能有效促使用户积极调节室内温度，激励使用者行为节能；第三，按照接通时间分摊热费，缓解了因邻室传热导致的不公平问题以及建筑外围散热较多位置的收费公平性问题；第四，投资少、安装简便且运行可靠。实际工程应用也证明了这项技术具有很好的调节效果，能够避免管网系统中水流量的大幅波动，通断阀设备调节可靠。因此，这项技术可以作为加强采暖末端调节的手段进行推广。

随着技术的进步，还会有更多的技术措施能够增加采暖系统末端的调节能力，解决按照使用量进行收费中的公平性问题。这些技术措施的研究，其目的是为改变当前按照面积收取采暖费用的管理方式，鼓励使用者通过行为调节以减少使用时的能源浪费。从政策层面看，一方面通过推广此类技术的应用，保障改变收费方式的技术基础；一方面制定供热改革规划，对新建建筑即应全面配置计量和调节技术，对既有建筑制定逐步整改的目标，从制度上推进供热改革。

通过调查还认识到，当前按照面积收费的费用标准未对大部分居民造成经济负担，如果改变收费方式，一些居民认为可能增加其采暖费用，因此配合力度小；而对于供热企业，调整收费方式对其经济收益可能有影响，在考虑经济因素和管理问题的情况下，许多企业难以有积极性配合供热改革。由这些问题看出，推动供热改革，一方面需要政府的大力推动，明确供热改革目标和加强管理力度；另一方面，需要解决使用者和企业在供热改革方面的节能目标和经济性认识的偏差，确定合理的收费水平和供热经营模式。

案例论证：

【案例 5.2】：长春住宅小区末端通断热计量系统改造 [204]

该案例选择长春某住宅小区中一批用户家庭安装末端通断调节热计量设备。小区的总建筑面积为 16.7 万 m^2，为进行对比，选择其中 9 栋建筑中的 288 个用户进行改造，采暖面积约 4.2 万 m^2（合每户 145m^2）。

该小区的采暖系统为共用立管的分户独立系统，各个家庭户的热入口装有户用热计量表，能够读取累计耗热量以及实时供回水温度和流量等参数。在采暖季开始前，将末端通断调节装置安装在家庭户的热入口处。同时，在整个小区 26 栋住宅楼的楼栋热入口处安装了热计量表以计量各楼栋耗热量。

测试采暖季各个家庭户室内温度，可发现末端通断调节装置在整个采暖季都可以有效地控制室温，对于室温的均匀性也没有产生影响。通过监测楼栋的流量来看，采暖季楼栋的总流量瞬态变化范围很小，基本在 3% 以内，而总流量在短时间内变化也不大，系统水力工况平稳。

从整体节能效果来看，该小区中未调控的楼栋平均耗热量为 104.9kWh/m²，而可调控末端运行的楼栋，平均耗热量仅为 85.4kWh/m²，相比之下，后者节能 19%，而楼栋中仅有 30% 的居民进行调控，如果更多的居民进行调控，可进一步降低总体平均能耗。而对在同一栋楼且同一位置（仅楼层不同）的有和没有安装调节装置的家庭户的实际耗热量比较，发现安装调节装置并长期调控的家庭户相比未安装调节装置的家庭户节能 30% 以上，节能效果非常明显。

【案例 5.3】: 北京住宅小区供热节能改造

案例为北京某小区，小区的供热面积约 45 万 m²，分为南北两个片区。在锅炉房安装 5 台 7MW 燃气锅炉，负责整个小区的采暖和北区部分的生活热水供应，系统采用二次供热的方式，在南、北区分别有换热站。

该案例的节能改造引入了合同能源管理机制，服务方为小区管理方提供：节能技术改造方案和资金、进行设备采购和施工以及整个采暖系统的运行等一整套的节能服务，服务方从节能改造后得到的收益中取得利润。

节能改造的主要措施包括：调整水力平衡，解决系统原来存在的水力不匀问题；对南北分区，分别进行分时调控供水温度；通过安装气候补偿器，来解决过量供热的问题；安装计算机中央监控系统，监测系统中各类能源消耗量以及设备运行参数，推动高效的节能管理；对水泵进行变频改造等。

节能改造后，采暖的舒适性得到提高，取得了明显的节能效果，改造效果节能效果对比如表 5.4 所示，而服务方也取得了巨大的经济效益。

改造效果节能效果对比　　**表 5.4**

能源类型	改造前		改造后	
	能耗总量	单位面积能耗	能耗总量	单位面积能耗
天然气	436.5 万 m³	9.7m³/m²	352.9 万 m³	7.8m³/m²
电	150.9 万 kWh	3.4kWh/m²	146.4 万 kWh	3.3kWh/m²

5.3.4　大幅度提高热源效率

当前供热热源形式和规模主要由政府进行管理，政策制定和地方政府对热源的选择是决定热源整体效率的关键因素。因此，政府在对热源形式进行选择时，应充

分论证并积极推广适宜于当地情况的高能效热源形式。从现有的研究来看，热电联产与工业余热利用技术，能够大幅度地提高热源效率。从其当前应用规模以及可能提升的潜力进行分析：

（1）热电联产

我国火力发电装机容量约为 10 亿 kW，大部分集中于北方采暖地区。近年来，热电联产应用快速发展，到 2012 年，热电联产机组容量占全国火力发电机组容量的 20%[212]。如果进一步提高热电厂的装机容量比例，使得其中 4kW 的装机容量可以用于供热，加上 30% 的供热调峰容量，可以承担 150 亿 m^2 的供热需求。

（2）工业余热供暖

从国家统计局公布的数据来看，2012 年，我国工业部门能源消费量约 24.6 亿 tce，其中石油炼焦、无机化工、非金属制造、黑色金属冶炼与有色金属冶炼五大类高能耗工业部门能源消费量约 15.6 亿 tce，北方地区消费量占全国总消费的一半，约 7.8 亿 tce。保守估计低品位余热占总能耗的 40%，则全年低品位工业余热量约为 3.1 亿 tce，北方地区供暖期内工业余热资源量约为 1 亿 tce。

由此可见，热电联产与工业余热供暖都有非常大的发展空间，为提高整体的热源效率提供了充分的条件。

从技术条件看，当前已出现一批高能效热源系统形式。下面列举目前研究出并经过实际论证的几项技术，作为政策推广的选择。

第一项，基于吸收式换热的热电联产供热技术[210]。应用在大型燃煤热电机组时，可以在维持发电量的同时，提高系统 30% ~ 50%的供热能力，并提高 70% ~ 80%管网主干管的输送能力。这项技术在 2009 年被国家发改委列入了“国家重点节能技术推广目录（第二批）”[216]中；在 2010 年被列入到“十二五”国家战略性新兴产业规划《节能环保产业发展规划》[217]中。这项技术于 2010 年在大同市完成了一项示范工程，论证其在大型集中供热系统中是可以进行推广的。

第二项，燃气锅炉排烟余热回收技术[218]。这项技术主要考虑天然气在燃烧后产生大量水蒸气将释放出冷凝热，提高天然气供热的利用效率。分析指出在将其排烟温度从 120℃降低到 30℃的情况下，天然气的利用效率将提高 21%。该项技术得到了实际工程的验证。在天然气供热推广的情况下，有着很好的应用前景。

第三项，各类工业低品位余热利用。工业余热来自于水泥、钢铁、化学原料和化学制品等生产加工过程，而我国北方地区工业生产规模大，有大量的工业余热可利用，有研究指出[218]，各行业的余热量约占能源消耗总量的 17% ~ 67%，可回收利用的余热约为余热总量的 60%。利用工业余热供热，通常仅需要提供维持水泵运行，热源生产耗能几乎为零。在解决工业余热热源稳定问题、换热设备形式、分布较分散且规模大小差异以及输送的经济性等问题的情况下，选择合适的技术大规模推动工业余热利用，将大幅度降低采暖的实际能耗值。下面将会介绍利用工业余热供暖的实际应用案例。

除此之外，随着技术的发展，也出现了一批利用空气、地下水源、土壤、生活污水等作为热源的热泵技术。这些技术通常适宜于不能采用集中采暖的建筑，在精心设计论证的情况下，可以取得较好的节能效果，但并非应用热泵就等同于节能。

在目前北方地区大规模采用集中供暖的情况下，政府应主导充分利用好城市管网，推广高能效热源，实现通过高能效热源应用达到节能的目标。

案例论证：

【案例 5.4】：大同基于吸收式换热的热电联产集中供热技术工程应用

该案例[204]为大同市利用某热电厂的汽轮机乏汽余热，对该地区的两个居民区进行供热系统改造的工程应用。

改造前，热电厂为 260 万 m^2 的建筑供暖。该案例利用基于吸收式换热的热电联产集中供热技术，回收该热电厂汽轮机乏汽余热，从而提高热电厂的供热能力，以达到满足两个居民区共计 638 万 m^2 的建筑采暖需求。改造工程在电厂内空冷岛的下方，安装 2 台余热回收机组，对原系统中的乏汽管道、凝结水管道、五段抽汽管道、热网水管道以及抽真空管道做了相应改造；同时，在其中 14 座热力站进行了改造，为降低热网回水温度安装了 18 台吸收式换热机组。

改造后，实际测试得到，余热回收机组对乏汽余热的总回收功率为 125MW，提高热电厂约 200 万 m^2 的供热能力，较改造前提高 45%，每供暖季余热回收量约为 162 万 GJ，相当于节约 6.6 万 tce，可减少 CO_2 排放量 17.2 万 t，每年的收益 1835 万，初投资在 3 年内回收。该项目满足了提高供热能力的要求，同时达到了保护环境和节约能源的实际效果，并且有良好的经济效益。

【案例 5.5】：赤峰工业余热利用

该案例[211]的工业余热来源为城区南部的铜厂和水泥厂，距城区供热负荷密集住宅和商业区（预期开发供热面积 600 万 m^2）约 3km^2。水泥厂的年耗电量约为 1 亿 kWh，年耗煤量约为 8 ~ 9 万 tce；铜厂耗电量近 2 亿 kWh，年耗煤量约为 6 ~ 8 万 tce。尽管采用了余热发电等技术进行节能减排，由于工艺过程特点，还是有大量的低品位余热无法利用，排放到环境产生环境污染，也浪费了能源。因此，有条件也有需求开展

工业余热利用。

通过对热源的性质进行分析，对水泥厂选择取热的下限温度为 140℃，各热源之间并联，各个环节均将水温加热到供暖设计温度，出厂的混水温度为 94℃；对铜厂取热方式以三套制酸系统为三条主线，将其他热源点换热后的水与酸系统换热的水相连通，出厂的水温达到 73.4℃。在此基础上，采用第一类吸收机作为调峰热源，并设置了一个供热能力为 12MW 的蒸汽换热器。余热回收系统的总取热量为 144MW，总水量为 2055m^3/h；其中，基础取热量为 107.6MW，供水温度为 75℃。从水泥厂取热量为 12MW，出水温度为 94.6℃，水量为 160m^3/h；铜厂取热量为 95.6MW，出水温度为 73.4℃，水量为 1895m^3/h。严寒期使用第一类吸收机调峰，可保证 95% 时段内的供暖需求。

通过详细设计供热热网结构，热力站热水温度和流量调控方式和末端运行方式等供热方案内容，实现了良好的运行效果。在整个供暖季内，从两个工厂总共回收余热 182.2 万 GJ，调峰补充蒸汽 1.15 万 t，部分负荷时冷却塔排出的热量为 62.4 万 GJ，占总取热量的 27%。

在采用工业余热供暖后，两个工厂工业生产的能源利用率得到提高。按设计工况计，水泥厂余热量为总能耗的 38.8%，改造后余热利用率为 44.1%，采暖季水泥厂的能源利用率提高到了 78.3%；而铜厂余热量为总能耗量的 70.0%，改造后余热利用率为 62.7%，采暖季铜厂的能源利用率提高到了 73.9%。而相比于采用锅炉供热，按照同样的供热量分析，每年可以少消耗燃煤 14.5 万 t（约合 7 万 tce），节省燃煤投资约 5000 万元，减少 CO_2 排放 19 万 t。取得显著的节能和环境保护效果以及经济效益。

5.3.5　实现北方供热节能保障

前面从改善围护结构保温、减少过量供热量以及推广高能效热源应用规模的角度讨论了推动北方城镇采暖节能的政策，认为这些政策落实还存在一些问题，需要进一步采取相关措施以保障各项工作顺利推进。

（1）进行供热机制和体制的改革

当前的集中供热体制不利于提高热源效率，也有碍供热收费体制改革[204]。从经营方式来看，供热企业按照热量向热电厂企业支付费用，而根据采暖面积向用户收取费用。为平衡热电厂恒定供热要求以及变化的采暖负荷特点，在系统中还有若干调峰锅炉。这种模式可以促进供热企业通过改善系统运行管理来减少从热电厂的购热量，但“按照面积收费”对用户没有节能的动力，也难以促进热电厂使用高能效的热源，而目前的热力站有的没有安装热计量装置，有的即使安装了计量装置，也没有将耗热量作为管理人员的业绩考核依据，不利于调峰锅炉的节能运行。与此同时，由于“接入费”(定义为新用户安装采暖末端收取的安装费用)的收益非常可观，激励了供热企业依靠扩大供热面积来增加利润，节能运行所产生的效益居于次位。另一方面，如果将“按照面积收费”调整为按照耗热量进行收费，一些供热企业认为其效益会受到影响，或存在经营性风险故并不支持。同时，如果改为按照热量收费，将增加供热企业对供热收费及系统运行的管理和维护的投入。而现有的集中供热管理模式，难以支持不同的收费方式。

当前集中供热经营模式不利于促进用户和热源企业节能、城市供热企业规模庞大不利于终端高效率管理、国家给予困难群体的供热补助难以发挥出应有的效能等问题，使得供热机制和体制改革成为必需。

针对上述问题，在集中供热经营和管理模式上可以做以下改革：将热源企业从管理热电厂扩展为管理供热、调峰和一次管网的运行，而原来的供热企业拆分成若干个供热服务公司，经营二次管网和用户侧服务。为避免依赖增大供热面积增加利润，应该取消各种形式的“接入费”。在经营模式上，供热企业依据二次管网的耗热量向热源企业支付费用，而考虑调峰锅炉运行问题，供热企业还应支付一定的输送热力容量费用。此时，供热企业可以以多种形式存在：如住宅小区的物业公司，机关学校原有的运行管理部门，公共建筑的系统运行管理机构，二次网供热管理服务公司等。这些供热服务企业可以根据不同的服务对象，采用不同的收费方式。

这样改革后，热源公司的节能途径就明确为降低热源能耗率、提高热力输送效率，实现在同样的供热量下，节能的目标和更多经济收益；供热企业服务模式的小型化有利于提高各企业节能管理的灵活性和效率，通过降低二次管网的热力损失以及广泛存在的过量供热损失，进而为各个用户提供更好的服务。

以此为基础，对于按热量收费方式的机关、学校单位，或公共建筑等集体，可以引入合同能源管理企业，降低耗热量，减少其向供热企业缴纳的供热费用；对于按照面积收费的建筑，供热服务企业也可以引入合同能源管理模式，降低耗热量，减少其向热源企业缴纳的费用。由此全面推动供热机制改革。

（2）供热末端形式的改革

在采暖系统中，末端用户回水温度越低，越有利于工业余热利用和各类热泵的使用。

利用工业余热，需考虑热源的温度范围。大量的工业余热热源的温度在 30 ~ 150℃之间，在 30 ~ 80℃之间的最多。如果要满足常规的用户侧供回水温差（50 ~ 65℃），工业余热利用的用水量将非常大，输配系统能耗大。因此，应该在满足供暖的需求下，尽可能降低末端的回水温度，以便更容易利用工业余热的热量。

对热泵而言，冷端的温度越高而热端的温度越低，热泵需要提升介质的温度就越低，这样有利于提高热泵的能效。其中，冷端的温度是指蒸发器中的蒸发温度；热端的温度是指热泵冷凝器中的冷凝温度。

传统的散热器末端温度需要维持在 50℃左右，否则难以达到采暖效果，影响室内热舒适；而如果采用送热风方式，送风温度则需高于 40℃，否则使用者将感到吹冷风而不适。当前集中采暖末端以散热器为主，兼有一部分风机盘管或小型空气源热泵，不利于工业余热和各类热泵的利用，将使得这两类低热源能耗率的热源难以得到推广。因此，应针对供热末端形式进行改革，尽可能采用低温末端。

从目前研究的技术来看，低温末端可以选择地板采暖，供回水温度可以在 35℃左右，而供回水温差可以在 5℃左右。低温末端还可以支持一次网大温差输配（可以降低输配能耗），换热到合适温度后再供到室内，这种形式适应于目前的各类常规供热系统。

因此，进行末端形式改革，全面实现地板采暖或者其他可行的低温采暖方式，是推广工业余热利用和各类高能效热泵利用的必要条件。

（3）推动《民用建筑能耗标准》落实应用

在已上报审批的《民用建筑能耗标准》中，对北方城镇采暖提出了建筑供暖能耗指标、理论耗热量指标、过量供热率指标、管网损失率指标、热源能耗率指标以及供热输配能耗指标等，各项指标以约束性指标值作为基本要求，以引导性指标值作为引导节能发展方向以及节能工作评价的依据。

各项指标的对象不同，其作用也不同：按照大规模集中供暖、小规模集中供暖、区域集中供暖、分栋或分户供暖等不同规模的供暖系统，提出不同城市的供热能耗指标，由于采暖能耗与建筑本体的性能、供暖系统的运行情况、室内发热量、人行为活动、输配管网的效率和热源设备的效率等因素有关，该项指标是一项综合性指标；建筑理论耗热量主要与围护结构性能和气候条件相关；热源能耗率主要针对热源的性能，而其他各项指标主要针对热力输配过程。

在城市的能源规划阶段，供暖能耗指标可作为城市能源系统设计的主要依据，根据当地的资源条件以及供暖需求的规模，选择合适的系统规划采暖能源的使用；在建筑建造设计阶段，理论耗热量指标约束建筑形式和建筑围护结构的设计，控制新建建筑的需热量；而在供暖运行阶段，供暖能耗指标是能耗的检验值，一旦供暖能耗高于约束性指标值，则应从热源到建筑分别参照其相应的指标进行检验，对热源企业、供热公司或建筑设计及管理者提出相应的节能整改要求，如提高热源效率，加强运行调节，改善管网保温或输配设备性能、进行围护结构保温等，从而降低供暖能耗。

《民用建筑能耗标准》是一项目标导向的标准，各项指标值是根据当前可行技术提出的，与已有的节能设计标准或规范密切配合，能够有效地促进节能工作的开展。相比于欧洲发达国家，除了能耗指标外，还根据我国北方城镇大面积集中采暖形式提出了各个环节的指标，具有更强的操作性。《民用建筑能耗标准》中各项能耗指标值对热源企业、供热公司和建筑设计与运行管理者能分别起到监督作用，是推动北方城镇采暖控制能耗强度有效的工具。因此，应该积极推动该项标准在北方城镇采暖节能工作中的应用。

（4）设计标准的改革

我国现有的供热相关设计标准，对供热系统的末端参数，如供回水温度、管网参数都有所规定，而这些规定不支持推广低温末端应用和工业余热利用。从采暖满足室内活动需求以及节能要求来看，需要对设计标准中关于末端参数、管网参数和热源形式的规定进行改革，使得设计标准也能够指导低温末端设计及工业余热利用设计等，以适应技术的进步。

5.4　北方城镇供暖节能路径与能源规划

北方城镇采暖用能量与能耗强度与建筑面积相关。根据第 3 章对未来建筑面积的规划分析，当建筑面积总量达到 720 亿 m^2 时，城镇住宅和公共建筑面积将增长到约 530 亿 m^2，北方城镇采暖面积还将增长。按照我国北方地区城镇人口约占全国人口总数的 30% ~ 40% 测算，未来北方城镇采暖面积将可能达到 200 亿 m^2。考虑当前各项政策、标准和技术措施可行的条件下，当未来北方城镇采暖面积达到 200 亿 m^2 时，供暖用能从需求和供应两方面做如下规划：

一方面，降低建筑物供暖需求和过量供热损失，减少供热需求。

（1）改善围护结构保温，保证节能设计标准执行率 95% 以上，此外按照“十二五”

建筑节能发展规划提出改造 4 亿 m^2，在“十三五”期间，按照“10 标准”继续改造 4 亿 m^2 以上，使得满足“10 标准”建筑比例将达到 40%。此时，北方地区各地建筑需热量范围为：28（郑州）~ 80kWh/m^2（哈尔滨）。

（2）推动供热改革，在进行供热机制和体制改革的基础上，将各种因素导致的过量供热损失从目前的 15% ~ 30% 之间，降低到 10% 以下。

通过以上措施，将北方城镇地区平均供暖热需求强度（考虑建筑耗热量与供暖损失）维持在 0.33GJ/m^2 以内（考虑北方地区新建和既有建筑需求，以当前水平作为参照），当总的北方城镇供暖面积达到 200m^2 时，供暖能耗需求在 66 亿 GJ 左右。

另一方面，大幅提高热源整体效率，减少化石能源消耗。

在北方城镇地区，各种规模的集中供暖系统覆盖了约 75% 的建筑物。高效的集中热源，是减少热量供应侧能耗的关键。热电联产和工业余热的发展，为提高整体能源供应效率提供了重要的技术支撑。具体而言：

对于集中供暖系统：（1）工业余热 + 热电联产热源提供管网中峰值负荷的 50% ~ 60% 的负荷需求；（2）末端天然气调峰锅炉，满足 40% ~ 50% 的调峰负荷需求。即，在运行过程中，热电联产和工业余热热源供应稳定的热量，而由末端的调峰锅炉根据气温的变化，调节供暖量应对负荷需求变化。

对于其余 25% 左右集中供暖管网未覆盖的地方，采用各种形式的热泵以及小型燃气锅炉来满足其供暖需求。

综合供暖需求和各类型能源供应，在大幅降低供暖需求，同时全面推动高效热电联产与工业余热利用情况下，对北方城镇供暖能耗总量做如下规划（图 5.12）：

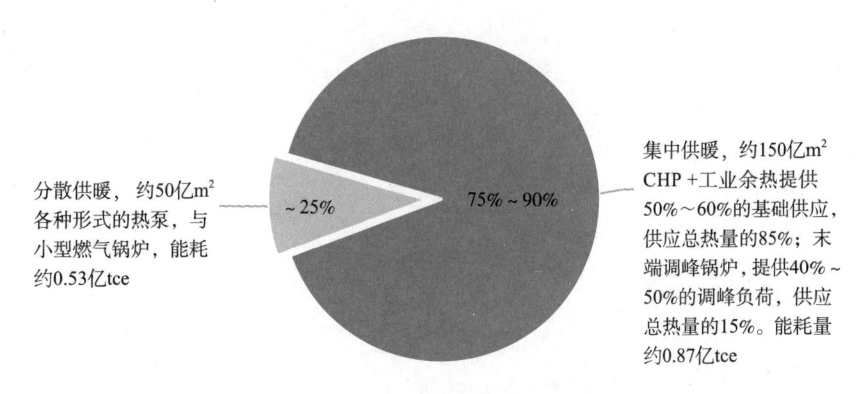

图 5.12　未来北方城镇供暖类型与能耗规划

即如果全面实现以上技术，未来我国北方城镇供暖能耗总量约为 1.4 亿 tce。充分考虑各地区技术与管理水平差异，对于既有建筑以及供暖系统改造的进程，结合我国当前实际北方城镇供暖能耗水平，认为未来我国北方城镇供暖能耗总量可以控制在 1.4 亿 tce 左右。

本章从我国北方城镇采暖现状以及中外对比出发，指出大规模的集中供热是我国北方地区采暖形式的特点。综述了我国当前北方城镇采暖相关的政策、标准以及技术等节能工作的整体情况。从能耗现状和节能工作体系来看，北方城镇采暖节能工作取得了显著的成果，但各方面仍还有改进的空间。接着，从实际调查数据出发，分析围护结构、输配过程以及热源各个环节的主要问题，指出在改善围护结构保温、减少过量供热损失以及推广高能效热源应用方面，还有较大的节能潜力。然后从政策和技术措施方面，分析了各个环节的节能技术以及这些节能技术实现的体系保障，通过实际案例，论证了技术的可行性。

基于以上详细的工作，从当前现状出发，以满足发展需求和总量节约为条件，规划了我国北方城镇采暖节能的各项指标，提出了未来采暖面积达到 200 亿 m^2 时，将北方城镇采暖能耗总量控制在 1.4 亿 tce 左右的目标。

第 6 章　公共建筑节能路径研究

6.1　公共建筑能耗现状与趋势

6.1.1　能耗总量和强度

公共建筑（除北方城镇采暖外）用能（以下简称公共建筑能耗），指在各类公共建筑中服务于空调、通风、照明、办公设备、热水、夏热冬冷地区采暖和其他需求的用能，不包括北方地区城镇采暖用能，所用的能源类型主要包括电、天然气和煤等。

从 2001 年到 2012 年，公共建筑能耗总量从 0.72 亿 tce 增长到 1.84 亿 tce（图 6.1），增长约 1.12 亿 tce，占 2012 年建筑能耗总量的 26.5%。随着各类办公电器和空调设备大量使用，公共建筑中用电量大幅增加，2012 年公共建筑用电量达到 4900 亿 kWh（合 1.49 亿 tce），超过其用能总量的 80%。

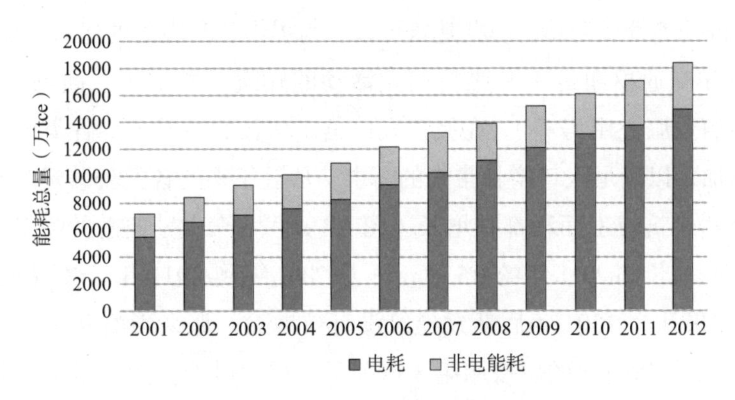

图 6.1　2001 ~ 2012 年公共建筑能耗总量

注：电按照当年发电煤耗折算。

从单位面积能耗强度来看，公共建筑能耗强度是四类建筑用能中强度最高的，而且近年来一直保持增长的趋势（图 6.2）。用电强度的增长，是促使总的能耗强度增长的主要原因。与此同时，公共建筑面积也在逐年增长，根据国家公布的各项数据测算，到 2012 年公共建筑面积已达到约 83.3 亿 m^2，相比与 2001 年的公共建筑面积增长近 1 倍。由于能耗强度和建筑面积增长的共同作用，使得公共建筑能耗总量大幅增长（图 6.1）。

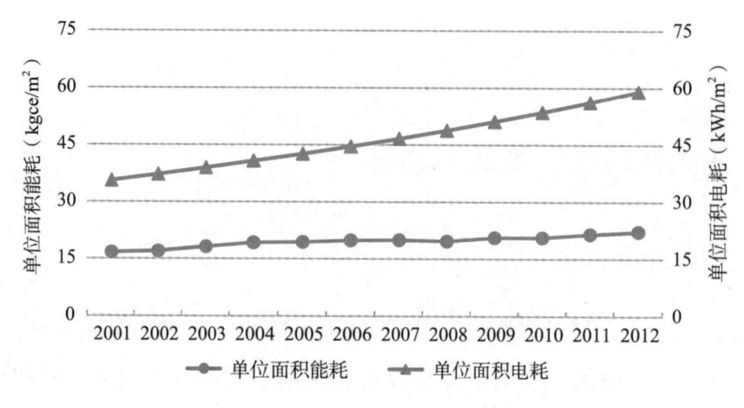

图 6.2　2001 ~ 2012 年公共建筑能耗及其中电耗强度

从能耗强度发展趋势看，公共建筑中办公设备、空调和通风等使用需求还有可能增加，这将促使其能耗强度增长；而另一方面，照明灯具、办公设备和动力系统等效率提高，有助于降低能耗强度。综合这两方面来看，引导各项用能需求发展和推动合适的技术应用，将对公共建筑能耗强度变化将起到重要的作用。

从建筑的功能性质分析，公共建筑可以分为提供公共服务的建筑（如政府办公、医院、学校和交通枢纽等）和维持商业活动的建筑（如酒店、商场、商业办公、餐饮及其他商业服务用房等）。在城镇人口迅速增长的情况下，各类公共建筑面积也将明显增加，以满足人口增长带来的需求。从近年来的各类公共建筑竣工面积来看，各类公共建筑竣工面积都在增长（图 6.3）[219]，公共建筑总的竣工面积从 2003 年的 3.4 亿 m^2 增长到 2011 年的 6.5 亿 m^2。从 2001 年到 2011 年，累计竣工面积约 48 亿 m^2，如果认为 2001 年后新建建筑没有被拆除，那么当前有超过一半的公共建筑是在 2001 年后新建的。按照第 3 章关于面积的讨论，如果未来公共建筑总量增长到 180 亿 m^2，在能耗强度不变的情况下，公共建筑能耗总量也将在目前的基础上增长超过一倍。

公共建筑单位面积能耗强度大，而且建筑面积还将显著增长，如果不进行合理引导和规划，未来公共建筑能耗总量将大幅增加，不利于建筑能耗总量控制。

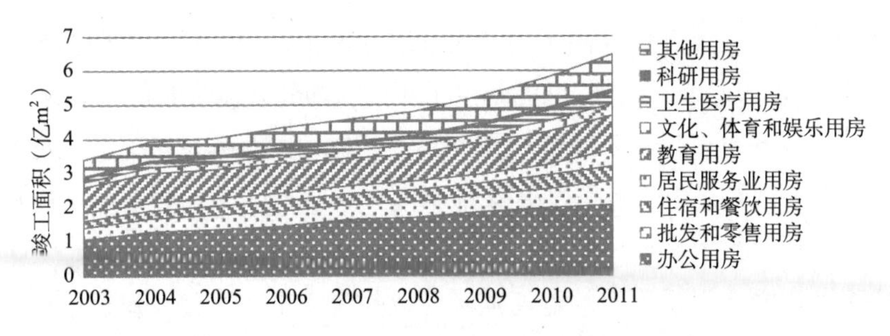

图 6.3　2003 ~ 2011 年各类公共建筑竣工面积

6.1.2　中外公共建筑能耗对比

为了解我国公共建筑能耗现状与各国相对情况，可以从单位面积能耗强度和人均能耗强度进行比较。

调查当前各国建筑能耗数据，国际能源署（International Energy Agency，IEA）、美国能源信息署（U.S. Energy Information Administration，EIA）和日本的能源经济研究所（The Institute of Energy Economics，Japan，IEEJ）都列出了公共建筑能耗量，结合其公共建筑面积和人口数据，可以得到各国公共建筑能耗强度，选取美国、俄罗斯和印度等国家公共建筑能耗强度与中国公共建筑能耗强度进行对比（图 6.4）。为保证数据可比性，将我国北方城镇采暖能耗按照面积折算并计入到公共建筑能耗强度中。

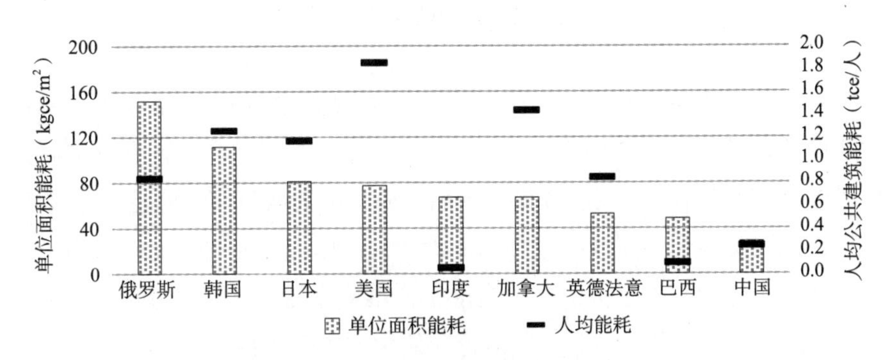

图 6.4　各国公共建筑能耗强度对比（2010 年）

比较单位面积能耗强度，俄罗斯和韩国的公共建筑单位面积能耗非常高，分别达到 150kgce/（$m^2 \cdot a$）和 110kgce/（$m^2 \cdot a$），这可能是由于俄罗斯和韩国气候寒冷，有大量的供暖需求才导致单位面积能耗高；而中国公共建筑单位面积能耗最低，约为 28kgce/（$m^2 \cdot a$）；其他国家单位面积能耗强度约在 60 ~ 80kgce/（$m^2 \cdot a$）。印度的单位面积公共建筑能耗强度高于加拿大和欧洲四国，与其经济发展相对水平不符合，考虑能耗强度按照面积折算，可能是由于印度人均公共建筑面积小造成（图 6.5）。单位面积建筑能耗可以反映实际能耗强度水平，在相同服务量情况下也可以体现技术水平的差异；然而，由于各国气候条件不同，且服务需求差异明显，以单位面积能耗强度高低说明技术水平高低的论据不够充足。

换一个角度看，发达国家的能耗强度可以作为未来我国公共建筑单位面积能耗强度可能达到范围的参考。如果人均公共建筑面积和技术措施沿着美国方式发展，在服务量相同的情况下，公共建筑能耗强度将增长为当前的 3 倍，而中国人均公共建筑面积仅为美国的一半（图 6.5），那么，在这样的发展模式下，未来公共建筑能耗总量将达到目前的 6 倍（约 12 亿 tce），仅此一项就超过了建筑能耗总量控制的目标。因此，我国不能参照美国模式发展公共建筑。

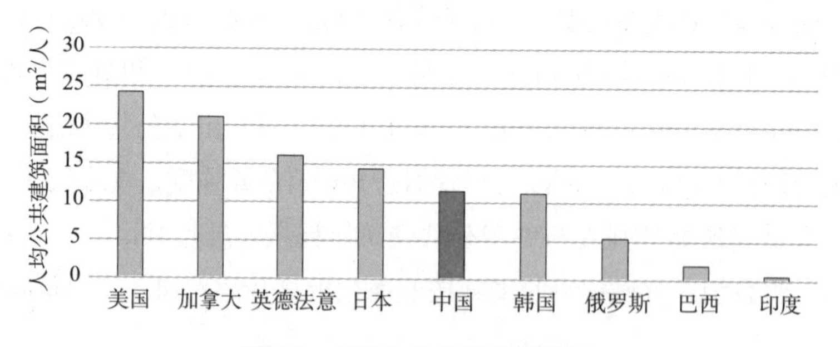

图 6.5　各国人均公共建筑面积

比较人均公共建筑能耗强度，美国人均能耗强度达到了 1.85tce/ 人，明显高于其他发达国家，是中国的 7.5 倍，是印度的 35.5 倍。如果认为美国和欧洲各国的技术水平相近，由于人均享受的服务量差异而造成美国人均公共建筑能耗为欧洲的 2.2 倍。是不是说明美国公共建筑的服务水平大大高于欧洲国家呢？比较分析美国和欧洲四国的经济条件和技术水平，这个结论是很难成立的。进一步分析，服务量差异并不等同于服务水平高低，而跟实际运行和使用方式密切相关。

比较各国的人均公共建筑面积如图 6.5 所示，印度人均公共建筑面积不到 $1m^2$（如果考虑印度也有城乡二元差异的现象，其城镇人均公共建筑面积也只有 $2.2m^2$），而美国的人均公共建筑面积接近 $25m^2$。分析统计数据中印度人均公共建筑较小的原因，可能是没有统计某些功能的公共建筑（如中小学校、商铺等），而办公楼、商场等类型的公共建筑在建筑形式、系统形式和运行方面学习发达国家，使得其能耗强度与发

达国家的能耗水平接近；而我国人均公共建筑面积介于日本和韩国之间。发达国家之间的人均公共建筑面积也有明显差异。如果按照美国人均公共建筑面积的水平建设，考虑城镇化发展，在单位面积能耗强度不变的情况下，未来公共建筑能耗总量将是目前的 3 倍。因而，从能耗总量控制的角度看，公共建筑规模的控制是非常重要的。

公共建筑功能类型种类较多，由于功能差异，使得各类型公共建筑的用能特点不同，统计平均各个终端用能项的能耗，难以表征公共建筑能耗实际的用能特点，故这里主要对比公共建筑用能强度。

6.1.3　小结

由于能耗强度和建筑面积的增长，我国公共建筑能耗总量持续增长。在技术进步，而各项用能需求增长趋势并不明显的情况下，未来公共建筑能耗强度发展趋势不明显；引导使用方式和技术应用的发展方向，是决定公共建筑能耗强度走势的关键。

比较中外公共建筑能耗强度，技术水平与服务量差异是各国公共建筑能耗水平不同的主要原因。从发达国家之间的公共建筑能耗强度对比来看，使用方式是影响公共建筑能耗的主要原因。从人均公共建筑面积以及运行和使用方式看，我国不能沿着美国模式发展。

6.2　公共建筑用能关键影响因素与节能潜力

6.2.1　公共建筑用能组成及影响因素

《民用建筑设计通则》[114] 将公共建筑定义为“供人们进行各种公共活动的建筑”。从功能类型来看，公共建筑可分为政府和商业办公建筑、商场、酒店和学校等。

公共建筑的各类终端用能项中，空调、通风和照明是服务于室内环境营造的；而设备、生活热水和动力等主要服务于建筑使用功能。除设备的性能和使用方式外，前者还受气候条件、建筑形式和围护结构性能等因素影响，而后者的使用方式跟建筑的功能紧密相关。研究公共建筑用能需求和节能潜力，可以从不同终端项的需求特点出发，针对主要的用能项，提出相应的技术或使用与行为方面的节能途径或措施。

分析不同功能建筑的照明、设备、热水和其他（包括动力、炊事等）用能需求，认为在政府办公、学校、医院和商场等 8 类常见的公共建筑中，主要用能项需求分析见表 6.1。

不同功能建筑主要用能需求分析　　**表 6.1**

建筑类型	照明	设备	热水	其他	功能属性
政府办公		★			公共服务
学校	★		★		公共服务
医院		★	★		公共服务
交通枢纽	★			★	公共服务
商业办公		★			商业活动
商场	★			★	商业活动
商铺	★				商业活动
酒店			★		商业活动

照明是学校、交通枢纽、商场和商铺中的主要用能项。这是由于学校建筑以教室、教师办公室和学生宿舍为主，设备或其他用能少；交通枢纽每天使用的时间长，一些重要车站或机场通常是 24 小时使用，交通枢纽中的室内外照明是保持人员安全和流通顺畅的基本条件；商场建筑通常体量大、建筑的内区大，且一些商家为吸引顾客增加了装饰照明；在商铺中，尽管体量小，除照明外，其他用能需求较少。对于这几类建筑，由于使用时间长或照明需求量大，推动节能灯具应用，或加强照明的使用管理，是促进其节能的主要途径。

而由于使用功能要求，设备用能是政府办公、商业办公和医院建筑中的主要用能项，在满足功能要求的情况下，提高办公设备能效是节能的主要途径。

在医院和酒店建筑中，生活热水量需求较大，通常有专门制备热水的设备，提高热水制备效率，并较少热量损失，是这两类建筑节能的重点。

此外，在交通枢纽和商场建筑中，由于人流量大，电梯使用频繁，提高电梯效率加强运行管理是主要的节能途径。对于其他功能建筑，如果楼层高，也同样需要注重电梯节能的问题。

分析来看，由于空调、通风服务于建筑室内环境调节，其能耗强度受建筑体量大小、系统形式、室内环境控制状态和运行与使用方式等因素影响明显。即使在相同气候条件和相同功能类型的情况下，空调和通风的能耗强度也有很大的差异。有研究认为，由于建筑规模大小差异，我国公共建筑能耗强度呈现二元分布的特点[220]。仔细分析其终端用能项，建筑的规模大小与设备、生活热水等服务功能需求的用能项并无直接关联，但大型公共建筑的内区大，通常使用集中空调与

通风方式且系统运行时间长，内区照明时间长等因素，使得空调、通风和照明的能耗强度大大高于一般建筑。因而，空调、通风以及照明的节能问题，是各类公共建筑都应当重视的。

6.2.2　能耗数据反映的问题分析

为分析公共建筑能耗特点及节能途径，已有一批研究机构对公共建筑用能现状进行了调查，收集了政府办公、商业办公、商场、酒店、学校和交通枢纽等类型公共建筑的能耗数据。本节整理当前已有研究，结合作者参与的研究项目所采集的数据，分析我国目前各类公共建筑能耗分布情况及特点。

（1）办公、酒店与商场类公共建筑能耗统计数据

结合《民用建筑能耗标准》编制工作，收集整理了 2011 年北京、上海和深圳等地区的办公、酒店和商场类公共建筑的上千个样本数据，按照建筑功能将单位面积综合电耗（将燃料按照等效电法折算与电耗相加得到）分别整理如图 6.6 ~ 图 6.8 所示。

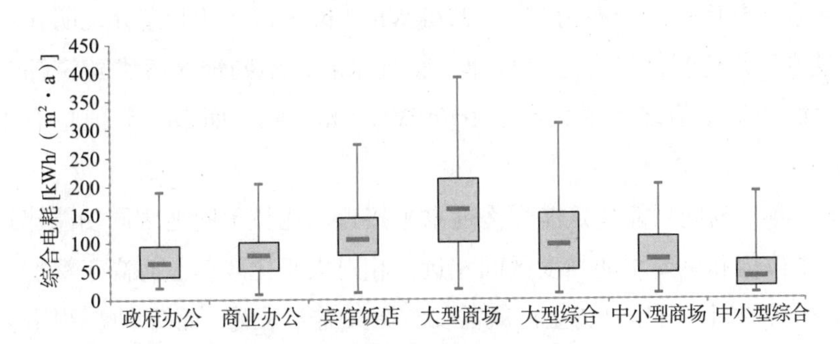

图 6.6　北京地区各类公共建筑用能分布

数据来源：住房和城乡建设部科技发展促进中心。

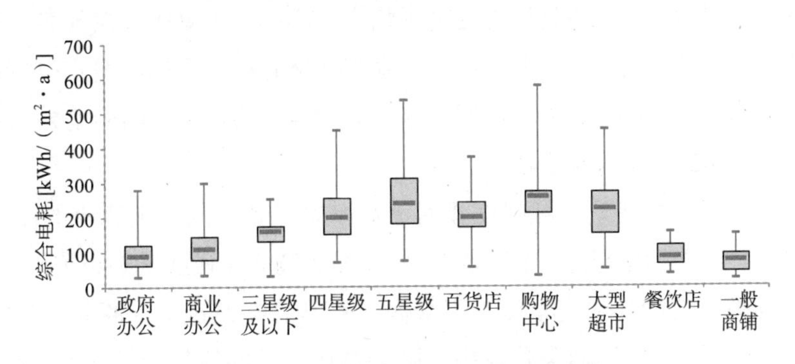

图 6.7　上海地区各类公共建筑用能分布

数据来源：上海市建筑科学研究院（集团）有限公司。

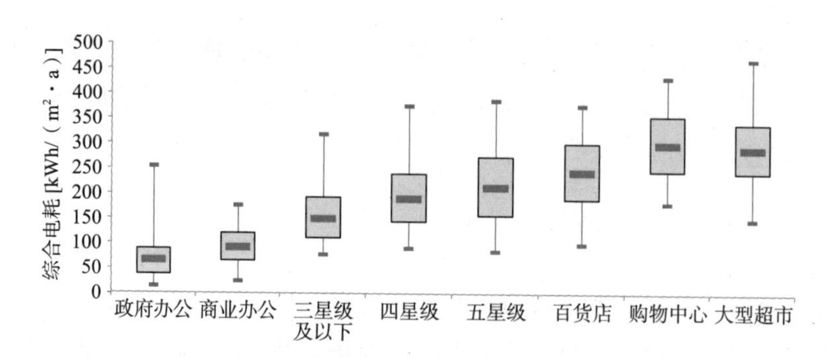

图 6.8　深圳地区各类公共建筑用能分布

数据来源：深圳市建筑科学研究院。

分析这些数据，可以归纳出以下三个数据直接表现出来的特点：

首先，同地区的同类型公共建筑用能强度差异明显。例如，北京政府办公建筑的综合电耗分布范围为 21 ~ 190kWh/（m^2·a）；再如，上海地区商业办公建筑综合电耗强度分布范围为 34 ~ 300kWh/（m^2·a）；又如，深圳地区三星级及以下旅馆建筑综合电耗强度分布为 79 ~ 320kWh/（m^2·a）。以上充分说明在不同地区不同类型的公共建筑都符合这个规律。整理来看，不同地区各类建筑综合电耗强度的最大值和最小值之差最大超过 540kWh/（m^2·a），而最小差值也有 120kWh/（m^2·a）。

其次，各地的同功能建筑能耗强度水平接近。比较不同地区同功能建筑的用能水平，其中位值和主要用能强度区间相近，相对大小比较，上海高于深圳，而北京最低。分析其原因，可以认为上海既需要空调又需要采暖，而深圳空调用能强度大，北京属于集中采暖地区，采暖能耗未统计到公共建筑能耗中，而空调需求又远低于上海和深圳。因此，各地能耗强度水平呈现出这个规律。

第三，不同功能公共建筑用能强度平均水平不同。主要体现在各类公共建筑综合电耗的分布范围、能耗平均水平（中位值）以及主要能耗强度区间（中间 50% 的样本分布区间）等方面，然而，不同功能公共建筑平均水平之间的差异，远小于同类建筑中最大和最小之间的差异。

第四，不同功能建筑能耗强度相对大小基本一致。从各类建筑的能耗平均水平（中位值）与主要用能强度区间来看，办公类建筑能耗强度低于宾馆酒店类建筑，而大型商场类建筑能耗强度整体水平最高。在办公类建筑中，商业办公能耗强度略高于政府办公；宾馆酒店类建筑中，随着酒店星级的提高能耗强度也随之提高；商场类建筑中，能耗强度体现出大型建筑高于中小型建筑的特点。

进一步分析数据所反映的问题：首先，同地区的同类建筑之间能耗差异巨大，并不是由气候或建筑功能不同所造成的，产生这个差异可以归纳到建筑形式、设备或系统的技术性能、室内环境状态控制参数和运行使用方式（后两者在建筑使用过程中，可归纳为使用与行为因素）几方面因素中。考虑到同功能的建筑形式有差异，认为当前能耗强度的中位值可以保证既有建筑的功能需求，那么，从设备性能和使用与行为因素方面采取措施，可以大幅度降低办公、酒店和商场类建筑的能耗强度，从现有的样本数据看，各类公共建筑的能耗可以降低量范围为 70 ～、320kWh/（m^2·a）。

其次，同地区的不同功能的建筑能耗强度的水平之间的差异以及相对大小关系，反映的是由于功能需求不同所造成的差异。比较商场类与办公类建筑的能耗平均水平（中位值）差距，同地区之间差距在 100 ~ 230kWh/（m^2·a）之间，难以从需求论证这是由于这两类建筑在热水、设备和其他用能项的不同所造成的差异。而从公共建筑用能的终端项组成来看，空调、通风和照明能耗是主要的组成部分，也很有可能是造成这个差异的主要原因。

除上述数据外，有研究整理了清华大学多年来在全国范围内调查结果、美国能源基金会调查数据以及国内外相关研究 [221]，统计结果见表 6.2。这些数据也体现了同功能建筑能耗强度有较大的分布区间的问题。

不过在分析能耗强度水平时，不宜按照样本的能耗强度直接取能耗平均值，因为公共建筑能耗强度是按照楼栋进行统计并按照对应楼栋面积折算的，公共建筑面积差异巨大，从数十平方米到数万平方米都有，如果将各个样本直接平均得到能耗强度，将会忽视由于面积权重差异造成统计的影响，不利于科学分析能耗现状。这也是在进行公共建筑能耗数据分析时应当注意的问题。

不同类型公共建筑能耗强度 [kWh/（m^2·a）]　　**表 6.2**

建筑类型	样本数量	最大值	最小值	平均值
商业办公楼	185	324.3	10.1	90.5
酒店	91	511.3	19.6	162.1
商场	106	488.0	10.9	161.1
大型政府办公建筑	83	281.9	23.5	79.6

（2）校园建筑用能调查

清华大学于 2006 年调查 [46] 了北京某校园 54 栋建筑（包括教室、实验楼和办

公建筑等类型)(图 6.9)以及美国气候条件相近的费城某校园 94 栋建筑电耗强度(图 6.10)。

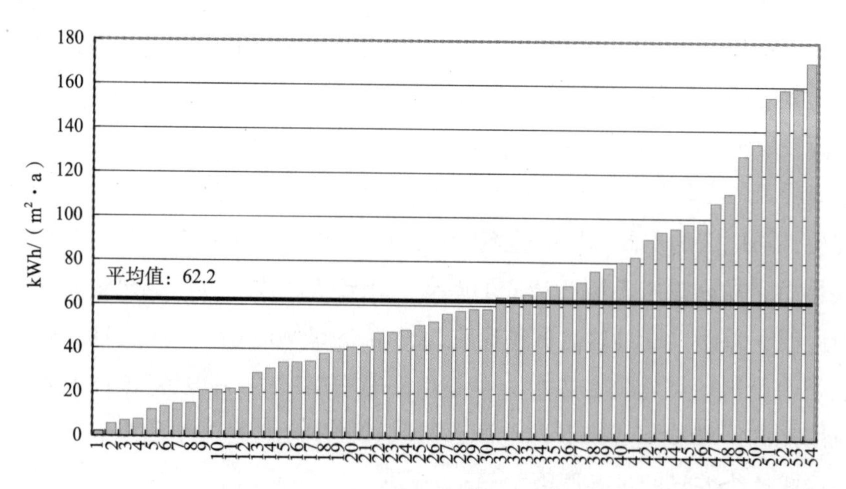

图 6.9　北京某校园 54 栋建筑电耗强度 [46]

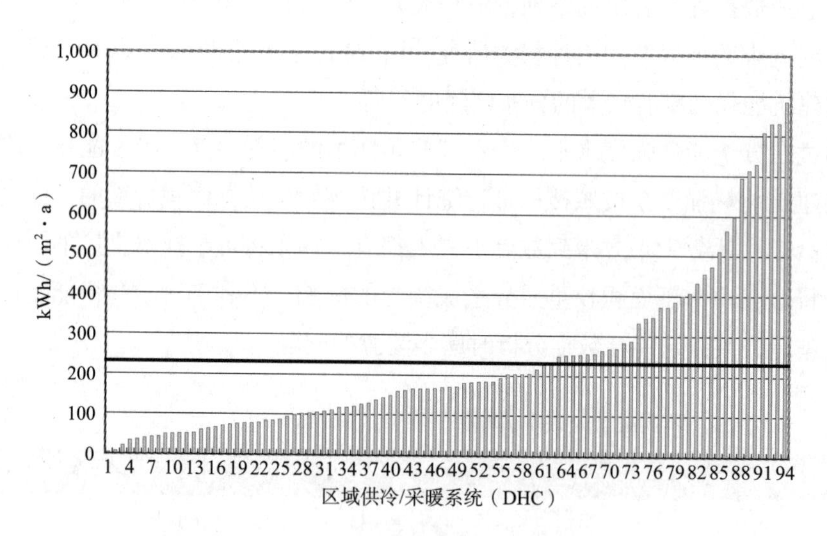

图 6.10　美国费城某校园 94 栋建筑电耗强度 [46]

从能耗强度来看，北京某校园建筑年耗电量从不到 10kWh/(m^2·a)到近 170kWh/(m^2·a)，差异巨大。将建筑按照所用的空调或降温设备分类比较，采用电扇的校园建筑(9 栋)，能耗强度水平约为 30kWh/(m^2·a)；采用分体空调的建筑(17 栋)，能耗强度水平约为 60kWh/(m^2·a)；而校园中采用中央空调的建筑(13 栋)，能耗强度水平超过 80kWh/(m^2·a)。可以认为，空调形式的差异，对建筑能耗产生

了明显的影响。中央空调系统在运行时，对系统所覆盖的房间全面调节，不论其是否有人在；而分体空调通常按照房间人员的使用需求使用，因而，同样使用了空调，后者在能耗强度上明显较低。

而美国校园建筑能耗水平已超过了 200kWh/（$m^2 \cdot a$），最高达接近 900kWh/（$m^2 \cdot a$），而巨大的差距并不是由于气候条件或功能的不同而造成的。研究建筑中设备和系统的使用情况，美国校园建筑中，空调、通风和照明等服务室内环境调节的用能项基本连续运行、从不间断；对其空调系统调查，出于满足各种不同服务需求，末端大量采用再热，以致出现严重的冷热抵消的现象；高度的自动控制系统，实际运行过程传感器和执行器出现故障，出于节能目的的控制调节失效；通风风机电耗大，即使在室外有良好的通风条件下，风机依然运行而不进行自然通风。由于这些在系统运行和使用方式方面的问题，尽管美国校园建筑采用了具有“高能效”优势的先进技术，电耗水平高出中国相近气候条件下同功能建筑的 3 倍。

对比分析来看，尽管我国校园建筑能耗水平明显低于美国水平，而由于空调系统形式和使用方式发生变化的影响，建筑能耗有可能明显增长。目前校园中采用中央空调系统建筑与采用分体空调建筑能耗的差异，也反映了这一点。如果未来校园建筑朝着美国校园建筑建设模式发展，能耗强度将大幅提高。因而，校园建筑节能的问题应该引起重视。

（3）交通枢纽调查数据

2011 年清华大学建筑节能研究中心与铁道部开展了铁路客站节能研究项目，采集了一批大中型客站的能耗并进行分析。客站建筑能耗主要服务于旅客候车、乘车空间的照明、室内环境调节和室内交通等，消耗电力、天然气、热力和煤等，用于空调、采暖、通风、照明、电梯和热水等用能项。

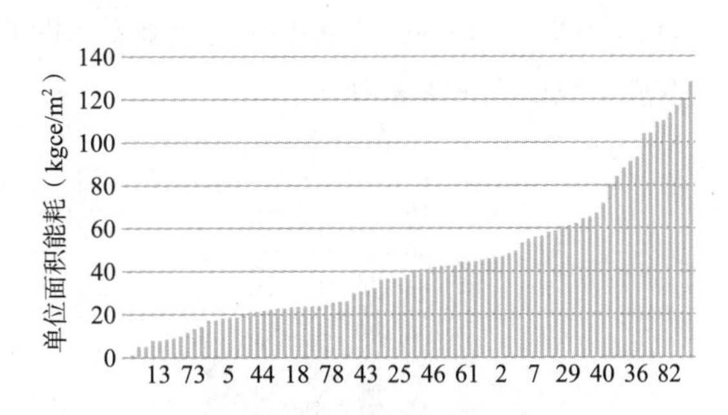

图 6.11　大型客站单位客运面积能耗（2011 年）

由于客站建筑中煤、燃气和热力能耗的比重较大，按照综合能耗而非电耗给出分布，按照客运面积折算客站能耗强度（不统计站台和机房等）计算（图 6.11），客站能耗强度从约 4kgce/m^2 到超过 120kgce/m^2，主要能耗分布区间为 22 ~ 57kgce/m^2，同样呈现明显的能耗差异。项目研究分析，空调和采暖用能占客站服务旅客候车乘车部分能耗的 70% 左右，可以认为，造成客站能耗差异的主要原因是不同客站空调和采暖能耗强度差异。而从客站地理分布与能耗关系来看，能耗高的客站建筑既有位于南方的，也有处于北方的；相同气候条件下的客站能耗水平也有巨大的差异。

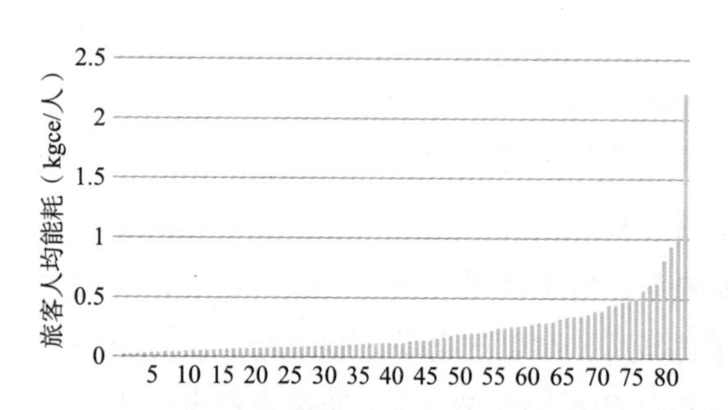

图 6.12　大型客站旅客人均能耗（2011 年）

大型客站平均能耗水平约为 39kgce/m^2，大大高于公共建筑平均能耗强度水平（22kgce/m^2），一方面，由于这些客站建筑基本全天运行使用，部分空间全天需要照明；另一方面，客流量大，夏季需要处理较多的空调负荷，而冬季由于人员流动带来较大的渗风，采暖负荷也较大。如果按照旅客人均能耗水平分析，各个客站能耗强度分布为 0.03 ~ 2.22kgce/ 人，主要能耗区间为 0.08 ~ 0.30kgce/ 人，从满足功能需求来看，最大的人均能耗强度差异超过 70 倍。这样的差异，难以归结为气候条件或技术水平，更多地可能与运行方式相关。

（4）地方政府办公建筑节能审计

在与某市合作研究过程中，对该市 15 栋政府办公建筑的能耗审计数据进行分析。该市处于夏热冬冷地区，有空调和采暖需求，电力是主要的能源消耗，部分建筑采用了燃气锅炉或集中采暖，为便于对比分析，这里不计入采暖能耗。这些建筑的单位面积电耗强度分布范围为 45.4 ~ 134.1kWh/（m^2·a），能耗平均水平（中位值）为 57.7kWh/（m^2·a）。从电耗组成来看（图 6.13），各个终端用能项的电耗强度差异，造成了总电耗水平差异。

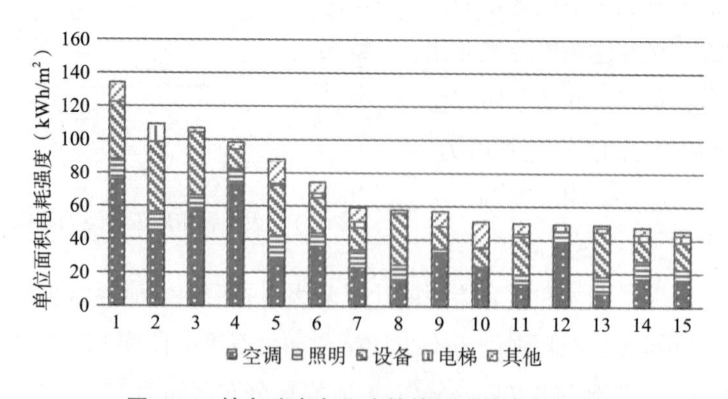

图 6.13　某市政府办公建筑能耗审计电耗强度

统计空调、照明、设备、电梯和其他用能项（见表 6.3），空调电耗强度

最大差异近 70kWh/（m^2·a），如果将空调用能水平从最大值降到能耗平均水平（28.1kWh/（m^2·a）），单位面积电耗强度将降低近 50kWh/（m^2·a），将有显著的节能效果。除空调外，其他各个终端用能项电耗强度也差异明显，从审计得到的设备或系统的技术参数以及运行管理模式来看，均有较大的节能潜力。

某市政府办公建筑各用能项电耗强度分布 [kWh/（m^2·a）]　　**表 6.3**

	总电耗	空调	照明	设备	电梯	其他
最大值	134.1	76.4	14.9	42.1	10.0	14.7
最小值	45.4	8.1	2.0	0.4	0.6	1.0
能耗平均水平	57.7	28.1	9.6	21.1	3.0	5.6

从以上能耗数据分析，我国各类公共建筑能耗强度存在以下几个方面的特点：

第一，同功能建筑能耗差异大，分布范围广；

第二，气候对建筑能耗强度水平的影响不明显，同一地区同类建筑能耗强度的差异远大于不同地区的能耗水平的差异；

第三，建筑功能决定了设备、热水、动力等类型用能需求，而空调、通风、照明和采暖等服务室内环境改善的终端用能项，更多地与室内环境控制参数、设备和系统的运行模式相关；

第四，对于同地区同功能建筑，空调、通风、采光和采暖需求不同，是造成其能耗差异的主要原因，而这些室内服务项用能量不影响建筑使用功能，在推动建筑节能的过程中，重视建筑形式、使用与运行方式对室内服务用能项的影响，是推进公共建筑节能的重要途径。

6.2.3　公共建筑建造与运行问题

（1）建筑室内环境营造与自然环境利用

在当前建筑营造过程中，对于室内外环境是否相连通出现了不同的观点：一种是认为，为了全面控制室内环境，避免室外环境不确定的温度变化或污染影响室内环境，应提高建筑的气密性，与此同时，通过机械通风方式满足人员对新风的需求；另一种则是，将室内环境的营造与自然环境结合起来，充分利用自然通风和自然采光改善室内环境，因而强调建筑的被动通风条件设计和自然采光设计，并赋予使用者开窗的权利，以满足其对环境调节的需求。这两种观点在公共建筑和居住建筑中都存在，而以公共建筑分歧更为明显。根据其通风方式的特点，将这两种类型建筑归纳为“采用机械通风”建筑和“可自然通风”建筑。

对于“采用机械通风”建筑，设计者认为由于保持了良好的气密性，可以减少由于渗透造成的能源消耗，并可以通过排风热回收来节省处理新风热负荷或冷负荷能耗，达到节能的效果。在严寒或寒冷地区，由于冬季室内外温差大，提高气密性可以有效减少渗风带来的负荷，减少采暖能耗；在不考虑机械通风系统能耗的情况下，确实降低了建筑能耗。然而在过度季，高密闭性的建筑不得不采用机械通风，风机运行明显增加了建筑能耗；而在夏季，室内外温差并不大，且室外温度昼夜波动，即使采取了热回收，通过案例和模拟分析看[222]，实际增加的风机能耗超出了避免渗风和热回收的节能效果。从能耗角度看，“采用机械通风”并强调建筑气密性的建筑，难以避免地增加了建筑能耗。支持这一路线的一个重要理由是，要全面控制室内环境。

而对于“可自然通风”建筑，认为人作为自然的产物，与自然环境的接触是必需的。充分利用自然条件改善室内环境，既可满足人与自然接触的需求，同时又减少了空调和通风设备使用时间，有效地减少了相关能耗。此类建筑更重视被动式设计，以此来满足室内环境改善的需求，符合生态文明的理念。

在论证建筑新风量是否要全面控制，“恒温、恒湿、恒氧”是否是健康舒适的要求之前，如果认为历史上传统建筑和当前建筑使用状况并没有危害到人类健康，或者大部分建筑能够满足人们工作和生活需求，那么，为达到全面控制的目的，而使得建筑能耗大幅度提高，这样的建筑设计和室内环境营造理念，对建筑能耗总量控制非常不利，也违背了生态文明理念。

（2）集中与分散问题

通常情况下，冷机和热泵等设备或系统的规模越大，在额定工况下的能效越高。为了便于管理，大规模系统通常集中控制运行。近年来，一大批“高能效”的集中系统在公共建筑中得到应用。而调查数据和案例研究发现，采用集中控制的空调、采暖、通风和照明系统的建筑，其能耗强度通常比采用分散系统的建筑能耗强度高。有研究[220]从数据关联因素上将其能耗差别归纳到建筑规模上。然而，仔细分析各项终端用能设备的能耗发现，造成能耗强度差异的主要原因，不是建筑规模大小，也不是能效的高低，而是设备或系统实际运行时间、末端提供的服务量（空调面积、设定温度、新风量和照度等）。系统的使用与运行方式同系统的集中和分散程度和特点有着密切的关系。在公共建筑中，集中系统和分散系统造成能耗差异原因分析如下：

（1）空调：常见的形式包括全空气变风量系统、风机盘管配新风系统以及房间

空调器等三种。在实际使用时，即使某个房间没人，变风量空调系统仍然需要运行，而风机盘管配新风系统和分体空调器可以关闭该房间空调；当节假日或夜间有人加班时，无论负荷率多低，变风量系统和风机盘管配新风系统都需要全面开启冷机和输配系统，而分体空调却可以根据需要空调的房间不同独立运行。在满足使用者同样的需求下，这三种空调形式的能耗强度比例约为 3∶2∶1。

（2）照明：当大开间敞开式办公室的照明使用全室统一控制的开关时，白天照明通常处于开的状态；而如果人们可以独立控制自己工作范围的灯具时，白天灯具开启的比例将明显降低。

（3）新风供应系统：分室的单独新风换气，风机扬程不超过 100Pa；小规模新风系统（10 个房间），风机扬程在 400Pa 左右；大规模新风系统（一座大楼），风机扬程可高达 1000Pa。如果提供同样的新风量，则大型集中新风系统的风机能耗约是小规模系统的 3 倍，约是分室新风装置的 10 倍。

此外，对于集中控制的空调、采暖或新风系统，由于设计或系统本身不足，难以全面保证各个末端的需求，例如，中央空调系统某些房间过冷或偏热，集中送风末端新风不匀、某些房间新风量严重不足等问题。

集中系统的末端调节能力难以和分散设备相比，难以满足不同使用者的需求，且能耗强度又要高于分散设备。坚持使用集中系统的技术原因可以归纳为三点：一是认为集中系统效率高；二是便于维护管理；三是可以利用新技术。

对于第一点，集中系统在实际使用过程中，由于末端使用需求差异，系统经常运行在低负荷情况下，实际运行的能效低。而对于第二点，集中系统如果发生故障，将影响整个系统负责区域，问题处理更复杂；同时，在运行时集中系统操作的难度和复杂程度通常都高于分散系统，为了集中控制还需设置专门的中央控制室和运行维护人员。对于第三点，出于新的高能效技术应用需求，再次进入了“提高能效”实现节能的逻辑中，分析冰蓄冷、楼宇电冷联产等技术，实际工程中没有减少实际能源消耗量，往往增加了系统运行管理复杂程度和能耗。

从实际工程来看，面对使用者需求不同的问题，集中系统通常有三种运行方式：第一种，依靠好的调节技术，对末端进行独立调节，以满足不同的个体需求。此时系统有可能同时满足不同需求，然而在大多数情况下将导致整体效率大幅降低；第二种，全面满足系统中最高的要求，即使仅有一个人需要空调，系统也全面开启；夏季按照温度要求最低的个体对全楼进行空调运行，冬季按照温度要求最高的个体对全楼进行供暖。这样的做法技术上容易实现，但能耗将大幅度增加。我国北方集中供热系统正是这样的运行方式；第三种，按照标准规定或大部分人的需要运行，有一部分使用者的需求将不能得到满足（例如，非工作时段即使有空调需求也不开空调；按照设计标准的规定，设定空调和采暖温度，而不考虑末端对温度需求的差异等），这样的方式虽然能耗低于第二种，但服务质量也明显下降。

从系统设计和运行的理念分析，集中系统采纳了工业生产中机械化生产的理念，即将所提供的服务如同工业产品一样标准化，忽视了服务对象是个体需求差异显著的人，追求大规模和高能效的生产效应，而不考虑实际需求量的多少，常常造成能源浪费。

6.3　节能途径与实证研究

6.3.1　以实际能耗为节能的约束条件

从能耗总量控制的目的出发，公共建筑节能应将实际能耗作为约束条件。目前的技术和经济发展水平以及建筑节能积累的工程经验，已经具备了以实际能耗为约束开展节能工作的条件。已开始上网征求意见的《民用建筑能耗标准》，提出了公共建筑能耗指标，在设计、施工、运行和改造各个环节均可围绕此项指标开展工作。而推行《民用建筑能耗标准》，将促进各方通过设计、运行管理和节能改造降低公共建筑实际用能强度。

与此同时，全面开展大型建筑的分项计量，进而在各类公共建筑中推广能耗监测，是以实际能耗为约束条件开展节能工作的技术支撑。一方面，有助于建筑运行管理方根据实时计量的能耗数据，落实节能运行并支持节能改造；另一方面，计量的能耗数据为能耗指标管理、节能技术和措施的研究提供数据支撑。

（1）《民用建筑能耗标准》的应用

《民用建筑能耗标准》（以下简称《标准》）将公共建筑按建筑形式、通风方式和空调系统形式等建筑和系统特点分为两类，并根据大量实际能耗数据，分别提出约束性指标和引导性指标（如图 6.14、图 6.15）。

对于两类公共建筑的具体定义为：类型 A 指建筑物与室外环境之间是连通的，可以依靠开窗自然通风保障室内空气品质，室内环境控制系统采用分散方式的建筑；类型 B 指建筑物与室外环境之间是不连通的，需要依靠机械通风保障室内空气品质，室内环境控制系统采用集中方式的建筑。类型 A 建筑以人与自然和谐相处的理念为建筑设计的基础，具有与自然环境良好融合的特点，通过各种被动式设计，充分利

用自然环境改善室内环境；而类型 B 建筑，充分反映了通过机械设备调节控制室内环境状况的建筑和系统设计思想，把人与自然环境隔离。因此，应严格控制类型 B 建筑的新建量，除非特殊功能和用途的建筑或者周边环境较恶劣的建筑，城市规划和节能管理部门可不予批准建设，从而尽量避免由于大量新建集中控制的建筑，使得建筑能耗整体水平提高。

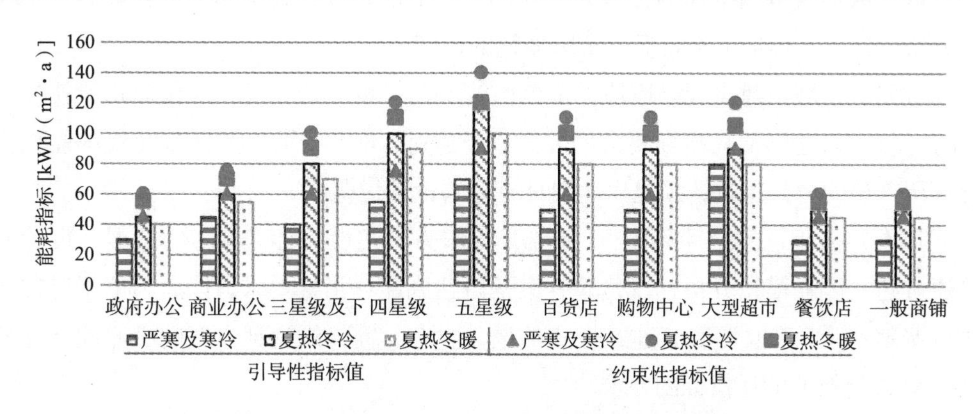

图 6.14　A 类公共建筑约束性及引导性能耗指标值

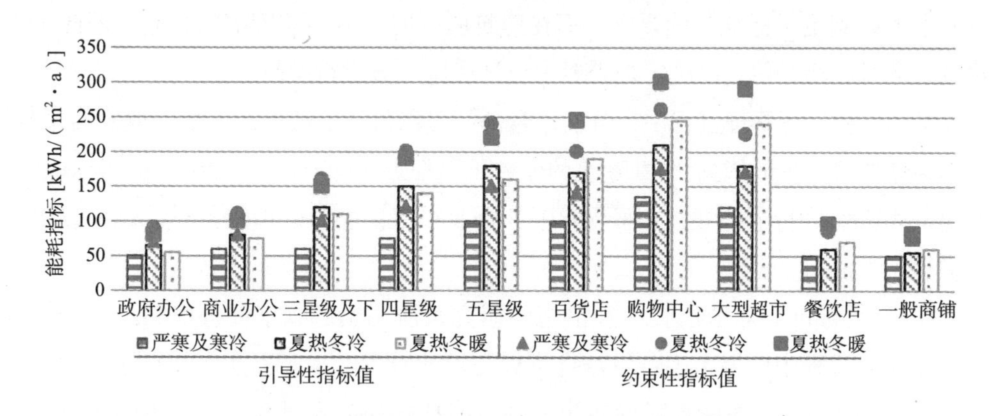

图 6.15　B 类公共建筑约束性及引导性能耗指标值

需要说明的是，这两类建筑指标值的确定，经过了 TBM 模型的校验，当未来公共建筑面积达到 180 亿 m^2 时，如果公共建筑能耗水平在约束性指标值，公共建筑能耗总量约为 4.4 亿 tce；如果达到引导性指标值水平，公共建筑能耗总量可控制在 3 亿 tce 左右。

在节能工作体系中的政府主管部门、设计与施工单位、科研院所、建筑业主和节能服务企业等，都可以使用《标准》提出的能耗指标开展节能工作。政府主管部门可以能耗指标为依据对公共建筑进行节能监管，制定相关政策措施进行节能管理；设计和施工单位参照该标准作为设计与施工的依据；科研院所根据能耗指标进行节能技术措施的研究；建筑运行管理方或业主也可以将能耗指标作为节能运行管理的参照；而对于各类节能企业，能耗指标可以成为其开展合同能源、建筑节能咨询和改造的依据，并推动 EMC 及建筑能效交易。

从公共建筑节能工作的技术和措施研究、节能设计、施工和运行管理等各个环节来看，应用《标准》都将促进实际能耗的控制。

首先，在城市建设规划阶段，节能监管部门可以对公共建筑单位面积能耗强度进行考核，未达到能耗指标要求的方案不予通过；对于要求以类型 B 建筑的能耗指标进行考核的公共建筑，须提出详细且充分的论证说明。

其次，在建筑的设计阶段，《标准》将作为方案设计必需参考的依据。设计人员通过建筑能耗模拟分析，以检验方案是否达到能耗指标要求，以此为依据对方案进行调整；对于采取类型 B 建筑模式的设计方案，需详细论证方案的必要性，并满足类型 B 建筑的能耗指标的要求。

第三，在施工阶段，施工方也应将能耗指标作为约束依据，论证设计方案或修改方案能否满足《标准》的要求。而在建筑验收时，节能监管部门和业主据此可对建筑试运行能耗评估，以决定是否要求设计或施工方进行整改。

第四，在运行管理过程中，节能监管部门可以依据能耗指标考核各类公共建筑，以作为惩罚或表彰的依据；公共建筑的业主可以根据实际能耗与《标准》的指标比较，决定是否需要进行节能改造；而节能服务企业在提供能源管理服务时，也可以将能耗指标作为依据。

此外，《标准》对节能技术和措施的研究及应用也起到了促进作用。对于某些在实际运行过程中能耗水平难以符合指标要求的技术，由于不能在新建建筑的方案中应用而逐步淘汰；而能耗指标还能激励节能技术和措施研究者从建筑的运行情况进行技术研发，探索出与发达国家不同的节能技术模式，从而形成我国节能技术的国际竞争力。

综合以上，《标准》可以作为建筑节能工作者的工具，在建筑设计、施工、运行等各个阶段，推动建筑节能工作向“以能耗为约束”的方向转变，是建筑能耗总量控制的一项重要的支撑。

（2）全面开展大型公共建筑的分项计量

全面开展大型商业建筑的分项计量，是以实际能耗数据为目标实施节能监管的

技术支撑。在此基础上可以逐渐发展到用能定额管理以及梯级电价，从而完善从技术支撑到政策措施管理的机制。

大型公共建筑由于建筑体量大，为便于建筑运行管理或建筑形式美观，通常采用了集中控制的空调、通风或照明系统。一方面，由于集中系统末端多，各个末端的需求差异明显且经常变化，需要良好的调节控制来实现节能运行；另一方面，空调或通风系统在运行过程中，由于运行管理不当或者技术措施不适宜的问题，利用分项计量数据可以支撑节能诊断和改造。已有的技术和设备可以很好地支撑分项计量工作，目前，北京、上海等地已广泛开展了大型公共建筑分项计量工作。实际工程证明，分项计量在大型公共建筑中应用有很好的节能效果和经济性。

此外，由住房和城乡建设部组织开展的民用建筑能耗统计[191]，采集了大量的公共建筑能耗数据，可以作为推进约束建筑实际能耗的重要依据。

从节能标准、技术措施和能耗数据等方面，已经为推动“以实际能耗为约束条件”的建筑节能工作提供了充分的依据和条件，国家和各地方政府宜尽快制定相关政策措施，以《标准》作为工具，全面展开实际能耗控制的节能监督和管理工作，自上而下推动公共建筑能耗总量控制。

6.3.2　通过技术因素促进节能

（1）引导和规划公共建筑建造形式

公共建筑的设计理念和建造形式是影响建筑运行能耗的先天条件，一旦建筑建成，难以从建筑形式方面开展节能工作，因此，应十分重视公共建筑形式的引导和规划。

《标准》从建筑形式和系统类型方面给出了两种特点截然不同的公共建筑定义。类型 A 建筑充分利用自然通风和采光，有利于减少空调、机械通风以及人工照明的需求，减少这几类终端的实际能耗；类型 B 建筑难以利用自然条件，进行被动式的节能，必然依靠机械设备提供改善室内环境的服务，而从健康和舒适的角度，仍然不能证明全面控制室内环境的好处，反而造成了大量能源消耗。因此，对于新建建筑，应充分考虑自然通风和采光设计、采用遮阳或隔热措施减少夏季太阳辐射得热等。

与此同时，绝大多数大型公共建筑并非因为其实际使用功能需求而确定建筑规模的，这类建筑在实际设计和使用过程中，存在多方面问题：首先，增加了建设难度和系统设计的复杂性，以及后期运行管理的难度；其次，由于大型系统设计和运行管理的问题，常常难以满足各个终端用户的需求，室内环境较差，而且难以利用自然条件改善室内环境。以“标识性”或外观视觉效果建设的大规模公共建筑，不能提高实际使用者的满意程度，同时增加建筑运行能耗。在城市规划和建设过程中，应严格控制此类建筑量。

引导和规划建筑形式对公共建筑节能十分重要，已有一批实际工程案例证明，充分考虑建筑形式的被动式节能设计，将起到显著的节能效果，在后面的案例中，将对其进行具体分析。基于这个认识，从政府监督管理到节能宣传和教育，应重视建筑形式的引导和规划。

（2）研发创新节能设备并推动其合理应用

除建筑形式外，一些创新性节能设备能够减少使用过程实际能耗，是建筑节能的技术载体。结合对服务需求和使用与运行方式的考虑，对一些技术的应用效果进行分析，认为在照明、电梯、空调设备或系统等方面，结合使用需求，设计应用节能灯具、能量回收电梯等技术，都将取得良好的节能效果。

以照明为例，依据《公共建筑节能设计标准》GB 50189－2015[223] 结合当前的技术水平与使用方式，进行技术和使用方式的节能效果进行分析。图 6.16 为标准中给出的各类公共建筑照明每天开关时间表（办公建筑和教学楼曲线为工作日开关时间，节假日全部关闭），图 6.17 为在参考时间表和照明功率密度下，各类建筑的年照明电耗强度。如果在建筑设计方面充分考虑利用自然采光的被动设计，并使用节能灯具，在技术可行和满足需求的情况下，照明能耗可以大幅降低（见表 6.4）。其中，由于使用功能的特点，办公和学校建筑白天可以充分利用自然采光条件，减少人工照明的需求，结合节能灯具的应用，可以在节能标准给出的电耗强度下大幅降低；宾馆和医院人工照明需求主要在夜间，而商场建筑由于有较大内区以及商户装修需要等，提高灯具的效率是其主要的照明节能措施。总的来看，应用节能灯具和采用被动式技术，可以使得这四类建筑照明能耗分别控制在 10 ~ 32kWh/（$m^2 \cdot a$）。

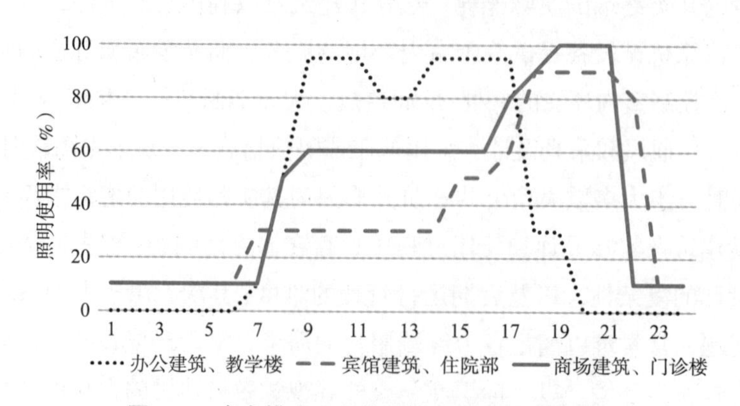

图 6.16　参考模式下公共建筑中照明开关时间表

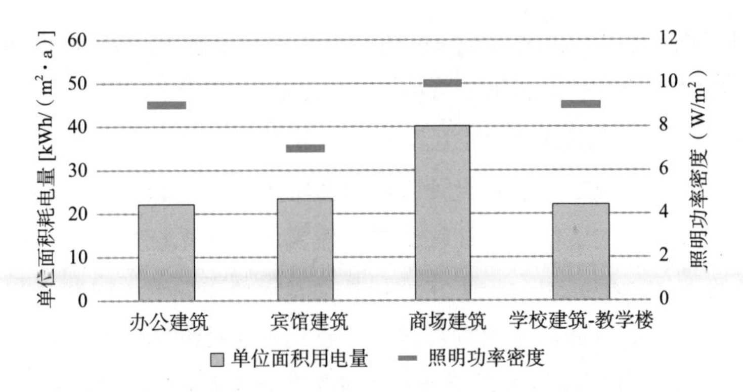

图 6.17　标准规定的照明功率密度及参考模式下的电耗强度

技术支撑下照明的节能潜力　　**表 6.4**

建筑类别	标准模式	节能灯具	被动设计
办公建筑	22.2	17.7	10.6
宾馆建筑	23.5	18.8	15.0
商场建筑	40.2	32.1	32.1
学校建筑 - 教学楼	22.2	17.7	10.6

此外，在电梯使用需求较大的商场、交通枢纽和各类大型建筑中，采用能量回收型电梯，也能够取得良好的节能效果；相对于传统的空调系统，采用温度湿度独立控制的空调系统可降低能耗 30% [224]；有较大连续供冷需求的公共建筑中，大型直流变频离心制冷机可以显著降低空调能耗 [225]。

一大批创新节能设备的研制，为建筑节能工作的开展提供了技术支撑。一方面，在实际工程应用中，充分论证建筑的使用需求下，应用创新的节能技术，能够有效地降低能耗；另一方面，结合建筑功能、室内服务需求、建筑和系统的使用与运行特点，研究与之相适宜的技术，既能够推动建筑节能的深入开展，同时又促进了节能企业的创新竞争能力，激发市场活力。

6.3.3　通过使用方式和运行管理促进节能

在以能耗指标为节能目标，各类节能技术措施或设备为支撑的条件下，通过优化运行管理，促进使用方式节能，是开展公共建筑节能十分重要的途径。而使用方式与运行管理节能，需从建筑与系统设计阶段开始，充分考虑技术与行为的相互影响的关系；同时，加强节能理念和绿色使用方式的宣传教育，突出使用的节能作用；对于既有公共建筑，通过节能服务市场促进节能运行。

（1）重视技术与使用方式的相互作用进行节能设计和运行

以往的节能发展规划和建筑设计阶段都非常重视节能技术的应用。然而，建筑使用和系统运行阶段的节能工作往往受限于建筑形式和系统性能，并且使用者的使用方式和系统的运行模式也会由于建筑和系统的限制而调整。由此来看，对于新建建筑，在设计阶段就应重视使用方式和运行模式对能耗的影响，从建筑设计到运行使用阶段，促进使用与行为因素节能；而在既有建筑进行节能改造或运行管理时，也应重视技术与行为的相互影响。

首先，在建筑和系统的设计过程中，一方面，应充分考虑利用被动式技术减少系统和设备的使用时间；另一方面，应为使用和运行管理方的节能行为提供条件。例如，末端可自由调节的空调系统，可以实现在无需空调的时候关闭，支持行为调节节能；此外，外窗方便开启，灯具可以灵活开关等满足自由控制的技术，都支持行为节能。

其次，在技术研究开发过程中，应考虑设备或系统的灵活可调性，在满足用户不同的需求时，也为节能使用提供条件，而不是一味追求在某种工况下能效高的技术。

第三，在建筑使用和系统运行管理过程中，从实际使用需要出发，在满足基本需求保障下，优化系统运行以实现节能目的。

（2）通过宣传和经济刺激机制引导节能使用方式

推动使用方式和运行管理节能，关键在于使得建筑使用者接受节能的理念，绿色生活和使用模式，并能够有效贯彻执行。实际上，节约能源的观念已经被越来越多的民众接受，需进一步宣传和引导具体的节能行为，例如，指出饮水机和电脑的待机电耗大，在不使用时应及时关闭。

对于公共建筑，能源价格或经济处罚是促使其开展节能的重要刺激因素。结合《标准》提出的能耗指标，实行惩罚机制，或实行阶梯电价，都有利于从经济因素促进公共建筑节能。

（3）推广能源服务公司市场模式

能源服务公司（ESCO）把经济性与节能要求结合起来，通过加强运行管理或进行节能改造，降低建筑运行能耗。ESCO 起源于美国，公共建筑节能是 ESCO 的主要服务对象，目前在欧洲、日本等发达国家有较好的发展[226]，其运作模式也逐渐成熟。在我国，由于还没有完善的政策依据、相关人才稀缺、市场激励机制不健

全和ESCO企业技术不成熟等原因，ESCO发展还存在一些问题[227]。为促进公共建筑运行管理和节能技术应用节能，应通过政策引导、财税激励、技术培训等途径大力支持ESCO模式，通过市场作用对当前一大批高能耗公共建筑进行节能改造和节能运行管理，将有效地增强公共建筑节能推进的力度。

公共建筑节能案例：

【案例6.1】：深圳某商业办公建筑

该建筑于2009年竣工，建筑面积为18170m^2，图6.18为该建筑的外立面及部分空间实景。在设计阶段，就从建筑和系统形式方面，结合使用方式进行了充分考虑，获得了政府颁发的节能奖励和行业认证。而在实际使用过程中，由于充分利用自然条件营造室内环境，且空间灵活可调，得到了使用者的广泛认可。

图6.18 深圳某商业办公建筑外立面及部分空间实景

其设计要点可概括为三个方面：首先，大楼中多设计有半敞开的空间，可以降低空调和照明的需求；其次，空调系统（风机盘管加新风系统）小型分散化，独立控制性能好；对于使用时间不确定的房间（如专家公寓）采取了分体空调形式；第三，通过大面积可自由开启的外窗，充分利用自然通风与采光。

实际测试得到2011年逐月能耗强度，与该地区同类建筑平均水平比较情况如图6.19。2011年，案例建筑单位面积能耗强度为66.6kWh/（m^2·a），而当地同类公共建筑平均能耗强度为103.7kWh/（m^2·a），案例能耗强度仅为其64%。

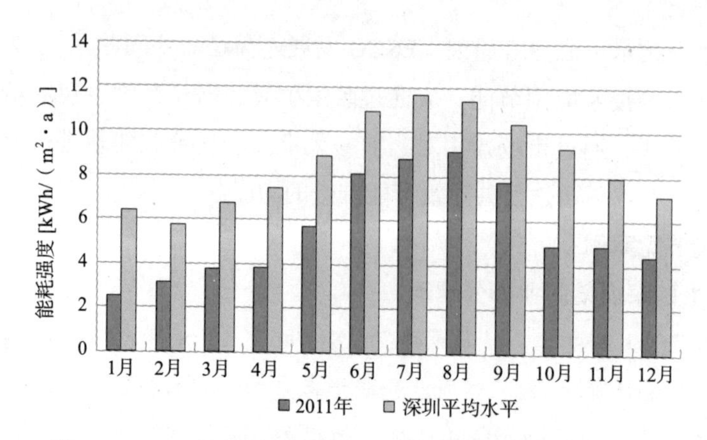

图 6.19　2011 年案例逐月能耗与当地同类建筑平均水平对比

数据来源：深圳市建筑科学研究院。

【案例 6.2】：上海某商业办公建筑

该建筑原建于 1975 年，于 1995 年改造成地上六层、地下一层的形式，建筑面积约 7301m^2。图 6.20 为该建筑外立面效果图 + 办公空间和中庭实景图。该建筑按照《公共建筑节能设计标准》进行了节能改造，外墙采用了内外保温形式，屋面采用了种植屋面形式，此外，综合考了保温、隔热、遮阳以及采光等需求，外窗采用了高透性断热铝合金低辐射中空玻璃窗。

在建筑设计和系统形式方面，该建筑考虑了多种被动措施，并选择了支持使用需求的技术措施。具体而言，被动式节能措施包括：通过设计中庭、开窗位置和大小、天窗、垂直遮阳的倾斜角度等措施，优化自然通风条件；通过改造既有建筑门窗洞口形式，增设穿层的大堂空间与界面可开启空间、边庭、中庭和顶部下沉庭院等空间，改实体分隔为开敞式大空间等措施，大幅改善自然采光条件；通过采用垂直外遮阳板和水平挑出的格栅进行外遮阳。节能技术措施包括采用了变制冷剂流量多联分体式空调系统，结合直接蒸发分体式新风系统（带全热回收装置），易于灵活区域调节的；照明采用高光效 T5 荧光灯和 LED 灯，在公共区域采用智能控制；安装电表分项计量系统、太阳能光伏光热等在线监测系统，建立建筑能效监管系统平台；安装以太阳能为主、电力为辅的蓄热太阳能集中热水系统；以及太阳能光伏发电系统等。

2013 年，扣除太阳能光伏系统发电量，该建筑总的用电量为 37.08 万 kWh，建筑单位面积（包括地下室面积）用电量为 50.8kWh/（m^2·a），远低于该地区商业办公建筑的能耗平均水平 [110kWh/（m^2·a）]。各类终端用能项能耗强度及相关节能措施见表 6.5，其中照明用能强度与 6.3.3 节中照明用能测算相近。

图 6.20　上海某商业办公建筑外立面效果与办公空间和中庭实景

数据来源：上海市建筑科学研究院（集团）有限公司。

案例 2 各类终端能耗及相关措施　表 6.5

项目	能耗（kWh/m²）	相关措施
总电耗	50.8	能效监管系统
空调	28.5	中庭设计，增大开窗面积，遮阳，天窗
照明	11.2	拓展既有建筑的开窗面积与开启形式，增设建筑边庭空间，建筑中庭空间等；照明控制系统
设备	6.0	
其他	5.1	太阳能热水系统等

【案例 6.3】：英国办公建筑用能研究

除上面所列出我国公共建筑案例外，也有一些国外的研究对不同建筑形式和系统类型的公共建筑能耗进行了研究。下面以英国某项研究为例[228]，说明不同建筑形式、系统类型和使用方式造成建筑能耗巨大的差异。

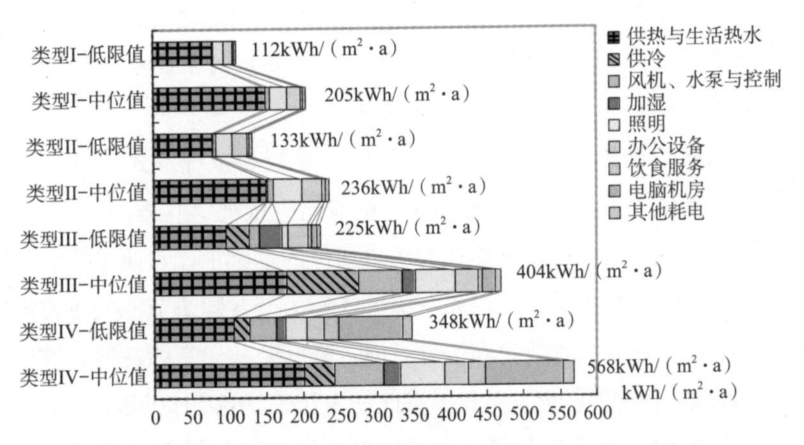

图 6.21　英国不同类型办公建筑全年单位面积能耗（2000 年）[228]

考虑到英国建筑的气候条件、采暖方式不同于我国北方城镇集中采暖方式，在分析时不考虑采暖能耗强度。除采暖之外，其他各项终端用能的能耗之和平均水平为90kWh/（m^2·a）。四种不同类型的公共建筑在建筑形式、系统类型和使用方面的特点总结为：

类型Ⅰ：分格式自然通风办公建筑。这类建筑的面积在100～3000m^2之间，外窗可开启，具有良好的自然采光和通风条件，且使用者可自由控制照明与空调。

类型Ⅱ：开放式自然通风办公建筑。这类建筑的面积在500～4000 m^2之间；外窗可开启，有良好的通风条件；办公设备长期处于待机状态。

类型Ⅲ：使用中央空调的一般规模办公建筑。这类建筑的面积在2000～8000m^2之间；自然采光和通风条件不如类型Ⅱ；空调系统通常为冷机结合全空气系统与变风量末端（VAV）。

类型Ⅳ：使用中央空调的大中型办公建筑。这类建筑的面积在4000～20000m^2之间；建筑通常自然采光和通风条件通常较差；办公配套空间有如中央机房或信息中心、厨房与停车场等，冷站运行时间较长。

比较来看，类型Ⅰ建筑除采暖外能耗最低约为25kWh/（m^2·a），而类型Ⅳ建筑除采暖外能耗通常约为340kWh/（m^2·a），是前者的10倍以上，最低也有225kWh/（m^2·a）。这些差异反映出：第一，不同建筑和系统形式、不同使用方式的建筑导致的实际用能差别巨大；第二，在建筑和系统形式相同的情况下，由于使用方式的不同，能耗强度也有巨大的差异。而此项调查还研究了用户对建筑提供服务的评价，类型Ⅰ建筑能耗低而使用者抱怨也最少，类型Ⅳ建筑能耗高反而使用中的抱怨最多。从建筑使用过程分析，类型Ⅰ建筑中的使用者，可以根据自己需求，自由地调节外窗进行自然通风，或使用空调设备；而类型Ⅳ建筑，由于建筑密闭性能好，使用者难以通过自然通风调节室内环境，而中央控制系统难免遇到使用者需求不能满足的末端，因而也导致出现了较多的抱怨。

由于篇幅有限，这里仅列举以上三个案例，建筑和系统形式以及运行与使用方式对建筑能耗有着巨大的影响，开展公共建筑节能应重视这几方面的作用。

公共建筑节能应建立在以实际能耗为约束条件的基础上。参照《标准》提出两种类型的公共建筑，将规划和引导建筑和系统形式作为公共建筑节能的重要措施，以各类公共建筑的能耗指标为约束条件和引导方向，降低公共建筑能耗值。推动大型公共建筑分项计量以及其他建筑的能耗计量，以此作为开展节能工作的数据支持。

在技术因素方面，加强公共建筑和系统形式的引导和规划，推动创新节能设备

的合理应用。在使用与运行因素方面，重视设计阶段对使用方式和运行模式的考虑，并论证技术的适宜性，发展支持绿色使用方式的技术；同时，通过宣传与培训提高民众的节能意识，引导建筑和系统节能运行使用；此外，推广能源服务公司模式，通过市场促进运行管理节能和节能技术的应用。

当前已有一大批工程案例证实，通过优化被动式建筑设计（包括采光、通风和遮阳等），选择合理的系统或设备，并鼓励运行管理和使用模式节能，可以取得良好的节能效果，大幅度降低空调、照明、通风和热水等各项终端用能量，从而降低建筑整体能耗。

6.4　公共建筑节能规划与目标

通过实际能耗数据分析，当前各类公共建筑能耗分布范围大，同类建筑能耗强度巨大的差异而并非由于建筑功能要求或气候条件所致，而是由于建筑和系统形式、运行和使用方式的不同而造成。在对公共建筑能耗进行规划引导时，应充分考虑这几方面的因素。

分析我国公共建筑能耗强度增长的原因：从终端用能来看，空调、办公设备、通风和照明等用能需求都在增长。进一步分析各项终端用能需求增长的原因，办公设备、热水和其他用能项是由于建筑本身功能要求所致，如办公建筑中现代办公用品（如电脑、打印机和投影仪等）的使用量增多，旅馆建筑旅客数量和热水需求增多；而空调、通风和照明等用能需求的增长，很大程度由于建筑形式和体量、系统和设备形式发生变化，进而引起使用和运行方式发生转变所致，新建建筑中大体量和高层建筑的比例越来越大，室内环境过多依赖机械设备进行调节，从而使得公共建筑能耗整体水平增长，如果不加以引导和规划，未来我国公共建筑能耗将达到美国水平，是当前平均水平的三倍以上。

基于实际能耗总量的目标，公共建筑节能应严格控制能耗强度。从当前各类公共建筑的能耗强度现状出发，综合考虑技术因素和使用与为因素，提出对公共建筑节能的规划如下：

首先，参照《标准》，严格控制“采取机械通风配合集中系统”的建设规模，鼓励建筑进行被动式设计和采用便于独立调节的系统。

第二，按照不同类型的公共建筑，通过政府监管、政策激励、宣传引导和市场服务等途径，降低各功能建筑能耗强度；并以当前优秀的实践案例为引导目标，推动以降低能耗为导向的公共建筑节能。

第三，重视运行与使用方式的节能作用，在建筑设计、技术选择以及建筑运行使用阶段，充分考虑推动运行和使用方式节能；同时，研究与绿色使用方式相适宜的节能技术，支撑使用方式节能。

第四，通过节能技术措施和节能使用方式，降低照明、空调、设备和热水等各个终端用能项的能耗量，自下而上地实现能耗指标控制目标。

各类公共建筑节能途径规划与目标如图 6.22，严格控制各类公共建筑能耗强度，参照《标准》给出的不同地区各类公共建筑能耗指标，使得未来公共建筑能耗强度维持在 25kgce/（m^2·a）以内，从而在公共建筑面积总量控制在 180 亿 m^2 的情况下，公共建筑能耗总量控制在 4.4 亿 tce 左右。

本章从公共建筑能耗现状出发，指出近年来，由于公共建筑能耗强度增加，公共建筑面积规模增长，导致公共建筑能耗总量大幅增长。而从中外公共建筑能耗对比来看，如果沿着发达国家发展模式，未来我国公共建筑能耗总量还将大幅增长，甚至超过建筑能耗总量控制的目标。推动公共建筑能耗总量控制，需从建筑面积规模和建筑能耗强度两方面着手。

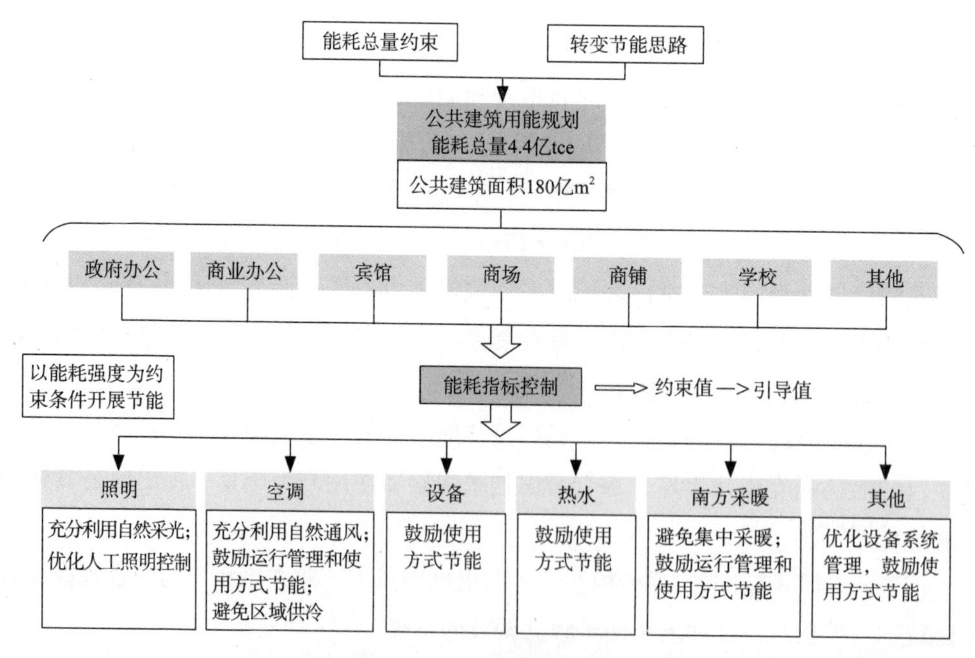

图 6.22　公共建筑节能规划与目标

从实际能耗强度来看，当前各类公共建筑能耗分布范围较大，同地区、同功能建筑能耗的巨大差异，从各项终端用能的能耗分析来看，服务于室内环境控制的空

调、通风和照明能耗强度差异明显，影响这几类能耗强度的因素主要包括建筑形式和系统类型、设备或系统运行和使用模式等。因而，这些因素是公共建筑节能的关键点。

当前公共建筑营造出现了两个发展方向：一个是强调对建筑室内环境全面控制，为保证控制的效果，不断提高建筑的密闭性，甚至限制开窗通风功能；另一个则是，尽可能地利用自然条件满足室内环境调节要求。在建筑室内环境控制设备和系统设计时，也出现了两种不同的选择：一种是推崇高能效的大规模集中控制系统，将高能效作为节能的表现；一种是选择分散系统，尽可能满足使用者的不同需求。前者与第一类建筑设计理念契合，建筑和系统形式特点为“采用机械通风建筑配合集中式系统”；而后者与第二类建筑的设计理念契合，建筑和系统形式特点为“可自然通风建筑配合分散式系统”。从而就形成了建筑和系统设计的两种发展方式。实际数据来看，前者的能耗强度通常是后者的数倍，而在建筑使用过程中，前者常常因为技术设计或运行管理不当，不能满足使用者不同的需求，导致对建筑服务系统的抱怨。从历史和当前建筑使用情况来看，后者并没有降低使用者的满意程度，更没有损害到使用者的健康，而实际能耗水平大大低于前者，从生态文明设计的理念以及能耗总量控制的目标来看，后者应该是未来建筑设计和系统选择的方向。

从能耗总量控制的目标出发，我国公共建筑节能应以实际能耗作为约束条件。从技术因素方面，引导“可自然通风建筑配合分散式系统”的建筑和系统形式，研发创新节能技术并推动其在合理的条件下应用；从使用和行为因素方面，在技术研究、建筑设计、系统选择以及建筑使用与系统运行方面，重视使用与运行方式和技术的相互影响，并积极发展支持绿色使用方式的技术措施，通过宣传和培训提高节能意识以及落实能力，并推广能源服务公司，通过市场的作用推动运行管理和节能技术应用的节能。大量实践案例证明，通过以上的技术措施和引导行为因素，可以将公共建筑能耗强度控制在当前能耗平均水平以下，推动《标准》的公共建筑能耗指标控制，是切实可行的。

综合以上分析，对公共建筑用能进行规划设计，在落实以上各项措施的情况下，控制建筑规模不超过 180 亿 m^2，未来公共建筑能耗可以实现不超过 4.4 亿 tce 的总量控制目标。

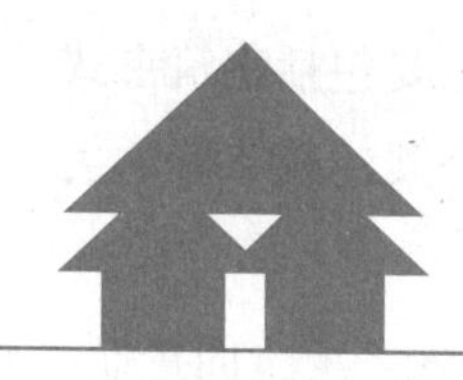

第 7 章　城镇住宅节能路径研究

7.1　城镇住宅用能现状与趋势

7.1.1　能耗总量和强度

城镇住宅（不包括北方城镇采暖）用能的能源类型包括电、燃气、液化石油气和煤等，服务于城镇住宅中的空调、照明、家电、生活热水、炊事和夏热冬冷地区采暖等需求。

由宏观能耗分析模型 TBM 测算，从 2001 年到 2012 年，城镇住宅用能总量从 0.69 亿 tce 增长到 1.67 亿 tce，增长近 1 亿 tce（图 7.1）。其中，电力消费量为 3787 亿 kWh，按照当年的发电煤耗法测算[60]，电占城镇住宅能耗总量的 70%，是主要的能源类型；其次是天然气和液化石油气，广泛用于炊事、生活热水用能，天然气也用于分散采暖的燃气壁挂炉，而液化石油气在南方缺乏天然气的地区较多地使用；煤在城镇住宅中用能类型的比重不足 1%，正逐步从城镇住宅用能中消失，这与煤燃烧产生污染且煤渣难以处理相关。

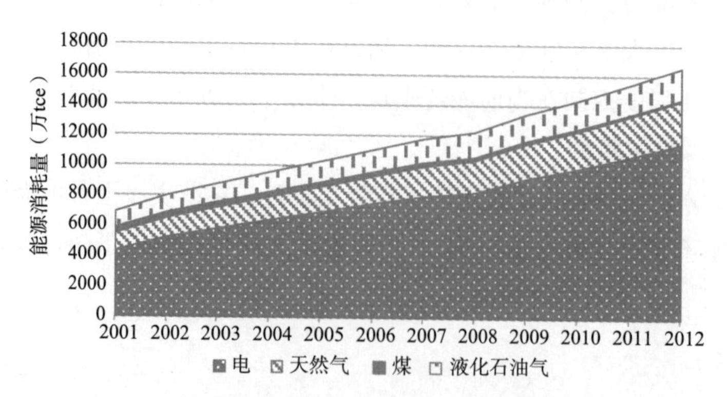

图 7.1　2011 到 2012 年城镇住宅能耗总量

注：电力按照当年的发电煤耗法折算；天然气、煤和液化石油气按照《中国能源统计年鉴 2013》给出的各种能源标准煤折算系数计算得到。

随着城镇化率的比例不断提高，城镇居民人口大幅增加，城镇居民户数也显著增长；与此同时，户均能耗也明显增加（图 7.2），这是城镇住宅建筑能耗总量增长的主要原因。家庭能耗从 447kgce/（户 · a）增长到 665kgce/（户 · a）；其中，家庭用电量从 794kWh/（户 · a）增长到 1521kWh/（户 · a），增长近 1 倍，电力在家庭用能中的比重越来越大。

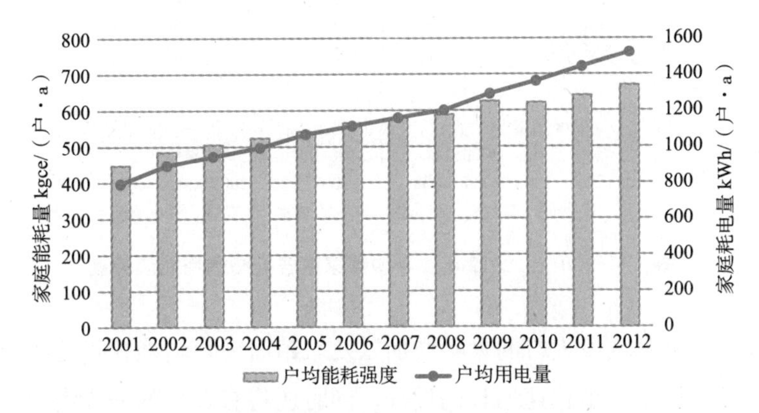

图 7.2　2001 年到 2012 年逐年城镇住宅家庭用能量

从家庭各类终端用能量来看（图 7.3），炊事、照明和家电在城镇住宅中的比例较大，炊事和照明能耗总量基本维持稳定，这是由于技术因素的进步提高能效和使用与行为因素没有明显的增长趋势所共同造成的；空调、夏热冬冷地区采暖、生活热水和家电的需求都在持续增长，从技术因素分析，空调、生活热水以及大部分家电的能效都在提高，使用与行为因素的驱动，是促使这几类能耗强度增长的主要原因。具体分析，空调平均使用时间在延长，越来越多的房间安装了空调，而空调设定温度也有降低的趋势；夏热冬冷地区采暖需求增长明显，各种分散式采暖设备逐步取代局部采暖设备，一些地区开始采用集中供暖系统，采暖使用方式逐渐从局部取暖转变为北方的“全时间，全空间”采暖方式，大大地增加了采暖所需的热量，使得该类能耗明显增长；由于卫生条件的改善，居民生活热水用量和使用频率也在增加，生活热水能耗量还有明显的增长趋势。

由各个终端用能项的需求分析不同类型能源变化的趋势：1）空调、南方采暖和家电的用能需求增加，这几类终端用能以电力为主，所以家庭用电量增加；2）天然气逐步取代煤作为炊事燃料，同时，生活热水用能需求增加，燃气热水器用能量增加，同时，用于采暖的燃气壁挂炉拥有量也在不断增长，这些都促使家庭天然气用量增加；3）液化石油气主要为炊事和生活热水提供热量；4）城镇住宅中煤主要用于炊事、生活热水以及采暖，正逐步被其他类型能源取代。

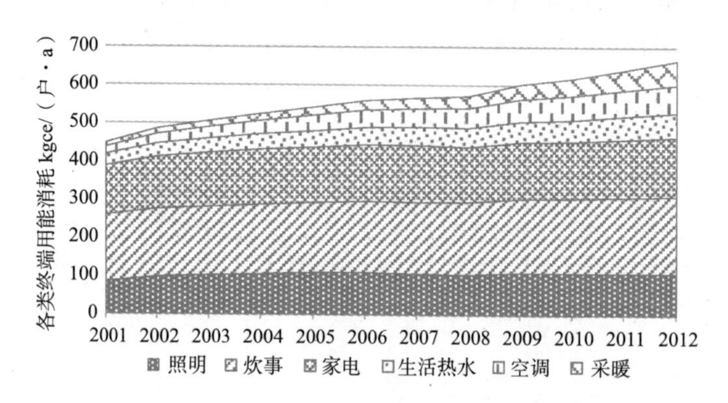

图 7.3　2001 ~ 2012 年逐年城镇家庭各类终端用能消耗量

综合以上，由于城镇人口的大幅增加以及城镇居民户均能耗强度的增长，城镇住宅能耗总量经历了一个快速增长的过程，同时还将有较大的增长潜力。空调、夏热冬冷地区采暖、生活热水以及家电用能需求的增加，是促使户均能耗强度增长的主要原因。在各类终端用能需求增长的同时，住宅用能能源类型结构也在发生变化，电力、天然气和液化石油气成为城镇住宅中的主要能源类型，煤将逐步从城镇住宅用能中消失。

7.1.2　中外住宅能耗对比

（1）住宅用能整体情况对比

为分析中国城镇住宅能耗现状，这里结合国际能源署（IEA）、美国能源信息署（EIA）以及日本能源经济研究所（IEEJ）公布各国的建筑能耗数据，进行中外住宅能耗对比，分析我国当前城镇住宅建筑能耗水平和能源结构，并对其能耗差异及主要原因进行讨论。

相对于发达国家，中国城乡发展水平有较大的差距。在第 4 章对我国宏观建筑用能的特点及分类中，归纳了由于能源使用种类、建筑形式、终端能源消费方式和结构等方面的差异，城乡住宅建筑用能应区分考虑。比较而言，我国城镇住宅用能方式与发达国家住宅用能情况更为接近，因而这里仅将城镇住宅用能与国外做对比。

对比各国的住宅户均能耗和单位面积能耗强度，如图 7.4。户均能耗强度大致

分为三个水平：1）美国的户均能耗大大高于其他国家，超过 7tce/（户·a）；2）其他发达国家住宅能耗强度水平接近，约在 2 ~ 4tce/（户·年）之间；3）发展中国家的户均能耗强度基本在 1tce/（户·a）以下。而单位面积能耗强度也存在三个差异明显的水平：美国等发达国家（俄罗斯除外）能耗强度约为 35kgce/（m^2·a）；俄罗斯单位面积能耗大大超过其他发达国家，分析来看，主要是由于其人均住宅建筑面积仅为其他发达国家的一半（图 7.5），而且俄罗斯气候寒冷，采暖需求远大于其他国家，也是其单位面积能耗高的原因；发展中国家单位面积能耗强度约为 15kgce/（m^2·a），户均和单位面积住宅能耗强度都明显低于发达国家。

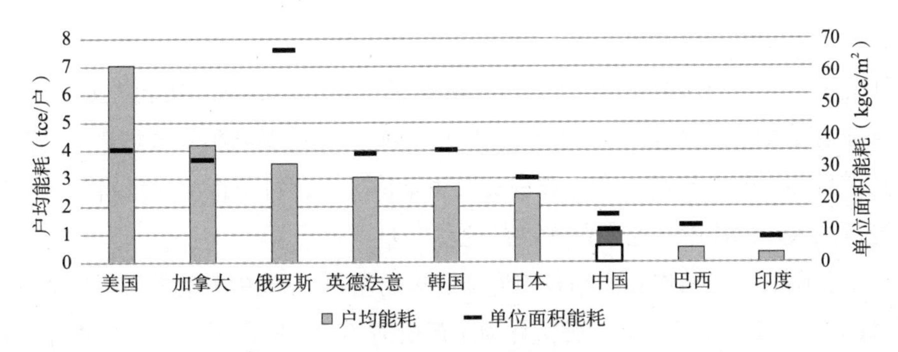

图 7.4　中外住宅建筑能耗对比（2010）

注：考虑中国建筑用能分类和国际分类方式差异，本图表述两种城镇住宅用能强度：1）含北方城镇采暖用能，能耗强度为灰色柱和深色线条；2）不含北方城镇采暖部分用能，能耗强度为浅色线框和浅色线条。

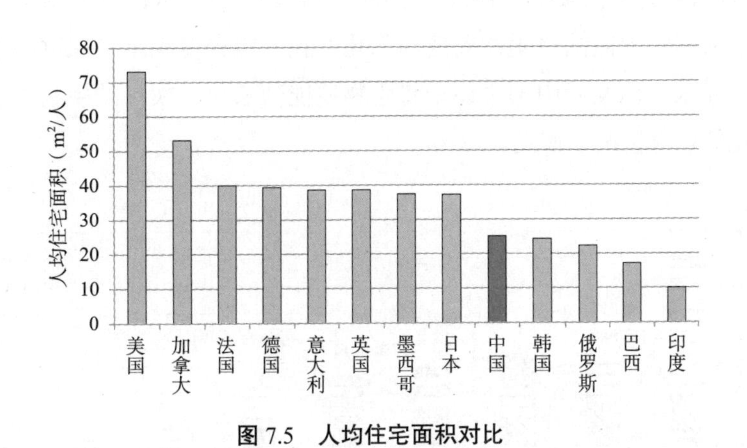

图 7.5　人均住宅面积对比

发达国家与发展中国家住宅用能水平的差异，可以认为是由于经济和社会发展水平不同所致；而发达国家之间也存在差异，因而经济和社会发展水平不同并不能

完全解释住宅能耗强度的差异。具体而言，由于住宅用能与经济活动没有直接关系，只能认为是由于经济水平高，各类家庭用能设备拥有率高，平均每户家庭用能设备较多，导致住宅能耗高；收入水平和社会发展程度接近的发达国家住宅能耗的显著差别，更多的可能是由于生活方式不同所造成。

对比中外住宅用能强度，中国户均住宅能耗仅为美国的 15%，单位面积能耗强度不到美国的一半。有专门针对中外住宅用能差异的研究[229][230]指出，生活方式的不同是造成家庭用能量差异的主要原因。同时，户均面积不同也使得照明、空调和采暖的需求有所差异。下面从各家庭能源使用种类和用能项的强度两个维度对比中外住宅用能的差异。

（2）各类能源用量对比

住宅中的商品用能包括电、燃气、煤和液化石油气等，通过用能类型比较发现，在 IEA 能耗数据统计体系中将热(heat)作为一种能源(主要满足采暖和热水的需求)，在无法获得国外生产热的一次能源种类及用量情况下，特别指出这里将“热”作为一次能源加入户用能中，与实际一次能耗存在差异。

由于各国的资源条件和家庭各用能项需求的差异,住宅中各类能源比例不同（图 7.6、图 7.7）。可以发现，电（已折算为生产所需的一次能源量）是住宅中主要的能源类型，约占住宅用能的 40% ~ 70%；天然气在发达国家（日本除外）家庭中广泛使用；油品（如液化石油气，煤油等）在印度和巴西家庭中的比例较大；中国北方地区气候寒冷,热力（供暖）消耗约占总的家庭能源消耗的 41%（折算为一次能耗）；美国、加拿大和欧洲四国将生物质能商品化，在一定程度满足了家庭用炊事或生活热水的用能需求，而发展中国家还未将生物质能商品化，大量的生物质能通过直接焚烧或者在低效率情况下使用。

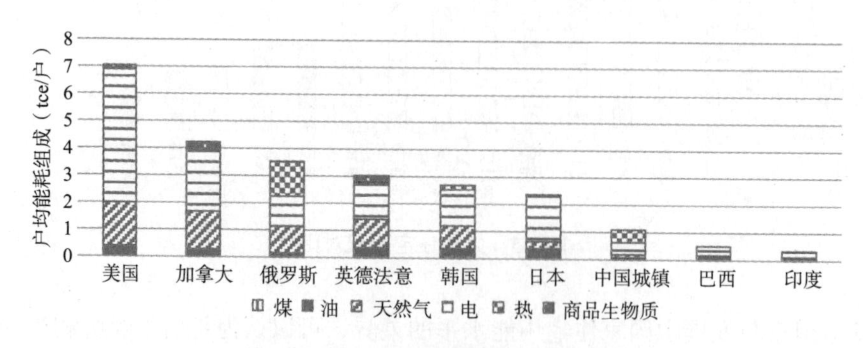

图 7.6　各国住宅商品能源户用能强度

注：图中热力消耗已折算到一次能耗。

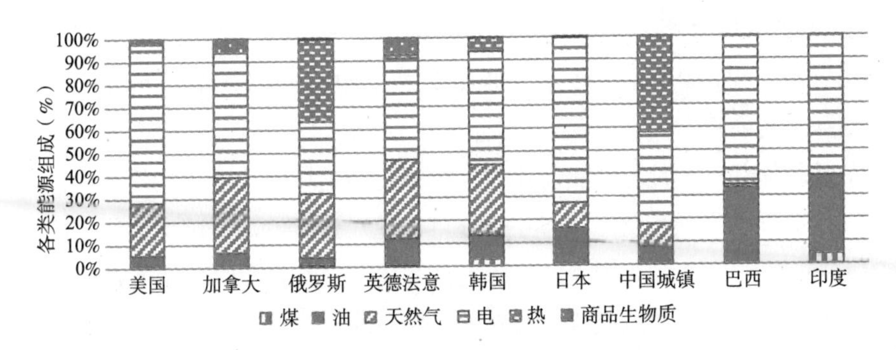

图7.7　各国住宅商品能源户用能强度比例

（3）家庭用能项的能耗比较

参考IEA、EIA、IEEJ等对家庭用能项的分类，在中外能耗对比时，将住宅中用能项分为照明、家电、空调、采暖、炊事和生活热水等六类。其中，照明、家电和空调主要使用电力；而采暖、炊事和生活热水用能的类型包括电、燃气、煤或者液化石油气（LPG）。在分析各类用能项用能量时，仍采用一次能源比较。

比较各种终端用能项的户均能耗强度（图7.8）可以发现，美国各类家庭用能项户均能耗均明显高于其他国家，其最大的用能项是采暖，其次为家电和空调。炊事用能是家庭用能比例最小的部分，且各国炊事用能强度差别不大，除非出现大的炊事方式变革，炊事能耗不会成为建筑能耗增长的主要因素。其他用能项均有较大的差异，如果不加以引导控制，都可能导致我国住宅建筑能耗显著增长。以空调能耗为例，美国户均空调电耗约2000kWh，是中国该项能耗的5倍以上；家电户均能耗是中国的近7倍，随着居民收入提高，家电拥有率继续提高，高能耗电器如烘干机、洗碗机等可能大量进入家庭，家电能耗将大幅增长。

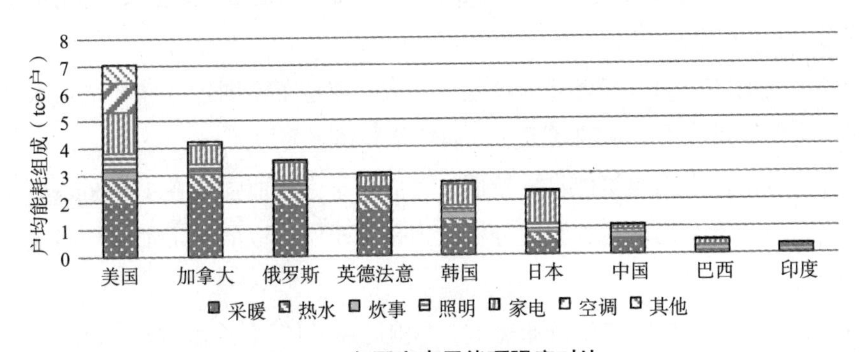

图7.8　各国家庭用能项强度对比

需要说明的是，中国住宅能耗为城镇住宅用能，包括北方城镇住宅采暖能耗（折合到全国城镇户均为 0.46tce/ 户），采暖能耗约占到中国家庭户能耗的 47%（包括夏热冬冷地区采暖能耗）。

本节从城镇住宅用能总体情况出发，分析了当前城镇住宅用能的现状特点以及各个终端用能项的发展趋势。通过中外住宅能耗对比，发现我国城镇住宅能耗处于较低的水平；各国住宅终端用能的能源类型结构不同，各类终端用能强度也存在明显差异；生活方式可能是造成这个差异的主要原因。如果沿着发达国家城镇住宅建设和用能方式的路线发展，未来我国城镇住宅用能量还将大幅增长。

7.2　城镇住宅用能影响因素与节能潜力

7.2.1　用能情况调查数据分析

为了解城镇住宅用能情况，清华大学在 2008 ~ 2009 年以及 2012 ~ 2013 年组织了两次大规模的城镇住宅用能情况调查。第一次调查共收集 4594 份有效问卷，覆盖了北京、上海、武汉、银川、温州、苏州和沈阳 7 个城市；第二次调查收集了 2434 份有效问卷，主要调查了北京、上海、银川和重庆等地。用能数据包括家庭全年电、天然气、液化石油气和煤等用量。

分析 2008 ~ 2009 年调查得到的家庭用能量如图 7.9，将用电量按照当年的发电煤耗进行折算，而其他类型能源按照其含热量折算。可以看出各地家庭户均能耗差异巨大，上海、沈阳家庭用能量最大值都超过了 10000kgce/（户·a），而最小值不到 50kgce/（户·a）；75% 以上的家庭，家庭能耗值在 1500kgce/（户·a）以下；各地家庭能耗中位值分布在 650 ~ 1120kgce/（户·a）之间。比较家庭用能量，直观来看有以下几点认识：

第一，同地区不同家庭能耗强度差异巨大，超过了不同地区能耗平均水平的差异，这说明气候条件不是影响城镇住宅能耗差异的主要原因；

第二，城镇住宅用能整体水平较低，大部分家庭用能强度在 1000kgce/（户·a）左右，调查值高于全国平均水平，分析认为是由于所选取的城市都属于当地生活水平较高的省会或直辖市；

第三，从图 7.9 按照城市分布来看，沈阳、银川等夏季温度较凉爽，而武汉、温州等地有较大空调用能需求，在不计入北方地区城镇住宅采暖能耗的情况下，

可以认为自北向南户均能耗平均水平逐步增长，气候条件对住宅能耗平均水平有一定影响。

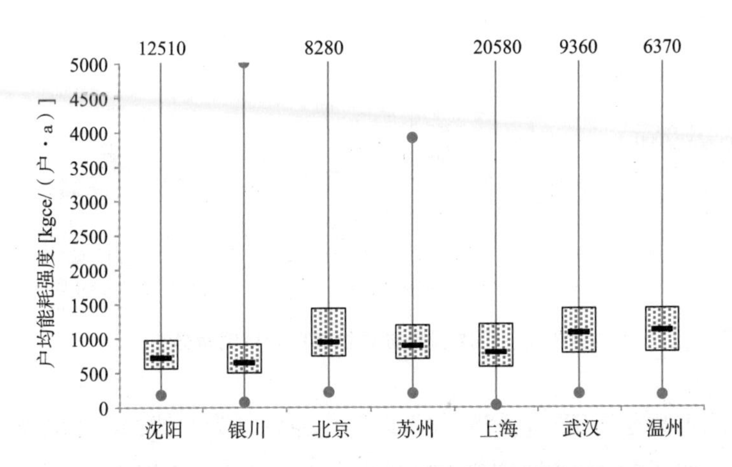

图 7.9　2008 ~ 2009 年 7 个城市居民家庭能耗总量分布

研究两批调查获得的家庭电耗强度分布，各地家庭用电量同样有较大的差异，平均用电水平从 1330kWh/（户·a）（银川）到 2680kWh/（户·a）（温州），近 1 倍的差异。分析来看，有以下几点认识：

第一，如果认为大部分居民已满足生活基本需求的情况下，各地家庭用电合理的水平在 1330 ~ 2680kWh/（户·a）之间；分析认为家庭用电的差异，主要由于在电器、空调和生活热水等各个终端用能项的使用方式或者家庭建筑面积大小方面，有着较大的差异；

第二，由于气候条件的原因，武汉、温州等使用空调需求较大，可以认为是造成高于其他地区能耗水平的重要原因；同样银川、沈阳用电水平低于其他地区，也一定程度反映了夏季空调使用需求较少对家庭用电的影响；

第三，比较两批调查都包括的北京、上海和银川的家庭用电情况，一方面，从平均用电水平和主要用电分布区间来看，整体有所提升；另一方面，主要用电区间的分布范围扩大，可以认为居民家庭用能方式差异增大，即在整体用能强度增长的同时，家庭生活方式更加多样化。

从影响家庭各个终端用能项使用方式的条件来看，经济收入、家庭人口和建筑面积都可能是家庭能耗差异的原因。研究这几项原因对家庭能耗产生的影响，可以用于分析未来这几项宏观参数的变化对宏观建筑能耗产生的影响。

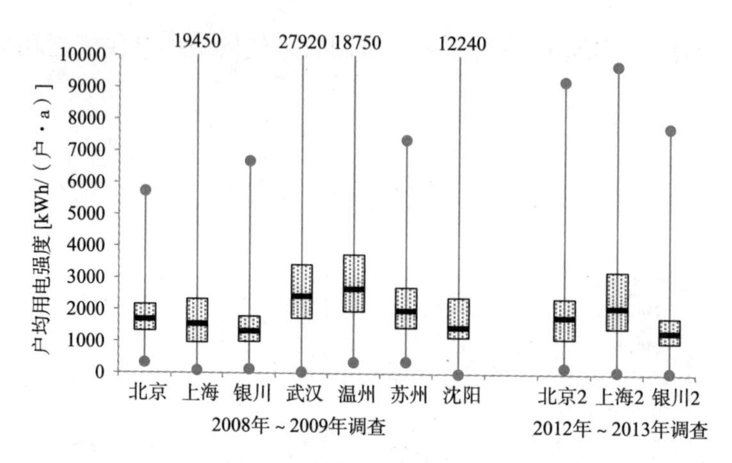

图 7.10　两次调查城镇住宅户均用电量分布

以北京调查数据为例，将经济收入以等距原则分为 5 档，比较其家庭能耗强度之间的差异，如图 7.11；按照家庭人口规模大小，分为 4 人以上、3 人、2 人和 1 人家庭进行能耗比较，如图 7.12；对于家庭面积分析，样本的家庭面积主要分布区间为 55 ~ 86m^2/ 户，最大达到了 205m^2，而最小只有 4m^2，根据建筑面积分布的特点，以 120m^2 以上，90 ~ 120m^2，70 ~ 90m^2，60 ~ 70m^2，50 ~ 60m^2 以及 50m^2 以下分区进行家庭能耗比较，如图 7.13（除最大和最小的两个区间外，其他各个区间样本均接近于 200 个）。

基于调查数据，下面从经济收入、家庭人口和面积三个因素对家庭能耗的影响进行分析，从而研究未来发展趋势。

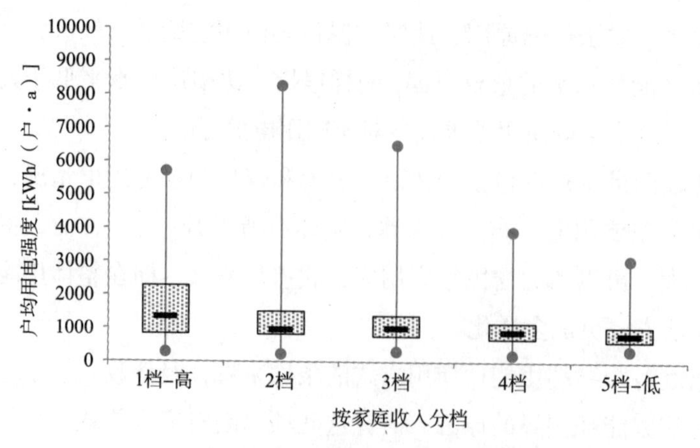

图 7.11　北京地区按照家庭收入比较能耗强度分布

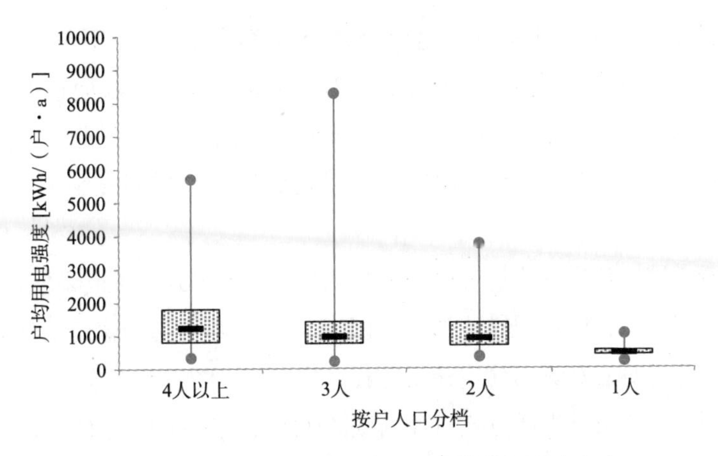

图 7.12　北京地区按照每户人口比较能耗强度分布

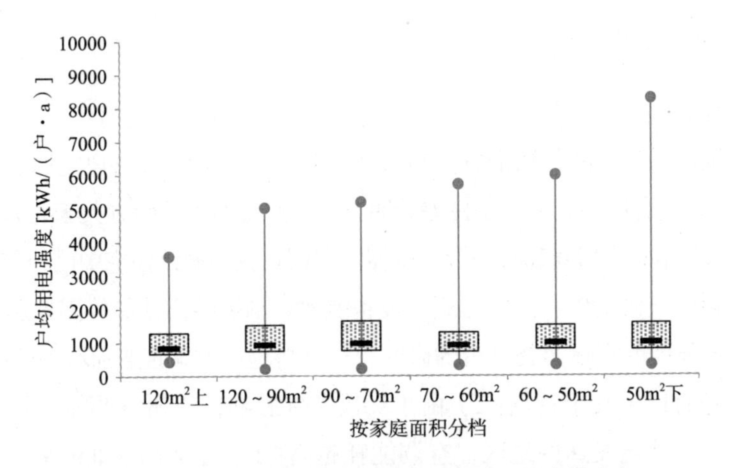

图 7.13　北京地区按照家庭面积比较能耗强度的分布

从经济收入方面看，首先，即使在同等收入水平，住宅能耗差异也十分明显，即经济因素不是引起家庭能耗差异的主要原因；其次，经济收入较高的家庭，能耗平均水平以及主要能耗分布区间要高于较低的家庭，说明随着经济收入的增加，人群整体能耗强度有增加的趋势；第三，收入越低的家庭群体，主要用能强度分布区间较为集中，而收入越高，家庭用能强度分化越明显，即随着选择增多，在满足基本需求的能耗基础上，能耗强度增加的幅度有较大的差异。

从家庭人口方面看，首先，家庭人口越多，能耗平均水平以及主要分布区间要越高；其次，家庭 3 口和 2 口人的情况下，能耗平均水平差别不大。

从家庭建筑面积看，尽管家庭面积有较大的差异，能耗平均水平和主要分布区间差异并不明显。分析来看，建筑面积大小主要影响采暖和空调能耗强度，在北京地区，采暖以集中供热形式，这里统计的家庭用能数据中不包括采暖能耗；而调查显示，夏季空调平均能耗强度约 2 ~ 3kWh/m^2，如果建筑面积差 10m^2，能耗强度差别也只有 20 ~ 30kWh/（户·年），因而建筑面积对家庭能耗总量影响较小。但在南方地区，空调能耗较大的情况下，建筑面积大小将明显影响家庭能耗强度平均水平。

总体来看，城镇住宅家庭能耗强度差异明显，生活方式的不同是使得家庭能耗强度差异的主要因素。分析不同经济收入、建筑面积和家庭人口与家庭能耗大小的关系，这些因素的变化将对宏观城镇住宅建筑能耗产生影响。随着经济收入增加，家庭能耗强度有增长的趋势，引导生活方式对控制城镇住宅能耗有着十分重要的作用。

下面从各个终端用能项来具体分析城镇住宅能耗影响因素及主要问题。

7.2.2　夏季空调问题

（1）能耗状况

从国家统计局公布的数据来看，2012 年，我国城镇居民每百户空调器拥有量达到 126.81 台，考虑到我国南北气候条件差异明显，对空调的需求南方大于北方，夏热冬暖地区一些家庭基本每个房间都有一台空调器。空调在我国城镇住宅中已经非常普及。

空调能耗受气候条件、使用方式、设备能效和围护结构性能等因素影响。整理已有对空调能耗强度的实际调查分析的研究，得到各地区空调能耗强度如图 7.14。可以归纳空调能耗有以下几个特点：1）由于气候条件影响，广州空调能耗较高，一般来看位置越南、经济越发达的地区，空调能耗越高；2）比较上海和武汉不同年份空调能耗，空调能耗强度有增长的趋势；3）尽管我国南北气候差异明显，不同地区空调能耗平均之间的差异不大，以简毅文等[231]和李兆坚等[232]对北京住宅空调能耗的调查来看，不同地区空调能耗水平的差异甚至小于同一城市同一建筑中不同住户之间的能耗水平。

除分体空调外，住宅中常见的空调设备还有户式集中空调以及楼栋或小区的中央空调。林小闹等[245]通过模拟的方法分析了不同形式的户式集中空调系统能耗，在湛江地区各种类型户式集中空调能耗强度约在 8.5 ~ 14.8kWh/m^2 之间（2005）。李兆坚[232]调查测试（2012）得到北京地区户式集中空调能耗强度约 8kWh/m^2，高于当地分体空调能耗水平，而中央空调能耗强度则达到 19.8kWh/m^2。

由以上能耗数据的分析，气候条件对空调能耗有一定的影响，然而生活方式和系统形式对于空调能耗强度的影响则非常明显。

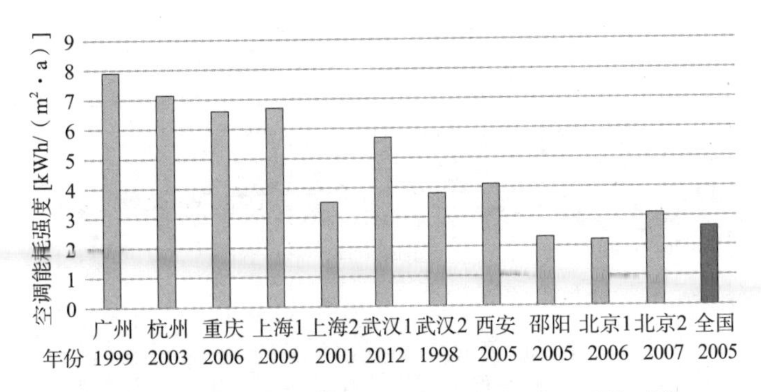

图 7.14 各地夏季分体空调能耗调查数据整理 [233] ~ [244]

注：1）图中年份一行表示文献中与之对应的空调能耗数据获得的年份；

2）上海、武汉和北京分别有多组数据，用编号区分。

2013 年，对北京、南昌和广州等地居民空调能耗进行了详细的测试，选择测试的样本收入为当地家庭中等水平，得到各地空调 7、8 月份能耗量及强度（图 7.15），除案例南昌 2 外，其他各个案例实测空调能耗水平都在 3kWh/m² 以下。南昌 2 家庭中育有婴儿，开启空调的时间大大高于其他家庭，即使这样，其空调能耗也低于 9kWh/m²。

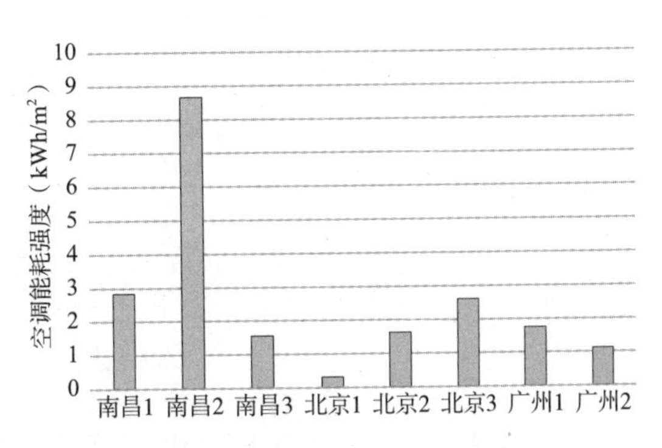

图 7.15 2013 年各地实测家庭空调能耗强度

测试阶段，实测得到室内温度分布范围如图 7.16。可以看出，各户室内平均温度约为 30℃（南昌各户的室内最高温度约为 36℃，北京、广州各户最高温度约为 33℃）。从空调功率测试情况分析，各户夏季没有连续使用空调的；从问卷调查和测试数据分析，居民通常感觉到热了以后，才开始开启空调。

从文献调查和实测数据看，我国空调能耗强度水平约在 2 ~ 10kWh/m² 之间，由于气候条件不同，南北能耗强度有所差异；随着经济发展能耗强度有所增加。从研究选择的案例详细的测试和问卷调查中发现，经济因素对空调使用量影响不明显，大部分居民的生活习惯与勤俭节约的消费观念，保持了根据实际需要使用空调的使用与行为方式。从宏观能耗数据比较来看（图 7.17），我国空调能耗强度不到美国的 1/7，也低于其他发达国家；从气候条件分析，美国气候条件与中国接近，其他发达国家空调需求明显少于中国，我国绝大部分地区夏季有空调的需求。有研究选取中国和美国家庭能耗进行案例对比，指出使用方式的不同是造成空调能耗差异的主要原因 [229]。

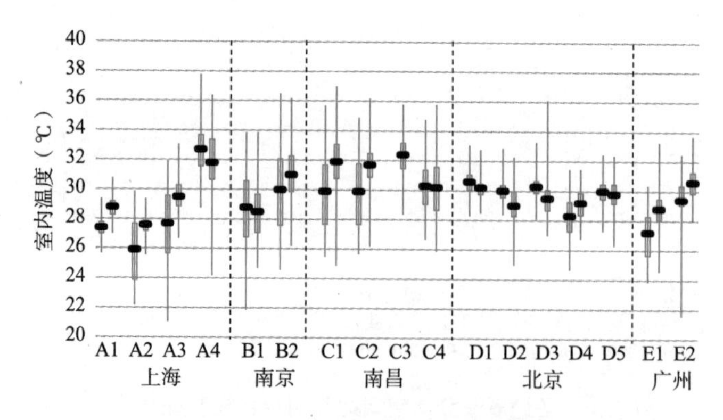

图 7.16　2013 年各地实测夏季室内温度分布

注：1）横坐标表示各地家庭编号；2）每户对应两个分布值，左侧为卧室温度，右侧为客厅温度。

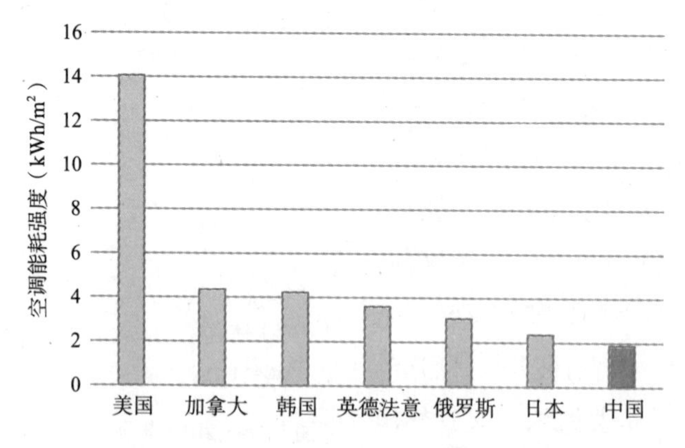

图 7.17　2010 年各国住宅空调能耗强度

如果采用中央空调或者户式集中空调，从实际调研的数据来看，即使北京的空调能耗强度分别达到 19.8kWh/m^2 和 8kWh/m^2，如果推广这两类空调系统，空调能耗强度将在当前的水平上大幅增长。

下面将分析影响空调能耗的因素，并结合空调使用特点，分析其中一些技术的应用效果。

（2）技术与行为因素问题

已有一批研究，对空调能耗的影响因素进行了分析。李兆坚等[242]认为，空调运行模式是影响住宅空调能耗的重要因素，住宅空调行为节能的潜力和“耗能”潜力均很大；通过实际测试[246]指出室内空调温度对空调能耗的影响较大，空调室温从 25℃提高到 26℃，空调能耗减少约 23%，空调运行期间开启内门可使空调能耗增加 1.4 倍，即住宅空调行为节能的潜力很大；而研究[247]还认为提高建筑围护结构保温性能对减

少空调负荷和能耗的效果不明显，并可能起到相反作用。而叶国栋等[248]研究指出，在考虑居民实际使用方式的情况下，在夏热冬暖地区住宅中应用墙体保温，全年累计空调负荷最大可以降低 5.6%，考虑实际投资的经济性与保温材料的生产能耗，在该地区推广围护结构保温不能有效促进节能。谢子令等[249]研究认为窗的传热系数对夏季空调能耗的影响与空调运行模式相关，分析其研究结果，无论在哪种模式下，即使窗的传热系数降低 20%，空调能耗变化都不超过 1%，即窗的传热系数对空调能耗强度的影响有限。朱光俊等[250]通过模拟分析认为，室内人员作息、空调控制温度和开启空调的容忍温度是影响空调能耗的重要因素，其中开启空调的容忍温度影响最大。

综合考虑已有研究中对外墙、外窗的性能以及开窗通风、空调开启时间和使用的房间等使用与行为因素，建立 DeST 能耗模拟模型，对上海地区典型住宅空调能耗进行模拟分析（图 7.18）。

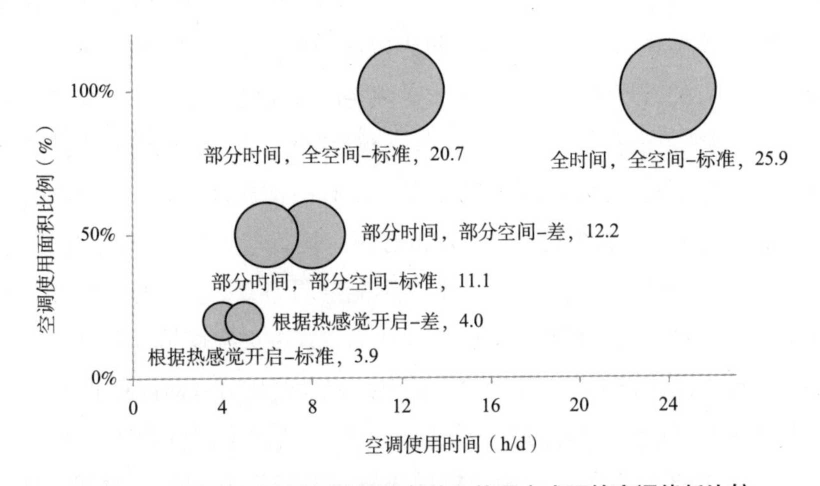

图 7.18　上海地区不同围护结构条件和使用方式下的空调能耗比较

注：1. 图中圆圈的大小表示能耗量，图中数值为单位面积能耗，单位（kWh/m^2）；
2. 横坐标根据居民部分时间的使用习惯测算的使用时间，纵坐标为根据房间有人采暖的模式设定；
3. “全时间”指采暖期全天 24h，“部分时间”指居民在家使用空调时间，通常为下班回家到第二天上班时间，“根据热感觉开启”指当室内温度高于 30℃时才开启空调；
4. “全空间”指住户中所有房间，“部分空间”指居民家庭中有人在的房间；
5. “标准”指符合《夏热冬冷地区居住建筑节能设计标准》JGJ 134–2010 对建筑围护结构性能的要求。“差”指不符合上述标准的要求，根据调查得到的既有建筑围护结构性能水平确定；
6. 空调能效比采用标准中给出的 2.3 计算。

从图 7.18 分析可以得到以下几个结论：1）使用模式是影响空调能耗的主要因素。无论围护结构性能是否符合标准，由于使用方式不同，能耗强度有较明显的相对大小："根据热感觉开启"模式能耗（约 4kWh/m^2）<"部分时间，部分空间"使用模式能耗（约 12kWh/m^2）<"全时间，全空间"使用模式能耗（大于 20kWh/m^2）；2）在"根据热感觉开启"和"部分时间，部分空间"两种模式下，围护结构的性能对空调能耗的影响有限；3）当采用"全时间，全空间"空调模式时，单位面积能耗为 25.9kWh/m^2，约为该地区当前空调能耗水平的 5 倍。

根据实测和调研的情况来看，当前大部分居民都采用"根据热感觉开启"的使用方式。2008 年调研的数据显示，对于在什么情况下开空调，北京和上海居民分别有 92% 和 94% 的居民选择"在房间里,感觉热了才开"的方式。采用这样的使用模式，主要原因并不是由于能源价格的影响，而是居民长期形成的节约的使用习惯；而居民会根据自己的实际需求和室外环境条件，选择开窗、使用电风扇或者开启空调来满足其对热舒适的需求。

调查对空调系统形式的研究，李兆坚等[232]认为分体空调仍然是目前最节能环保且经济实惠的住宅空调方式，在住宅建筑中应该积极推广分体空调。韩欣欣等[251]研究则认为，与现有的常规集中空调和分体空调器进行比较，分布式供冷在节能和减排方面具有很大优势,值得在住宅小区中提倡。分析其设定的空调使用方式,是夏季 6 ~ 9 月全时间使用，而调查得到的实际使用情况，没有一直开启分体空调的使用方式。因此，其研究结论不一定支持实际运行情况的分析。崔毅等[252]定性地分析了分体空调、多联机、户式中央空调、小区集中供冷和太阳能空调等类型空调的优缺点，在考虑美观、开发商建设和物业管理便捷等条件下，认为户式中央空调是将来发展的趋势。这个研究没有考虑不同设备形式对使用方式的制约以及使用方式对能耗的影响。

综合以上对空调能耗影响因素的分析，使用方式的不同可能造成能耗强度数倍的差异；在当前大部分居民采用的"根据热感觉开启"和"部分时间，部分空间"模式下，围护结构保温水平的差异对能耗影响不大；而分析当前各种空调设备的能效,技术方面难以实现成倍的提高。由此看来,使用方式是产生能耗差异的主要原因,也是未来空调节能的关键因素。

（3）应对措施

从空调能耗影响因素来看，空调的使用方式（设定温度、开启时间和空间）对空调能耗将产生明显的影响。当前我国居民大多选择根据实际室内环境状况和需求开启空调，这样的方式一方面能够满足实际居住需求，另一方面，空调能耗水平也远低于"全时间、全空间"使用方式。从围护结构性能和空调设备能效比等技术因素方面，很难改变这个相对关系。因此，应注重空调使用模式的节能。

空调设备或系统的形式将影响其使用方式。对于以楼栋或小区为对象的中央空调系统，为保证不同用户的需求，在夏季通常全天运行。而实际居民生活作息差异明显，不同住户在家时间不同，实际需要空调的时间也不同，中央空调系统不能针对不同需求灵活的调节，造成实际能源浪费，这是中央空调系统能耗大大高于同地区分体空调能耗的主要原因。户式集中空调，虽然可以根据需求选择开启的时间，且运行后居民可以自由选择开启空调的房间，然而一旦开始运行，如果居民仅使用部分房间，将使得系统运行在低负荷率下，能效较低；如果居民不能调节或者由于户式集中空调的特点疏于分别调节各个房间的空调运行状况，同样也将增加空调能耗。根据实际调查数据，分体空调是各类空调系统中能耗强度水平最低的系统形式，并非因为其能效高，而是由于其方便居民根据实际需求自由控制空调运行状况，能够满足不同的使用需求。

因此，空调节能的关键在于引导居民保持节约的使用方式，在满足实际需求的情况下，避免因长时间在无实际空调需求情况下设备仍然运行所造成的能源浪费；推广适宜于居民实际需求、便于自主调节的空调设备；解决分体空调在安装美观、冷凝水处理等方面的问题，使得分体空调在实际应用中得到更多的认可。

从当前采集到的空调能耗强度数据，以及按照“部分时间，部分空间”使用模式的模拟分析，在技术可以实现的条件下，不同地区空调能耗强度可行的控制见表 7.1 所示的能耗强度值。

不同地区空调能耗强度可行的控制目标（kWh/m^2）　　**表 7.1**

气候区	当前	未来
严寒及寒冷地区	2	4
夏热冬冷地区	2 ~ 8	10
夏热冬暖地区	6 ~ 10	12

7.2.3　夏热冬冷地区采暖问题与发展途径

（1）能耗状况

针对夏热冬冷地区采暖问题，一些研究从其能耗、设备形式和围护结构性能等方面进行了研究。从系统形式来看，主要有分散式热泵空调、燃气壁挂炉配地板采暖，以及各种局部采暖设备，部分城市也有一定量的集中采暖设施。整理已有调查得到的各类分散式采暖设备能耗如图 7.19，可以看出采暖电耗平均水平约为 3 ~ 4kWh/（m^2·a），最大约 14kWh/（m^2·a），存在明显的能耗差异。

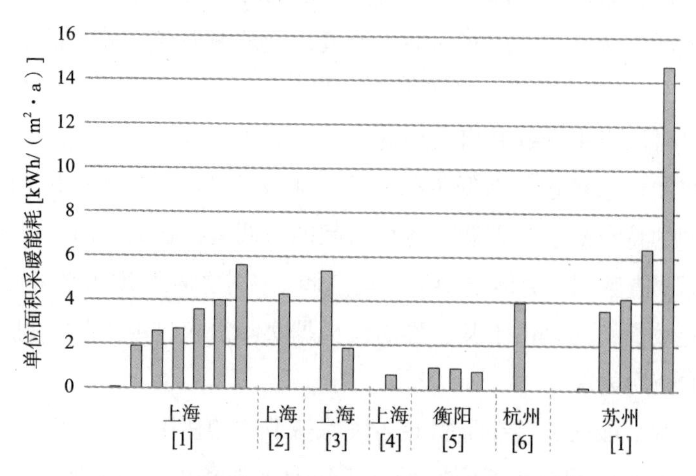

图 7.19 夏热冬冷地区分散式采暖设备电耗调查

数据来源：1. 李哲 . 中国住宅中人的用能行为与能耗关系的调查与研究 . 清华大学硕士学位论文，2012；

2. 邱童，徐强，王博，胡立峰 . 夏热冬冷地区城镇居住建筑能耗水平分析 . 建筑科学，2013，29（6）：23-26；

3. 李振海，孙娟，吉野博 . 上海市住宅能源消费结构实测与分析 . 上海：同济大学学报，2009，37（3）：384-389；

4. Brockett D，Fridley D，Lin J M，et al. A tale of five cities：the China residential energy consumption survey. ACEEE Summer Study on Building Energy Efficiency，2002；

5. 符向桃，钱书昆，谢朝学，刘传辉 . 夏热冬冷地区住宅能耗特征与对策 . 建筑节能，2004，11：28-30；

6. 武茜 . 杭州地区住宅能耗问题与节能技术研究 . 浙江大学硕士学位论文，2005。

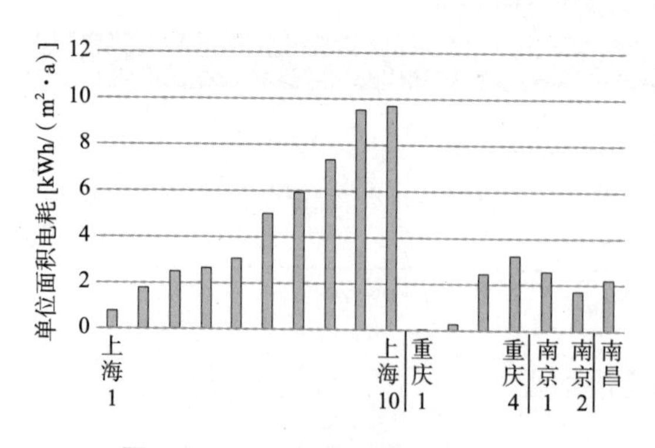

图 7.20 实测分散电采暖耗电强度

清华大学在 2012 ~ 2013 年冬季对上海、南京、重庆和南昌等 20 户居民采暖能耗和冬季室内温度进行了调查测试，主要采暖形式包括分体热泵式空调、燃气壁挂炉配地板采暖、电热散热器、电热地板以及一些局部采暖设备，整理测试得到的电采暖设备能耗如图 7.20。最大采暖电耗强度约 9.7kWh/（m^2·a），电耗平均水平在 2 ~ 4kWh/（m^2·a），与已有的认识接近；在上海（1 户）和南京（2 户）测得的 3 户使用燃气壁挂炉配地板采暖案例，能耗强度分别为 11.6kgce/（m^2·a），18.6 kgce/（m^2·a）和 21kgce/（m^2·a），南京的两个案例采暖能耗强度甚至高过了

北方城镇采暖能耗强度。

整理测试得到的各个案例家庭冬季室内温度，结合采暖设备使用时间分析，在采暖时室内温度多维持在 15 ~ 20℃之间；而未采暖时，室内温度约在 9 ~ 15℃之间，最低温度约 5℃。而结合人员在家时间分析看，各个家庭均有大量时间人员在室并且室内温度低于 15℃，而仍未开启采暖设施的情况。

分析影响采暖能耗强度的因素，主要包括围护结构性能、设备和系统形式以及性能，住户采暖设备或系统的使用方式等。下面将从这几个方面分析当前夏热冬冷地区采暖的主要问题。

（2）技术与行为因素问题

① 围护结构

影响采暖能耗的技术因素主要包括：建筑构造形式、围护结构性能和设备能效等。建筑构造形式包括建筑窗墙比、体形系数等，一方面，实际建筑基本满足节能标准规定的要求，另一方面，由于建筑构造还由外观、住户需求等因素影响，这里不做具体分析。

围护结构性能主要包括外墙、外窗和屋顶的传热系数及热惰性指标、建筑物气密性等。《夏热冬冷地区居住建筑节能设计标准》[253]JGJ 134−2010 中对各项指标明确提出了节能要求，而现有的技术完全可实现各项指标的要求。

比较严寒和寒冷地区建筑节能设计标准[254]，夏热冬冷地区围护结构保温性能还可以进一步提高。然而，一些研究[255] ~ [257]指出夏热冬冷地区增加外墙保温对总能耗影响有限，在满足现有标准要求的情况下，没有必要继续提高保温性能。也有研究认为，增加围护结构保温能够有效降低采暖能耗[258]，这是建立在冬季全天全部房间都采暖的使用情况下分析的，而实际很少有家庭按照这种方式进行采暖。采用 DeST 能耗模拟软件，对该地区上海、长沙、南昌和武汉四个城市在不同围护结构保温情况下的采暖节能效果和经济性进行分析[259]，认为提高围护结构保温性能不能明显减少冬季采暖能耗需求，当保温增加到一定量时，经济回收期将超过保温的使用寿命。

分析建筑气密性对该地区采暖能耗的影响，有研究指出，气密性是保证建筑外窗保温性能稳定的重要控制性指标[260]，加强气密性可以有效减少供暖能耗[261] ~ [263]，同时，通过采用热回收可以有效的节省采暖能耗[264][265]。

在提高气密性的同时，需考虑室内通风换气要求。当建筑气密性达到一定程度后，需加入机械通风以满足通风需求。以上海为例，通过模拟分析研究提高气密性对采暖能耗的影响[266]，在室内保证 1 次通风量要求下，提高围护结构的气密性等级后需要增大机械通风量，增加了风机能耗，冬季建筑总能耗增加，即使增加排风热回收装置，由于风机能耗增大，以致采暖和通风总能耗仍然增长。

综合以上，夏热冬冷地区围护结构保温或气密性都应根据实际气候条件适度选择，提高保温性能或气密性并不一定能够实现降低能耗的效果。因此，应在满足当前的建筑节能标准给出的性能指标情况下，根据实际情况进行建筑节能设计。

② 设备和系统

从采暖设备的集中程度，可以将采暖设备分为局部采暖设备、分体空调、户式集中采暖设备以及集中供暖系统等。2012年通过问卷调查获得各类设备的分布如图7.21，有效样本量为761户。从调研的数据看出，没有采暖设备的家庭仅占2%；家庭采暖方式多样，通常有几种采暖设备同时使用，最为常见的家庭采暖方式为分体空调配合局部采暖设备；统计来看，约80%的家庭使用了局部采暖设备和分体空调进行采暖；约12%的家庭安装了户式集中采暖设备，而采用集中供暖系统的家庭不到1%。不同技术采暖设备或系统的技术因素不同，如局部采暖的技术因素主要为设备功率，而分体空调器和户式集中采暖设备的能效比是影响其能耗的主要技术因素。下面分析比较各类设备的主要技术与使用方式特点。

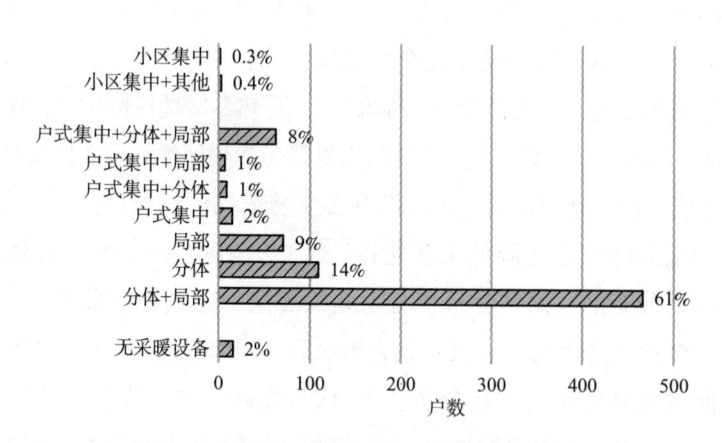

图7.21　2012年调研各类采暖设备拥有率

注：分体指分体热泵空调器；局部指局部采暖设备；其他，指除局部采暖设备或分体热泵空调器。

局部采暖设备：各种形式的电取暖设备如电火箱、小太阳电取暖器、电热毯和电暖宝等，满足使用者个体或房间的局部范围采暖需求。这些采暖设备以提高使用者所在空间附近空气温度或使用者热感觉为目的，而不是以提高房间温度为目标。其工作原理是将电能直接转化为热能，能耗量与设备的功率大小以及使用时间成正比。

分体空调：与局部采暖设备不同，分体空调以提高房间温度为目的，供热能效比是影响其能耗的主要技术因素。相比于户式集中采暖设备与集中供暖系统，分体空调有安装方便，初投资费用便宜的优势；在使用过程中，可以根据需求对不同分体空调进行开关控制，有利于减少由于人员不在室内而设备仍运行的浪费。

户式集中采暖设备：户式集中采暖设备的热源形式包括空气源、水源或地源热泵、燃气壁挂炉以及直接电热等，以电或燃气作为能源，末端形式主要包括地板辐射采暖形式和对流送风形式，采暖设备的能效比是其主要的技术因素。户式集中采暖设备通常以户为单位控制其运行状态，当人员长时间不在家时，可以关闭系统以减少无采暖需求而设备仍然运行的浪费。

集中供暖系统：目前在武汉、上海等地区有一部分住宅建筑采用了集中供暖系统，与北方城镇采暖所用的集中供暖系统相同，采用集中的热源产热，通过热力管网将热供应给末端用户，其采暖能源效率与热源产热效率、输配能耗与损失以及建筑耗热量相关。从气候条件分析，该地区采暖期一般约 2 个月，如果采用集中采暖，一年中大部分时间系统处于闲置，系统运行管理人员也将赋闲；同时，由于气温有比较明显的波动，集中采暖难以根据气温变化调节供热量，造成能源浪费。从资源条件来看，由于该地区缺乏煤炭、天然气等用于集中供热的燃料资源，有报道[267]指出热源不足是武汉集中供暖的重要问题，一旦出现能源供给不足，将影响集中供热系统运行。从既有建筑特点来看，该地区建筑注重通风，且气密性条件较差，同时围护结构没有保温或者保温水平较差，这些方面的原因使得在“全时间、全空间”采暖运行模式下，建筑耗热量甚至比北方还高。从技术因素角度分析，集中采暖系统不适宜在夏热冬冷地区推广应用。

需要指出的是，该地区水电资源充沛，有利于各种形式的热泵使用。目前有一些小规模的水源或地源热泵集中采暖系统，热取自于水或土壤中，末端主要是风机盘管的形式，系统所消耗的能源主要是循环水泵的电耗。此外，有研究[268]认为在有工业废水的地方，水源热泵可以充分利用废热，是住宅小区最佳的空调方式。这类系统需根据当地的实际条件设计应用，一般以小区为规模。虽然也属于集中供应热力的系统，但是在热源类型、规模、末端形式等方面，都与热电联产或锅炉供暖有较大的差别。本章所讨论的集中采暖系统不包括这类系统。

不同技术对于设备的使用有约束，例如集中采暖系统由于末端可调节性较差或者按采暖面积进行收费，末端基本不调节运行状态；采用地板辐射采暖末端的家庭，通常全部房间运行。下面从影响采暖能耗的使用与行为因素的角度进行分析。

③使用与行为

影响采暖能耗的使用与行为因素包括居民开窗行为、采暖设备的使用时间、使用的数量或空间等。

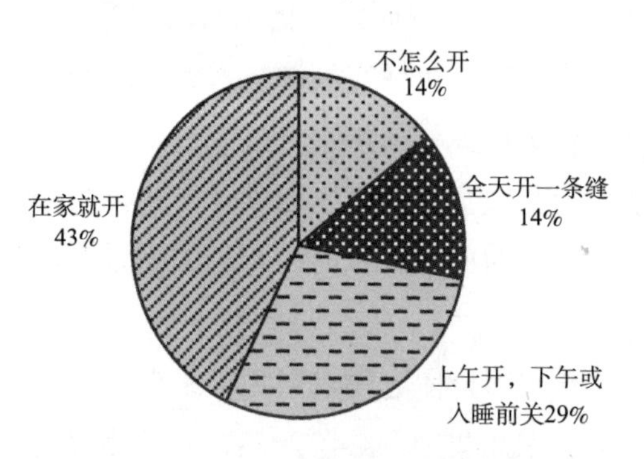

图 7.22　2012 年上海地区开窗行为调查结果

为了保持室内空气清新，夏热冬冷地区住户即使在冬季也习惯经常开启外窗通风换气。2012 年冬季调查的情况显示（图 7.22），保持冬季开窗行为的用户约占 85%，其中有大部分居民在家就开窗。当采暖时开窗通风将增加采暖能耗，特别对于集中采暖系统，由于居民保持开窗的习惯，而采暖末端通常连续运行，开窗增加了采暖能耗实际造成能源的浪费。开窗也会影响居民使用分体空调的行为，问卷调查反映，我国绝大部分居民在开窗的情况下，不会开启分体空调进行采暖。

局部采暖的使用方式与人员在室的情况紧密相关，这是由于其使用功能是满足人员活动区或人体局部热舒适。局部采暖设备的能耗设备功率和使用时间相关，设备的使用时间是影响局部采暖的使用与行为因素。

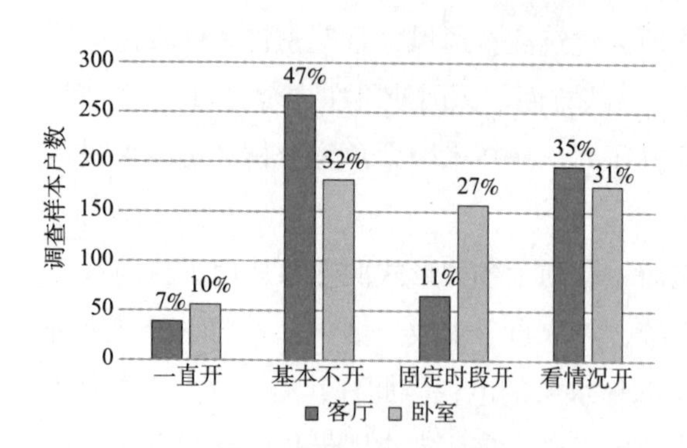

图 7.23　2013 年调查分体空调采暖使用方式

2013 年初对于分体空调的使用方式进行调查显示（图 7.23），只有很少一部分居民家庭保持空调常开，而客厅采暖基本不开的比例接近 50%，卧室也有近 1/3 的家庭基本不开。不同房间开启采暖的时间不同，表明居民在家开启采暖时，并非同时开启各个房间的，而是根据人员在室情况的需要选择开空调的房间。

从调查的结果来看，户式集中采暖设备通常连续运行，对于末端可调节的一拖多设备，用户通常根据需求开启使用的室内机数量；而末端采用地板辐射形式时，通常整户都进行采暖。对于采用集中采暖系统的家庭，调查得到的情况是，居民基本不调节采暖的运行时间和房间。这是由于该类系统的末端通常难以调节，或者由于按照面积进行收费，住户也疏于调节，即使当住户有开窗通风需求时，仍然进行着采暖。

总体来看，当居民使用局部采暖和分体空调采暖设备时，绝大部分家庭选择根据室内状况以及实际需求开启采暖设备；采用户式集中采暖系统时，由末端可调节条件选择开启的房间；而集中采暖系统的用户，通常不调节采暖时间和房间。由此可见，末端的可调节性影响采暖的使用方式，如果提供可以自主调节的条件，居民更多地会选择从室内环境条件和自身需求出发进行采暖，实际运行特点表现为“部分时间，部分空间”采暖。冬季为改善室内空气质量的开窗行为在夏热冬冷地区广泛存在，这一行为使得集中采暖系统耗热量增大。

由以上分析来看，由于冬季室内温度较低，夏热冬冷地区采暖需求还有明显增长的趋势；而服务该地区采暖需求的设备形式、调节能力是当前急需解决的问题。

（3）应对措施

当前我国夏热冬冷地区冬季采暖能耗在 2 ~ 4kWh/m^2 之间。而测试发现，该地区住宅冬季室内温度较低，未来对采暖的需求还可能增长。针对当前夏热冬冷地区采暖的现状及主要问题，下面从采暖设备形式以及采暖效果两方面，分析在满足使用需求的前提下，该地区采暖节能规划的目标。

①采暖设备形式

2012 年底到 2013 年初，夏热冬冷地区是否应该集中采暖成为了一个从民间到政府广泛讨论的问题。从气候条件分析，研究认为夏热冬冷地区有明显的采暖需求，但采暖形式不宜像北方地区推广大规模的集中供热系统。

首先，夏热冬冷地区冬季时间较短，全年需要采暖的时间约 2 个月，如果采用集中采暖方式，系统全年将有近 10 个月的时间闲置，而即使在冬季，气温波动较大，采暖需求大大少于严寒或寒冷地区；其次，采暖方式的差异，是当前夏热冬冷地区采暖能耗强度水平远低于北方城镇采暖能耗强度水平的主要原因之一。北方城镇以集中采暖形式为主，采暖期长而且系统在采暖期内连续运行，即使住宅中没有人在也持续供暖，难以根据气温和使用需求变化而调节，容易造成过量供热；第三，集中采暖系统的热源往往需要燃气、燃煤生产热量，从能源供应的角度看，夏热冬冷大部分地区缺乏煤和燃气，而水电资源丰富，更适合各种形式的分散采暖设备；第四，相比于集中采暖系统，分散采暖设备便于安装，使用者可以根据自己的需求选择开启或关闭的时间和设备数量，调节室内温度。从调研的数据看，大部分居民选择根据实际热感觉和使用需要开启采暖设备，仅有一少部分居民选择一直开。另外，考虑到大部分居民保持冬季开窗通风的习惯，分散采暖设备可以在开窗户时关闭，以减少耗热量；而集中采暖系统末端难以调节，或者由于按面积收费方式使得居民没有动力考虑调节的问题。

图 7.24　夏热冬冷地区常见铝合金窗框

②采暖使用效果

通过调研发现，夏热冬冷地区居民使用分散采暖设备时，反映较多的问题是分体空调采暖效果不佳，室内温度升高过程缓慢或达不到设定温度。2013 年在安徽合肥实际案例测试，发现造成这个问题的原因主要包括两方面：一是该地区围护结构气密性较差，外窗密闭处理不够（图 7.24），有较大的渗风量；二是分体空调器热风难以送到人员活动区，室内有较大的温度分层。

③夏热冬冷地区采暖发展途径

该地区冬季需要采暖时间较短，室外气温波动对采暖需求影响明显；居民习惯开窗通风换气，集中调控的方式难以避免采暖时的热量损耗；由于生活方式差异，居民在家需要采暖的时段以及调节需求不同。从调查的情况分析，当前该地区冬季供暖问题体现为：集中供暖方式能耗高，运行和管理成本高；一些热泵空调采暖效果不佳，吹风感明显；建筑气密性较差，采暖时难以提高室内温度。

结合实际调查，认为在夏热冬冷地区不宜推广集中采暖系统，而应该尽量根据居民采暖需求和使用方式特点，发展分散可调节的采暖设备，以满足不同的采暖需求。在发展分散式采暖设备时，一方面要注意提高该地区建筑的气密性条件，例如，在外窗框中加入密封条；另一方面，改善采暖末端方式，包括对空调器送风方式予以改进（实测结果表明，将侧送风方向改为垂直方向送风，可以改善温度分布的问题，提高人员活动区的温度）、采用地板辐射采暖形式等，目前也已有相关的产品。

根据调研和实测发现，该地区大部分采用分散采暖设备的家庭供暖电耗强度在 3 ～ 4kWh/m^2，能够满足基本需求。在进一步提高建筑可密闭性能和推广适度保温的情况下，积极开发效率高、效果好的分散式采暖设备，引导使用模式，使得建筑热需求在 30kWh/m^2 以内，这样未来夏热冬冷地区城镇采暖用能强度可控制在 10kWh/m^2 左右。

7.2.4　其他用能项

（1）家电

家用电器能耗是城镇住宅（除北方城镇采暖外）能耗的主要组成部分，约占家

庭用电量的 1/3。我国目前城镇住宅中的主要家电设备包括洗衣机、电冰箱、电视机和计算机等，分析从 2001 年以来[269]，各类电器的每百户拥有量情况如图 7.25。除计算机外，其他三类家电的拥有情况趋于饱和。

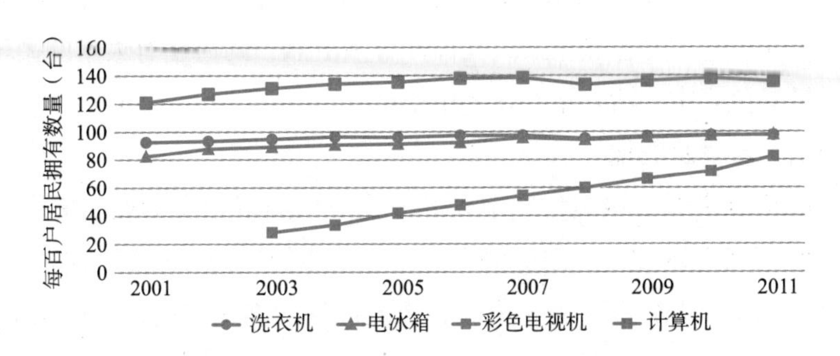

图 7.25　2001 年以来城镇家庭各类家电拥有情况

从中外对比来看[19]（如图 7.8），我国城镇住宅家电能耗水平还处于较低的水平。有研究指出[229]，家电设备类型和大小以及使用方式，是中外家电能耗差异的主要原因，例如，烘干机、带热水功能的洗衣机和洗碗机等在发达国家有很高的拥有率（图 7.26），目前在我国还未广泛使用，这些电器的功能可以通过利用自然条件或其他途径实现，没有使得生活质量大幅提升而消耗了大量的能源。因此，对于家电节能问题，主要在于尽可能避免此类电器进入市场。

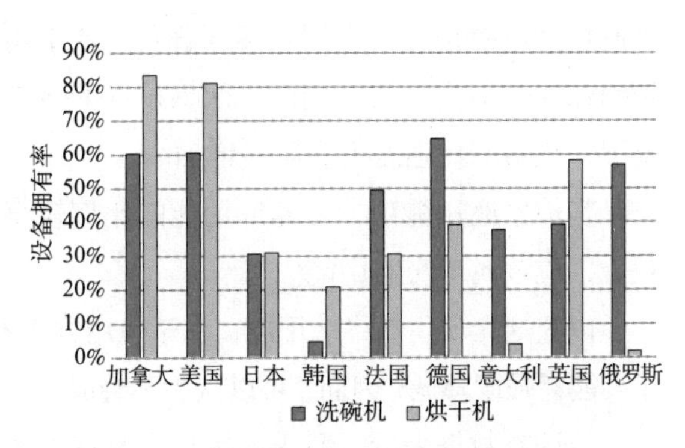

图 7.26　洗碗机和烘干机拥有率

此外，通过实际案例测试发现一些家电待机电耗较大。比如，电视机及机顶盒，待机功率约 10W，一年电耗近 90kWh；又如，一台饮水机的日耗电量约 1.2kWh，如果连续运行，一年用电量超过 400kWh/ 台，而除去睡眠和上班时间，住宅中每天室内人员活动的时间常常少于 8 小时，如果在不需要看电视或饮用热水的时候将此类设备关闭，能够减少这类电器的待机电耗，有效地减少能源浪费。

（2）生活热水

当前城镇住宅中制备生活热水的设备主要形式包括电热水器、燃气热水器和电热水器等。国家统计数据显示，从 2001 年到 2012 年，每百户城镇居民家庭中淋浴热水器的数量从 52 台增长到 91 台，可见居民对生活热水的需求有较大的增长趋势。

一些工程中采用集中生活热水系统，从实际运行情况来看，集中生活热水系统需全天开启循环泵以保证不同家庭在不同时段的使用需求。在北京某住宅小区实际测试的数据显示，集中生活热水系统的运行能耗，一般是实际末端消耗热水量所需加热量的 3 ~ 4 倍，大部分热量损失在循环管道散热，同时还有大量的循环泵电耗。因此，应尽量避免集中生活热水在住宅中推广。

（3）照明、炊事及其他

从调研的情况来看，城镇住宅中大部分住户根据室内实际照明需求使用灯具，即当人在房间感到光线较暗，需要提高照度时才会使用；全天开灯或者在家把所有房间灯都打开的情况非常少。另一方面，节能灯具的推广应用，使得城镇住宅照明用能强度也有所降低。

炊事用能类型主要包括电、天然气、液化石油气和煤炭，目前燃气灶、电饭锅、微波炉和电磁炉等炊事用具逐渐普及，炊事用电、燃气量逐渐增加，而煤炭逐渐从城镇住宅中消失。与此同时，炊事设备的效率提高了，炊事使用需求增加不大的情况下，炊事能耗强度不会明显增加。

其他家庭用能项，在家庭用能的比例较小，另一方面，如电动汽车充电，在能耗上，应该属于交通用能。

以上这几项住宅终端用能，由于使用方式不会有明显的变化，而技术的进步促进了其能耗强度降低，因而，可以认为不会成为未来城镇住宅能耗总量增长的主要因素。

从调查数据来看，我国城镇住宅家庭能耗强度差异巨大。分析认为，生活方式差异是影响住宅能耗强度的主要因素。从终端用能项来看，夏季空调、夏热冬冷地区采暖、家电和生活热水等用能强度还有较大的增长可能，引导绿色生活方式对城镇住宅节能有着十分重要的意义。

7.3　节能途径研究

7.3.1　当前住宅节能主要政策与评述

已有一批针对城镇住宅节能的政策措施逐步开始实施。一方面，城镇住宅建筑节能设计标准先后颁发，例如《严寒和寒冷地区居住建筑节能设计标准》JGJ 26–2010、《夏热冬冷地区居住建筑节能设计标准》JGJ 134–2010，对指导城镇住宅建筑节能设

计起到了积极的引导和促进作用，大幅减少了采暖能耗；另一方面，针对建筑使用方面也有一些节能政策措施，如阶梯式电价、家电能效等级政策和节能灯具补贴等。

从 2012 年开始，阶梯式电价逐步在住宅中实施，针对住宅户用电量，设置若干阶梯分段，分档次规定电价计费并逐步提高电价，以引导居民家庭节能。由于是以实际电耗作为衡量值，促使居民通过实际行为节省能源消耗。其阶梯分段是以当前大部分居民家庭月用电量为依据，即认为 80% 的居民家庭用电量是能够满足其生活需求的，以其上限作为基准，超出的用电量应该是可以通过节约行为减少的耗电，通过价格机制促进行为节能。

2004 年 8 月颁布的《能源效率标识管理办法》，开始对电器能效进行规定管理。陆续针对家用电冰箱、房间空调器、洗衣机等设备，要求生产者必须在产品上贴上“中国能效标识”的标签才可以进入市场。这项政策从产品生产侧提出要求，通过提高产品的能效，降低产品在同等使用条件下的能耗；从 2008 年开始，国家财政补贴节能灯，支持在居民家庭中使用节能灯具，这项政策执行了三年，有效地促进了节能灯具的推广，也一定程度降低了照明能耗。

既有的政策措施，对开展城镇住宅节能起到了良好的推动作用。有利于在住宅使用过程中，节省建筑使用能耗。为进一步推进城镇住宅节能，还需要从其他一些方面开展工作。

7.3.2　规划城镇住宅建设模式

住宅终端用能类型中，空调、采暖和照明能耗与家庭面积密切相关。建筑面积越大，同等服务条件下的空调、采暖和照明的用能需求越多。通过中外对比，可以发现，人均住宅面积规模，是造成户均居住建筑能耗强度差异的重要原因。因而，控制居住建筑套型规模，是避免住宅户均能耗大幅增长的主要途径之一。

建设部曾对居住建筑的套型面积提出控制规划 [139]，即“套型建筑面积 $90m^2$ 以下住房（含经济适用住房）面积所占比重，必须达到 70% 以上”。而且，实际调研的情况也表明，在不考虑经济因素条件下，50% 家庭的理想建筑面积在 $100m^2$ 或以下，并非建筑面积越大越好（详见 3.3.1 节）。然而，实际新建的建筑中大部分套型的建筑面积超过 $90m^2$，这与商品房由房地产开发企业建设，而开发商为更多的盈利而不断扩大套型面积有关，这样的情况不利于住宅建筑规模的控制。

另一方面，从第六次普查的数据分析（见表 7.2）[121]，我国城镇住宅建筑中还有一大批建筑套型不能全面满足居住生活需求，住房配套设施不够齐全。因此，提高住宅建筑质量，改善住宅居住品质，应该是未来住宅建筑发展方向。

城镇住宅设施状况（2010）　　表 7.2

地区	无厨房	无管道自来水	无洗澡设施	无厕所
城市	8%	7%	22%	11%
镇	13%	24%	38%	23%

由此来看，一方面，政府应加强对居住建筑套型面积和质量的管理力度；另一方面，积极引导居民改善住房质量，以追求居住品质替代追求建筑面积大小，鼓励提高质量的消费需求替代增加物质数量的消费需求，在提高居民居住满意度的同时，节省能源资源消耗。

7.3.3　城镇住宅节能关键措施

（1）推动建筑被动式节能

当前一些开发商将采用高能效技术或集中控制系统作为节能的宣传点，以“恒温、恒湿、恒氧”作为高档住宅的标识，强调采用设备或系统对室内环境进行全面控制。从当前的技术水平来看，实现室内“恒温、恒湿、恒氧”可以体现设备或系统的运行控制方式，但不能代表技术的先进性，工业空调在近百年以前就实现了对室内环境温度的控制；而从环境条件看，也不能说明这样的室内环境对人身体健康有利，长期在恒定温湿度状态的环境中生活，有可能降低人对自然气候变化的适应能力。而从实际测试的数据分析，中央空调系统能耗是分散空调设备能耗的近十倍，通过问卷调查发现，只有非常少的一部分家庭需要全时间开启空调或采暖设备，中央空调支持的全天连续运行模式并不是居民生活必需的。

分析居住建筑室内热环境状况，由于气候、建筑室内设备使用和人员产热的影响，室内温度低于或高于人员在室内活动的舒适范围，居民有改善室内热环境的需求。从改善室内环境的途径来看，使用空调、采暖和通风设备，能够调节室内温度、湿度和新风量，属于主动调节措施；而通过建筑构造优化自然通风和采光条件、增加围护结构保温和在建筑外表面设置遮阳等，属于被动措施。

比较来看，主动调节措施通常需要消耗能源，而由于设计欠缺或运行管理不当，设备或系统在使用过程中还可能出现以下问题：1）难以保障实际调节需求，如集中空调系统温度调节能力不够，不能满足不同需求；2）造成室内污染，如新风系统的

过滤装置吸附灰尘和细菌，由于通常难以做到经常清洗或更换，积累一段时间后，也会随着新风进入室内，形成污染。

被动调节措施通常不需要消耗能源，能够起到改善室内环境、节约能源的作用：1）优化自然通风条件，使得建筑在过渡季可以充分利用自然通风，改善室内环境同时减少空调使用时间，从而节省空调的能耗。优化自然采光条件，可以起到改善室内光环境，减少照明使用时间的作用；2）北方地区围护结构保温可以有效地减少冬季建筑热耗散，节省采暖能耗；在夏热冬冷或夏热冬暖地区，夏季太阳辐射强度大，遮阳可以减少进入室内的直射得热，减少空调热负荷。

从节能的目的来看，推动被动式调节措施应用，可以有效地减少实际能源消耗量；从调节效果来看，充分自然通风和自然采光能够改善室内环境，可以满足人们与自然环境接触的需求，提高居住的满意度。因而，可推动被动式设计以节能。

（2）倡导绿色生活方式

从前面对采暖、空调等各项终端用能的能耗及其影响因素分析，使用方式是影响其能耗强度的重要因素。从我国目前经济水平和能源消费占家庭消费比例分析，大部分居民使用空调或采暖的方式基本不受经济因素的制约。

实际调查发现，大部分居民在感觉到热或冷时，优先考虑利用自然条件（例如开窗通风或关闭门窗）改善室内环境，然后再考虑是否使用空调或采暖设备改善室内环境。这样的使用方式，既能满足室内环境调节需求，也节约了空调或采暖能耗，是应该提倡的绿色生活方式。

在与国际接轨、引进国外先进技术的同时，一些消费观念和生活方式也进入到了我国城镇居民家庭。例如，不论是否有人在家，全天开启空调或采暖设备；即使室外环境条件良好，选择机械通风而不开窗通风；选择烘干机使衣服干燥而不是利用太阳光晾干等等。这类生活方式十分依赖机械设备，使人与自然越发隔绝。从实际效果上看，这些方式并没有显著地改善服务水平，却大幅增加了能源消耗。因此，应尽可能避免从发达国家引入此类生活方式及其设备。

提倡与自然环境融合的绿色生活方式，发扬我国节约资源的优良文化传统，是推动居住建筑节能的重要途径。从政策制定到市场营销，都应重视绿色生活方式的引导和宣传。

（3）发展与绿色生活方式相适宜的技术

技术措施一定程度上影响了使用方式。例如，采用集中采暖系统，居民不能决定供暖时间，而以散热器为末端的供热系统，通常难以调节采暖运行状况；中央空调系统在运行时，住户常被要求关闭窗户以避免开窗带来的新风负荷；在没有设置阳台的建筑中，用户难以利用太阳晾衣服，而不得不选择烘干机等等。

由此看来，引导绿色生活方式的同时，应发展与之相适应的技术措施，才能保证其不被技术因素改变。具体分析：1）优化建筑自然通风和采光条件，便于居民对自然环境的充分利用；2）尽可能选择分散可调节的空调设备，以满足不同住户对室内温度和通风的不同需求，避免采用集中控制末端难以调节的系统；3）发展太阳能生活热水，并尽可能在末端解决末端差异的热水需求；4）限制一些能耗高而额外创造需求的电器进入市场，避免走上发达国家住宅用能模式。此外，在既有建筑或系统设计过程中，通常将“全时间，全空间”室内环境控制作为标准模式，这与实际使用方式有较大的差异。在建筑运行或对其节能改造过程中，应充分考虑这两者之间的差异，使得技术措施能够起到真正的节能效果。

7.3.4 家庭用能需求案例分析

从实测数据来看，我国居民家庭用能水平有巨大的差异，这是由于各户在照明、空调等各个终端用能方面不同所造成。如果以满足生活需求为条件，对城镇住宅中各项终端用能进行分析，可大致确定各终端用能项需求。

以北京 3 口之家（$90m^2$）为例，居民家庭的各终端用能项能耗测算示例与实测比较见表 7.3（以实测案例为参照分析）。表中各项设备的功率大小与使用习惯是根据实际调查案例所确定的。例如，在夏季家庭有人在家时，优先开窗通风改善室内环境，其次才选择开空调调节，年单位面积空调电耗约 3kWh；主要使用节能灯具，平均每灯日使用约 3 个小时，照明电耗约 200kWh/（户·a）。各类电器功率大小与使用时间（频率）如表中所示。总体来看，在满足中等富裕家庭各项用能需求情况下，家庭能耗量可以维持在 870kgce/（户·a）以下的水平。

居民家庭的各终端用能项能耗测算示例与实测比较 **表 7.3**

<table>
<tr><th>用能项目</th><th>用能量[/（户·a）]</th><th>设备容量</th><th>生活及使用方式</th><th>实测</th></tr>
<tr><td>1. 夏季空调</td><td>270kWh</td><td>2 台空调</td><td>根据热感觉开启</td><td>110</td></tr>
<tr><td rowspan="2">2. 生活热水</td><td>710kWh</td><td>电热水器（效率 90%）</td><td rowspan="2">全年平均每人日均用水量 20L</td><td></td></tr>
<tr><td>66m³</td><td>燃气热水器（90%）</td><td></td></tr>
<tr><td>3. 炊事用气</td><td>114m³</td><td colspan="2">我国目前炊事用气的平均水平</td><td></td></tr>
</table>

续表

用能项目	用能量[/（户·a）]	设备容量	生活及使用方式	实测
4. 照明	197kWh	灯具 12 个 15W，总容量 180W	每灯用 3h/d	
5. 各种电器	1143kWh			
电冰箱	175kWh	200L 一级能效冰箱，电耗为 0.48kWh/ 天	全年开启	130
电饭锅	126kWh	一级能效电饭锅，耗电量 0.43kWh/ 天	每周有 2 ~ 3 天做两顿饭	70
抽油烟机	20kWh	20W	3h/ 次	
排风扇	22kWh	20W	使用 3h/d	10
其他电炊具	100kWh			73
客厅电视机	110kWh	46 英寸 LED 电视，80W，机顶盒 20W	使用 3h/d	
主卧电视机	36.5kWh		使用 1h/d	
家用电脑	277kWh	1 台式机（150W）+1 笔记本（40W）	使用 4h/d	300
洗衣机	139kWh	一级能效滚筒洗衣机，1.14kWh/ 次	每 3 天洗一次衣	80
饮水机	57kWh	效率 50%	每人饮热水 2L/d	
其他设备	80kWh	充电器等		60
合计（用电热水器家庭）	2320kWh	866.0 kgce/（户·a）		
	114m^3			
合计（用燃气热水器家庭）	1610kWh	735.1 kgce/（户·a）		
	180m^3			

对于不同气候区，空调和采暖的需求量不同，以上海为例，在技术可行的条件下，采暖和空调能耗总量可以维持在 20kWh/（m^2·a），相当于在此基础上增加了 1500kWh/（户·a），家庭能耗总量也能维持在 1300kgce/ 户；在夏热冬暖地区，空调能耗强度约 8 ~ 12kWh/（m^2·a），家庭用电量增加了 800kWh/（户·a）。从使用方式和设备形式来看，以上的案例设计实际超过了一般家庭的用能终端项的需求。由此看来，通过引导节约的生活方式，尽可能避免在没有使用需求的情况下开启各类设备，可以有效地控制城镇住宅能耗强度的增长。

比较美国家庭实测案例[229]的家庭能耗量（见表 7.4），这三户家庭所在地的气候条件与北京接近，人均建筑面积略高于美国平均人均住宅面积。电力主要用于空调、家电、照明和炊事等项，燃气主要用于采暖和生活热水。

城镇住宅各类终端用能现状与总量规划 表 7.4

	人口	面积（m^2）	电（kWh）	燃气（m^3）
案例 1	2	182	7595	1880
案例 2	2	228	22380	3052
案例 3	2	164	12040	1025

对比各终端用能项需求，美国家庭各项电耗都大大高于北京家庭（图 7.27）。具体来看，空调电耗分别占 22%、39% 和 34%，单位面积空调能耗为 9.3kWh/m^2、38.4kWh/m^2 和 24.8kWh/m^2，大大高于北京家庭空调能耗强度。调查来看，美国家庭案例夏季空调从 5 月底一直运行到 10 月初，案例 1 在空调期一直保持窗户紧闭，另外两户则未如此，且设定温度分别为 23℃和 22℃。与北京案例相比，美国各家庭电器拥有数量和种类多（有烘干机和洗碗机等）且功率较大（如冰箱为双开门大容量冰箱，600L 以上）；家庭中灯具使用数量、使用时间以及灯具功率大小都高于北京家庭。由于使用方式和设备拥有情况不同，美国家庭能耗大大高于我国居民家庭能耗，实际案例反映了中外住宅能耗差异的原因。

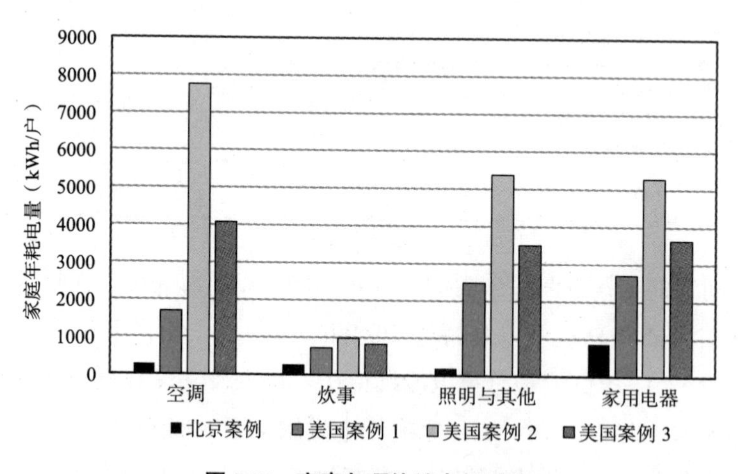

图 7.27 家庭各项终端电耗对比

对比来看，美国家庭户均面积远大于我国家庭户均面积，与大量的独栋别墅建筑形式有关，未来我国城镇住宅建筑形式很难发展成美国现在状况。从我国实际家庭案例分析来看，在优化建筑设计、提倡绿色生活方式、减少或限制高能耗电器引进等措施下，是完全有可能在满足居民生活需求的情况下，避免家庭能耗增长到美

国当前家庭水平的。

7.4　城镇住宅建筑节能规划与目标

从我国城镇住宅建筑能耗现状以及中外住宅能耗对比来看，我国城镇住宅能耗强度还处在较低的水平，而生活方式是影响城镇住宅用能的主要因素。综合考虑各项终端用能的现状，改善居民生活条件的需求，以及各类技术的可行性分析，我国城镇住宅各类终端用能强度及总量的规划见表 7.5。

城镇住宅各类终端用能现状与总量规划　　**表 7.5**

气候区		户数或人口	用能强度	能耗（/万tce）
严寒及寒冷地区空调	目前	1.00 亿户（63 亿 m^2）	125kWh/ 户（2kWh/m^2）	400
	未来	1.20 亿户（120 亿 m^2）	270kWh/ 户（4kWh/m^2）	1560
长江流域采暖和空调	目前	0.96 亿户（60 亿 m^2）	630kWh/ 户（10kWh/m^2）	1850
	未来	1.5 亿户（150 亿 m^2）	1800kWh/ 户（20kWh/m^2）	9750
南方空调	目前	0.32 亿户（20 亿 m^2）	500kWh/ 户（8kWh/m^2）	500
	未来	0.8 亿户（80 亿 m^2）	1080kWh/ 户（12kWh/m^2）	3120
家用电器	目前	2.41 亿户	440kWh/ 户（7kWh/m^2）	3300
	未来	3.50 亿户	700kWh/ 户（7kWh/m^2）	7960
炊事	目前	6.91 亿人	69 kgce/ 人	4800
	未来	10.0 亿人	70 kgce/ 人	7000
生活热水	目前	6.91 亿人	21 kgce/ 人	1450
	未来	10.0 亿人	45 kgce/ 人	4500
照明	目前	2.41 亿户	380kWh/ 户（6kWh/m^2）	2800
	未来	3.50 亿户	400kWh/ 户（4kWh/m^2）	4550
总计	目前	2.41 亿户，6.9 亿人	204 kgce/ 人	15100
	未来	3.50 亿户，10 亿人	384 kgce/ 人	3840

在能耗总量控制的要求下，一方面，应尽可能控制城镇住宅建筑面积（见第 3 章），综合考虑满足居住要求和节约资源能源的目的，城镇人均住宅建筑面积应维持在 35m^2；另一方面，通过引导生活方式和技术应用，控制能耗强度合理增长。从

而实现，当城镇居民达到10亿，城镇家庭约3.5亿户，住宅面积达到350亿m^2时，城镇住宅能耗总量维持在3.84亿tce水平。

总结上面研究的内容，对我国城镇住宅节能整体规划如图7.28。在能耗总量约束条件下，推动阶梯式电价、《标准》等措施对居住建筑用能的宏观调控；通过政府和市场引导和宣传绿色生活方式，以3.1亿tce作为城镇住宅节能控制目标，对照明、空调、家电、炊事、生活热水和南方采暖等各项终端用能，落实图中所列出的节能措施，从而实现各项终端能耗总量控制的目标。

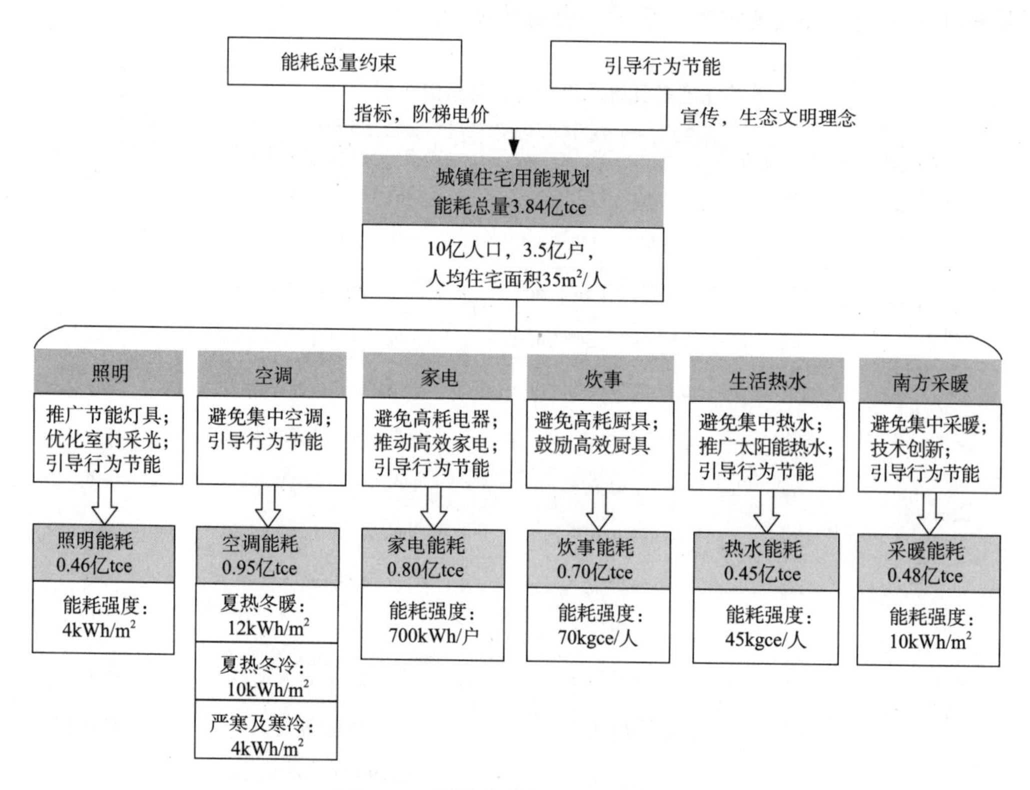

图7.28　城镇住宅节能整体规划图

本章从我国城镇住宅用能总量和强度的现状分析出发，比较了我国和一些国家或地区在住宅能耗强度、各项终端用能以及所用能源类型方面的差异，指出使用方式的不同是中外住宅能耗差异的主要原因，如果我国沿着发达国家居民生活方式及建筑和系统形式的方向发展，未来城镇住宅能耗将大幅增加。

结合已经开展的用能和使用方式调研，对我国城镇住宅用能情况进行了分析，发现以下几方面的特点和问题：第一，不同城镇家庭能耗强度差异巨大，即使在相

同气候条件、经济收入、家庭人口规模和建筑面积的情况下，户能耗强度有数倍甚至数十倍的差异，可以认为生活方式是造成这个差异的主要原因；第二，随着经济收入的提高，从整体来看，家庭能耗强度有所增长，而家庭能耗强度的差异也更加明显，在满足基本生活需求的情况下，经济收入提高使得居民生活消费方式差异更大；第三，夏季空调和夏热冬冷地区采暖能耗强度差异明显，空调或采暖使用方式不同、设备形式、建筑形式和围护结构性能等因素，是其能耗差异的主要原因；第四，家电的待机电耗应引起重视，而一些高能耗家电的普及有可能大幅增加家电能耗；第五，由于不同家庭对生活热水需求的时间和用量不同，集中生活热水系统连续运行产生了较大的热量损失和水泵能耗，大大增加了生活热水能耗；第六，在节能灯具和高效炊事用具得到有效推广的情况下，家庭照明和炊事能耗增长的趋势不明显。

从调查得到的能耗数据以及分析所发现的问题，认为建立以降低实际能耗为导向的节能政策体系，引导绿色生活方式是开展城镇住宅节能的主要途径。在规划合理的城镇住宅建设规模的基础上，推动建筑被动节能设计、发展与绿色生活相适宜的技术措施，研究并推广可供居民灵活调节的空调和采暖设备系统，引导居民节约使用的方式等政策和技术措施的条件下，未来城镇住宅用能强度可以控制在人均约 384kgce，当城镇人口达到 10 亿时，城镇住宅用能总量可以维持在 3.84 亿 tce 水平。

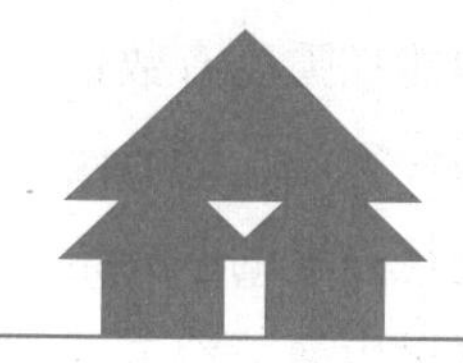

第 8 章　农村住宅节能路径研究

8.1　能耗与节能工作现状

8.1.1　能耗现状

我国农村住宅能耗指服务于农民生活的用能，包括采暖、炊事、照明、家电、生活热水及空调等用能项，不包括服务于农业、养殖业、牧业和林业等所用的能源。从能源类型来看，包括煤、电和液化石油气等商品能源，也包括秸秆、薪柴和沼气等生物质能源。

从 2001 年到 2012 年，农村住宅商品能耗总量从 1.02 亿 tce 增长到 1.72 亿 tce（图 8.1）。而生物质能耗总量从 2.32 亿 tce 降低至 1.17 亿 tce，减少了约 1.15 亿 tce。从总量来看，农村住宅能耗总量减少了。然而，考虑到生物质能不属于商品能范畴，没有被国家统计部门纳入我国能源消耗统计数据中，不在能源消费总量控制的目标之中，因此将其与商品能耗区分开来。

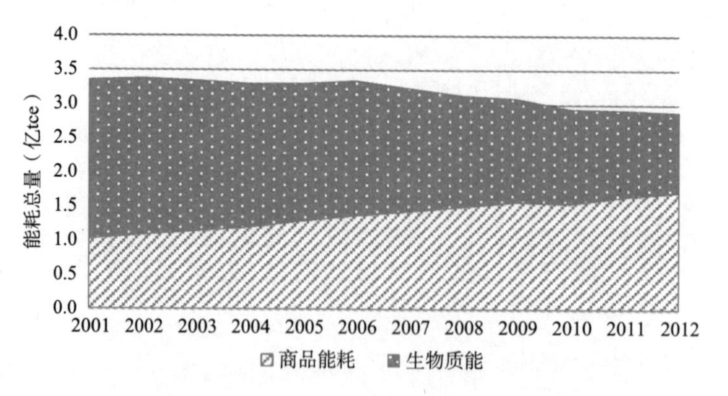

图 8.1　2001 ~ 2012 年农村住宅能耗总量

在城镇化的背景下，我国农村人口总量大幅度减少，2012 年，农村人口总量从

2001 年的 7.96 亿减少到 6.42 亿，农村人口比例从 62.3% 减少到 47.4%。即使这样，农村商品能耗总量也增长了约 70%。这是由于农村住宅户均能耗强度大幅增长，从 2001 年到 2012 年，农村家庭户均能耗从 534kgce/（户・a）增长到 1034 kgce/（户・a），增长了接近一倍，增幅甚至超过了城镇住宅户均能耗强度的增幅。农村家庭生活水平不断提高，电、煤和液化石油气逐步取代生物质能，是造成农村居民家庭能耗强度大幅增长的主要原因。从图 8.2 看，户均用电量从约 400kWh /（户・a）增长到近 1000kWh/（户・a），增长了近 1.5 倍。因而，即使在人口大幅减少的情况下，农村住宅用电总量仍增长了约 90%。

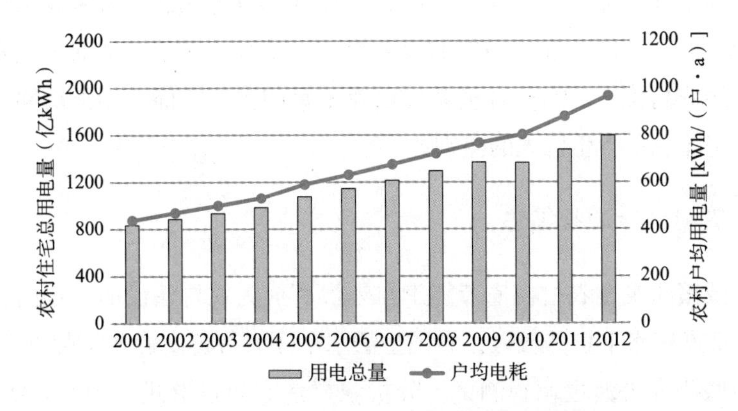

图 8.2　2001 年 ~ 2012 年农村住宅用电量情况

在人口总量减少的同时，农村住宅建筑面积总量略有增长。这是由于农村居住水平提高，人均住宅面积持续增长（图 8.3）。与此同时，农村家庭小型化趋势明显，户均人口从 4.2 人减少到 3.9 人（从 2001 ~ 2012 年）。

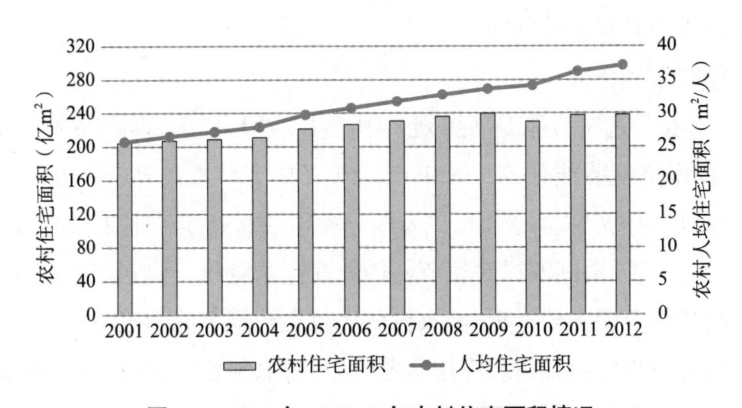

图 8.3　2001 年 ~ 2012 年农村住宅面积情况

各个终端用能项中，炊事、生活热水和采暖所用能源类型通常包括煤、生物质、液化石油气和电等多种能源形式，太阳能热水器在农村也有广泛的应用，而电力主要用于家电和照明。从统计数据看，农村家用电器数量快速增长（图 4.6），电视机、洗衣机和冰箱的拥有量逐渐与城镇住宅水平接近。而空调在农村中的拥有量较低，每百户家庭拥有空调的数量仅 25.4 台，实际经常使用的则更少，电风扇是目前农村住宅中夏季调节室内环境的主要电器。

从发展趋势来看，未来还有大量农村人口进入城镇，农村人口将持续减少。而与此同时，农村家庭生活水平显著提高，且居住条件得到明显改善，各项终端用能对商品能的需求还可能大幅增长。因而，比较其他各类用能，未来我国农村用能总量的发展趋势并不明朗。农村用能的发展模式，是沿着城镇住宅的模式发展，还是探索充分利用农村优越的自然环境条件以及丰富的生物质能的用能道路，将使得农村住宅商品用能总量产生巨大的差别。

8.1.2　农村节能现状综述

相对于城镇建筑，农村住宅节能工作还没有成为农村建设的重点内容，这是由我国农村经济发展水平仍然较低，农民生活水平还有待提高的现状所决定的。

已有一些研究者通过调查测试，分析农村住宅建筑形式、用能现状[270]，针对农村的建筑节能提出了建议[271][272]，认为农村节能建设应该走一条与城镇发展不同的道路。本书在第 4 章对城乡住宅用能特点讨论部分，指出由于城乡住宅建筑形式、用能类型和居民生活方式的巨大差异，城镇和农村住宅建筑用能应区别分析，而正是由于这些方面的差异，农村住宅节能也应该与城镇住宅节能路径有所不同。下面从当前我国农村住宅节能政策、节能标准和技术现状出发，分析我国农村建筑节能工作体系的特点以及存在的问题。

（1）节能政策和标准

在《“十二五”建筑节能专项规划》中指出，“十一五”期间农村节能的主要完成情况为“新建抗震节能住宅 13851 户，既有住宅节能改造 342401 户，建成 600 余座农村太阳能集中浴室”。然而，“大部分省市农村建筑节能工作尚未正式启动”，整体来看，“十一五”期间农村建筑节能仍处在探索阶段。而到“十二五”期间，政府确定的农村建筑节能主要指标为“农村危房改造建筑节能示范 40 万户”，并开展“以县为单位的农村可再生能源建筑应用示范”。对于农村住宅建设，采取的政策是“鼓励农民分散建设的居住建筑达到节能设计标准的要求，引导农房按绿色建筑的原则

进行设计和建造，在农村地区推广应用太阳能、沼气、生物质能和农房节能技术，调整农村用能结构，改善农民生活质量。支持各省（自治区、直辖市）结合‘社会主义新农村建设’建设一批节能农房”。对农村建筑节能的经济激励政策，主要落实在补助可再生能源建筑应用上[273]，对象包括地源热泵技术、一体化太阳能热利用、太阳能浴室和太阳能房等。

在国务院印发的《能源发展“十二五”规划》（国发 [2013]2 号）中，将农村可再生能源建设作为重点，推动小水电、沼气和太阳能热利用，到 2015 年，新增“小水电装机容量 1000 万 kW”，“农村沼气用户达到 5000 万户”并使得“农村沼气年利用量达到 190 亿 m^3”，“太阳能热水器、太阳灶、太阳房等设施，实施村镇太阳能公共浴室建设工程”并“建成 1000 个太阳能示范村”等。

从以上政策来看，在“十二五”期间，农村建筑节能工作仍以示范和引导方式为主，把可再生能源利用作为主要内容。

在标准方面，从 1995 年颁布的《民用建筑节能设计标准（采暖居住建筑部分）》JGJ 26–95，到后来相继颁布的《夏热冬冷地区居住建筑节能设计标准》JGJ 134–2010、《严寒和寒冷地区居住建筑节能设计标准》JGJ 26–2010、《夏热冬暖地区居住建筑节能设计标准》JGJ 75–2012 以及北京、天津等各地关于居住建筑节能设计的标准分析来看，对于建筑物、采暖、空调和通风节能设计主要针对城镇住宅特点进行规定。在农村地区，住宅建筑通常由农民自建，这些标准所规定的指标难以实施。2012 年底，住房和城乡建设部颁布了关于农村建筑节能设计的国家标准《农村居住建筑节能设计标准》GB/T 50824–2013，并于 2013 年 5 月 1 日开始实施，弥补了此前没有专门针对农村居住建筑节能设计标准的空白。而当前农村地区住宅建筑主要有农民自主建设，在没有资金支持和技术指导的情况下，难以参照节能设计标准进行房屋建设和改造的。

总体来看，在政策层面，对农村住宅建筑没有明确的节能路径，节能设计标准给出了标准依据，然而难以强制推广实施。对于可再生能源的利用，尚需政府投入大量资金支持和技术指导。

（2）农村住宅节能技术

虽然农村建筑节能管理机制尚未十分完善，一批针对性农村住宅节能的技术不断涌现。这些技术可以分为针对农村建筑本体的节能技术，提高终端用能效率的技术以及利用生物质及其他可再生能源的技术。

农村建筑本体的节能技术，主要包括围护结构保温和隔热技术。现有的保温技术包括：由泥土、秸秆等材料加工而成的生土型保温材料，如土坯墙和草板、草砖墙和生物质敷设吊顶保温等；低成本保温材料（如珍珠岩或者聚苯颗粒、泡沫水泥等）制作的保温隔热包；以及新型保温砌块墙体和结构保温一体化墙体等保温技术。此外，还有适用于北方地区的集热蓄热墙技术（如百叶集热蓄热墙和孔板型太阳能空气集热墙），适用于南方地区的被动式隔热技术（如种植墙体与种植屋面和通风瓦屋面等）。

提高终端用能效率的技术主要包括省柴灶技术 [274]，改进于传统炕的吊炕 [275][276] 技术以及小型供暖锅炉烟气热回收技术 [277]。利用生物质及其他可再生能源的技术包括户用太阳能热水系统、太阳能空气集热采暖系统、生物质固体压缩成型燃料加工技术 [278]、生物质压缩成型颗粒燃烧炉具和低温沼气发酵微生物强化技术等。

此外，对于照明和家电主要通过提高灯具和电器能效来实现节能，农村空调使用需求较少，以被动式的隔热方式为改善室内环境的主要技术途径。

总体来看，农村住宅节能技术正在不断地丰富和完善，涉及采暖、炊事和生活热水等各项终端用能，还包括各类可再生能源利用的技术。选择合适的技术，可以实现在大幅改善农村居民居住环境的条件下，控制以减少农村住宅能耗总量。

从能源消耗来看，农村住宅能耗呈现出商品能耗大幅增加，生物质能逐渐被替代的趋势。在城镇化发展和农村经济水平提高的作用下，未来农村建筑用能总量有较大的不确定空间。

我国农村建筑节能工作体系还在逐渐完善的过程中，农村住宅节能政策还有待更进一步明确，节能标准体系还处于起步阶段，未来还有很多工作待开展。从节能技术措施方面看，目前已有大量的技术措施可以支撑在显著改善居住条件下，推动农村住宅节能。

2006 ~ 2007 年由农业部和清华大学等单位组织的全国农村能源调查项目，发现新农村建设过程中，由于住宅建设方式的改变给农民生产生活带来不便的问题；农村有大量的秸秆、薪柴在土地中直接焚烧，没有充分利用的问题；炊事和采暖设施条件差，不但给室内造成了污染，能源利用效率也非常低等问题。认为围绕改善农民居住环境和提高生活水平的工作，还未充分结合农村生态环境与资源优势进行。

结合生态文明建设的指导路线，改善农村居民居住环境和提高农民生活水平，应该充分结合农村优越的环境条件和资源条件，新农村建设可以与农村新的能源系统结合起来，从而发展出一条与城镇住宅用能完全不同的道路。

8.2　农村住宅用能关键问题及节能潜力分析

8.2.1　住宅用能特点以及室内环境问题

在 8.1 节对农村住宅用能水平和使用能源类型现状进行了分析，整体来看，呈现出商品能耗大幅增长，而生物质能逐渐被替代的趋势。

比较农村与城镇住宅用能的技术因素和使用与行为因素，可以发现各个终端用能项都存在明显的不同；进一步研究发现，由于气候条件以及气候条件造成的资源条件的差异，南北方农村住宅用能有非常显著的不同；技术水平的差距和使用方式的原因，造成了农村住宅在炊事、采暖过程中室内污染，而室内冬季和夏季热舒适不能保障的问题。

（1）与城镇住宅用能的不同

从各个终端用能项的技术因素和使用与行为因素分析，农村住宅用能和城镇住宅用能存在明显的差异。

比较技术因素，城乡住宅的差异体现在设备拥有率和类型、各设备的技术参数水平。从统计年鉴的数据来看（图 8.4），农村家庭中主要电器如洗衣机、冰箱、空调和计算机的拥有率低于城镇家庭；从家电的类型来看，直到 2010 年农村每百户家庭中还有约 6.4 台黑白电视机，而在城镇住宅中，自 1997 年开始就由于其拥有量少而不再进行统计，当年城镇家庭中彩色电视机拥有量就超过 100 台，而农村家庭直到 2009 年才达到基本每户一台的水平；同时，由于经济因素的影响，农村家庭更多的根据价格选择电器，在电器的技术参数（如尺寸和功率大小、能效高低）方面与城镇家庭有可能存在较大差异。

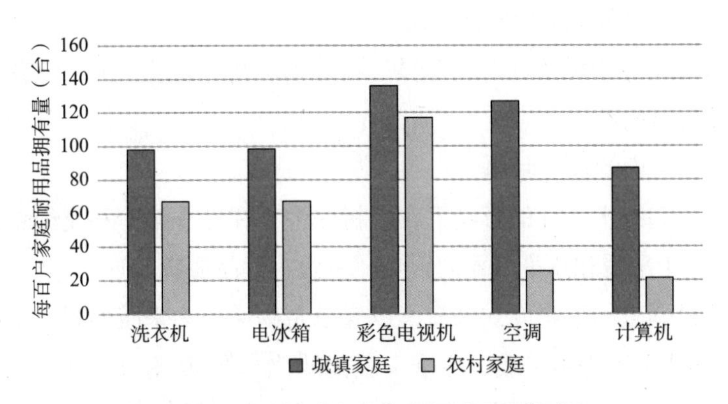

图 8.4　2012 年城乡家庭主要耐用品的对比

比较使用与行为因素，农村居民在空调、照明以及一些家电的使用方式上更趋向于节约的模式，表现为尽可能少用空调、少开灯具和很少用洗衣机洗衣等。由于这些方面的原因，尽管农村家庭户均人口（3.9 人 / 户）多于城镇家庭（2.9 人 / 户），农村居民家庭用电量（960kWh/ 户）明显低于城镇家庭（1520kWh/ 户）。

随着农村经济水平的发展，各类家电的拥有情况与使用与行为方式很有可能接近城镇水平，农村家庭用电量还有较大的增长空间。

（2）南北农村住宅用能存在差异

根据清华大学在 2006 ~ 2007 年组织全国农村能源调研分析 [67]，以严寒和寒冷地区为主的北方地区，与以夏热冬冷和夏热冬暖为主的南方地区，在用能特点方面有较大的不同，总结其差异如下：

第一，北方地区气候寒冷，冬季有大量的采暖需求，单位建筑面积耗能强度高于南方地区；

第二，从住宅能源消费结构来看，北方地区农村住宅商品能耗占生活能耗的比例高，平均水平约为 71%，部分省份甚至超过 90%；而南方地区的商品能耗比例的平均水平约为 48%，生物质能耗大于商品能耗；

第三，从农村居民家庭用能强度来看，同地区农村居民用能水平差异显著，户均能耗从接近 0 到约 14tce；大部分农村居民家庭用能水平较低，北方地区住户约在 2 ~ 3tce/（户 · a）之间，而南方地区约在 1 ~ 1.5 tce/（户 · a）之间；

第四，经济收入水平对家庭能耗总量（含生物质能耗和商品能耗）影响不大，对能源结构有较明显的影响。北方地区农户家庭用能总量强度随收入增加略有增长，商品能的比例明显提高；南方地区农户家庭用能总量随收入增加略有降低，同样，商品能的明显提高，其户均能耗降低的原因在于该地区生物质能耗比重大且能效低，被商品能替代后，总的能耗值有所下降。

由于南北方住宅能耗的特点和差异，在推动农村建筑节能时，应该充分考虑其差异以及造成差异的原因。

（3）农村住宅中的环境问题

在经济水平和技术条件的影响下，农村住宅存在冬季偏冷和夏季偏热的热舒适问题；同时，由于采暖和炊事方式的影响，室内空气品质较差。

从北方农村调查的采暖方式来看，以煤或生物质作为采暖燃料，采暖设施通常为“炕”，且并非全天进行采暖，冬季室温偏低 [279][280]；从南方地区的调查看，大部分居民认为夏季偏热，建筑隔热条件较差是造成这个问题的主要原因之一。

农村住宅中以煤、生物质等固体燃料为主要能源类型，在没有合适的技术设施保障下，燃烧产生的一氧化碳、二氧化硫以及大量的可吸入的颗粒物，严重污染室内环境。而农村炊事用的柴灶、北方采暖用的传统火炕或者夏热冬冷地区采暖用的炭火盆，都不能保障燃料的清洁使用，产生的污染严重危害居民的健康[281]。

因此，在推动农村建筑节能时，应将提高热舒适性和尽可能避免室内环境污染作为基本要求，充分考虑南北方农村环境和能源资源条件的不同。在各终端用能需求有明显增长趋势的情况下，从技术措施和政策保障等方面，探索节能路径。

8.2.2　北方地区采暖

北方地区气候寒冷，农村住宅有明显的采暖需求。农村居民居住分散，不宜像城镇一样建立集中供热系统；而因为资源紧缺和输送条件限制，天然气也很难成为农村采暖的能源；水源、地源热泵技术即使在技术和经济较发达的城镇还有待深入的研究和细致的论证，在农村应用还有待时日；农村工业基础薄弱，利用工业余热采暖没有条件，这样看来，农村地区采暖发展难以沿袭城镇模式。

从建筑的条件来看，农村建筑形式大多为单体砖瓦平房和少量的 2 ~ 3 层楼房，体形系数通常大于 0.8，比较来看，《严寒和寒冷地区居住建筑节能设计标准》JGJ 26–2010 中对居住建筑的节能设计要求为体形系数应小于 0.5；由于技术和经济条件制约，农村地区建筑以砖木结构为主（图 8.5）[282]，其次为钢筋混凝土结构，在西北地区有一些生土类窑洞；现有建筑的围护结构保温性能和气密性能较差，从清华大学调研的数据分析来看[67]，严寒和寒冷地区农村住宅平均外墙厚度约 35 ~ 40cm，只有 2.3% 建筑外墙的采取了保温措施，外窗以单层铝合金窗和木窗形式为主，传热系数在 4.7 ~ 6.0W/（m^2·K）之间，而屋顶保温传热系数有时高于 1.5W/（m^2·K），这些围护结构的传热系数大大高于《农村居住建筑节能设计标准》所确定的节能指标值；而农村住宅建筑中部分空间为农业生产储物或畜牧业空间，这也影响了采暖用能。

从采暖的设施形式来看，火炕和水暖煤炉热水系统（又称“土暖气”）是当前北方农村常见的采暖设施。调查数据显示，北方各省农村家庭中有火炕的比例基本超过 50%，部分省份比例超过了 80%。此外，土暖气在北京、天津、河北、黑龙江和新疆等地，使用率都超过了 50%。而热泵型空调与电暖气在农村家庭中的比例基本在 10% 以下，一方面是由于这两类设备经济投入较大，另一方面，由于北方地区气候寒冷，空气源热泵的应用效果不佳。从采暖提供的采暖服务量和一次能源消耗热值来看，火炕和土暖气的效率非常低，这是由于燃料燃烧不充分、煤炉散热、排烟损失较大等原因造成的。采暖效率低，为满足对室内环境的要求需要更多的一次能源，造成了北方农村住宅采暖能耗高的现状。

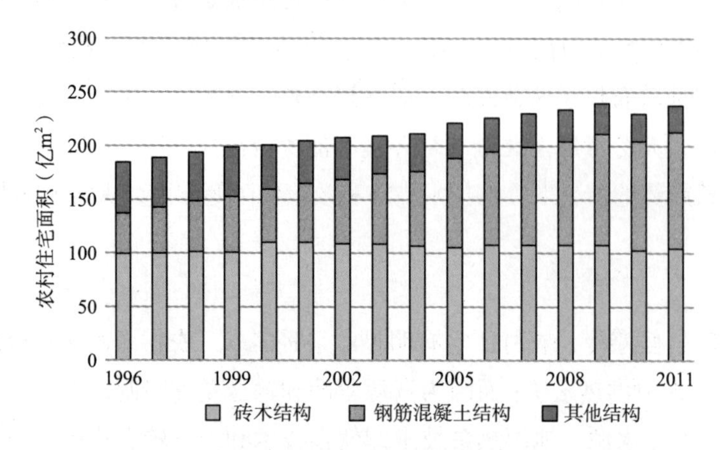

图 8.5　1996 ~ 2008 年我国农村建筑不同结构按面积组成

分析北方地区采暖的能源类型，可以发现，煤是主要的采暖用能类型。2006 年北方地区农村住宅用于采暖的煤耗约 1 亿 tce，占总采暖能耗的 74%[204]；其他能源主要为生物质（26%），用电采暖的比例几近为零。目前，使用煤采暖比使用生物质方便，而其他替代煤采暖的技术研究不足。由于没有更好的选择，在农村家庭收入提高的情况下，农民更多地选择用煤进行采暖，逐步替代生物质能。

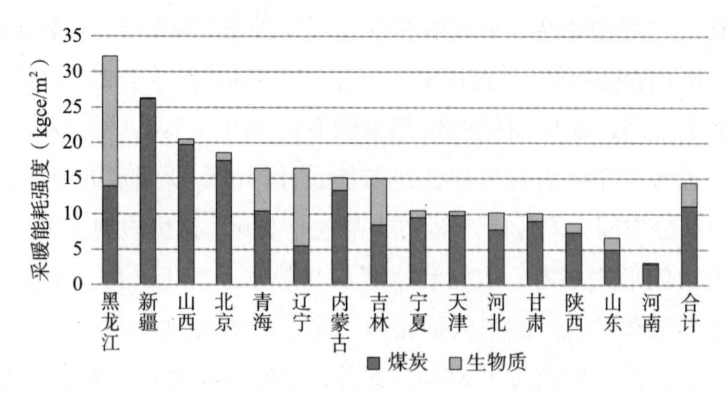

图 8.6　2006 年北方农村采暖能耗强度

注：按照实际住宅总面积计算，而非采暖面积。

2006 年的北方农村能源调查得到的数据 [67] 分析指出，北方农村大部分省份采暖的能耗强度超过 10kgce/（m^2·a）（含生物质），如果考虑其中实际仅有约 60% 的

面积进行了采暖，采暖强度平均水平约为 24kgce/（$m^2 \cdot a$），大大超过当前北方城镇采暖能耗强度 [16kgce/（$m^2 \cdot a$）]。当年的采暖能耗占北方地区农村生活能耗的 56%，而调研得到农村住宅中室温多维持在 10℃左右，并没有实现良好的采暖效果。

从以上对建筑形式和性能、采暖设施和采暖能源种类的分析，可以发现，当前我国北方农村地区采暖面临以下几方面的问题：

第一，以平房为主的建筑形式体形系数大，同时围护结构保温和气密性条件较差，如果采用城镇住宅相同的采暖服务方式，需要更多热量；

第二，传统的火炕和土暖气在采暖过程中热损失大，燃料燃烧不充分，能源利用效率低下，采暖设施有待改进；

第三，以煤为主要采暖类型，并逐渐完全取代生物质作为采暖燃料，成为一种发展趋势，在增加能源消费量的同时，产生环境污染和大量 CO_2 排放，不利于农村生态文明建设。

此外，在当前采暖方式下，燃煤或生物质直接在室内使用，造成室内环境污染，给农村居民健康带来不利影响。

综合以上，采暖能耗在北方农村住宅中的能耗比例大且兼有以上问题，是农村住宅节能过程中应重点且迫切需要解决的问题。

8.2.3　南方地区室内降温和采暖

从气候条件和生态资源来看，南方地区农村较北方更为优越，例如有丰富的水资源，冬季相对北方暖和，生物质资源较北方更为丰富（以水稻作为主要农作物，一年通常为两季）。该地区夏季炎热，有降低室内温度的需求，在建筑形式方面需要考虑夏季隔热和通风的要求。在夏热冬冷地区，冬季有部分时间需要采暖，其特点与北方农村有明显的差异。下面从空调和采暖两方面，分析南方地区农村住宅中对室内环境营造的用能需求。

（1）室内降温

南方地区夏季室外温度较高，然而相对于城镇住宅，农村家庭空调拥有量较低，产生这个现象的原因可以从以下几个方面分析：

首先，农村地区生态环境较好。建筑密度低，农作物和植被包围了农宅，有较好的自然环境；南方农村水资源丰富，农宅前后常有池塘或树木，有利于改善住宅周围的微环境。

第二，农村住宅建筑有良好的自然通风条件。农村住宅以独栋平房或 2 ~ 3 层建筑为主。从建筑形式来看，南方地区农村传统住宅注重隔热和通风[283]。调查来看，屋顶基本采用坡屋顶，提高了建筑室内空间高度，有利于隔热；而农宅气密性不高，建筑南北向都开有窗户，且基本全天保持开启，有利于自然通风。

第三，农村经济条件较薄弱，农民更倾向于用被动式或者经济的方式调节室内环境。考察当前南方地区各省农村家庭中的空调设备拥有情况（图 8.7），相比于城镇家庭，农村家庭中的空调普及率并不高，除了上海和浙江农村，基本维持在 40 台以下；而电风扇的拥有率很高，2006 年，农村家庭每百户电风扇拥有量为 152 台[284]，即每户平均约 1.5 台。

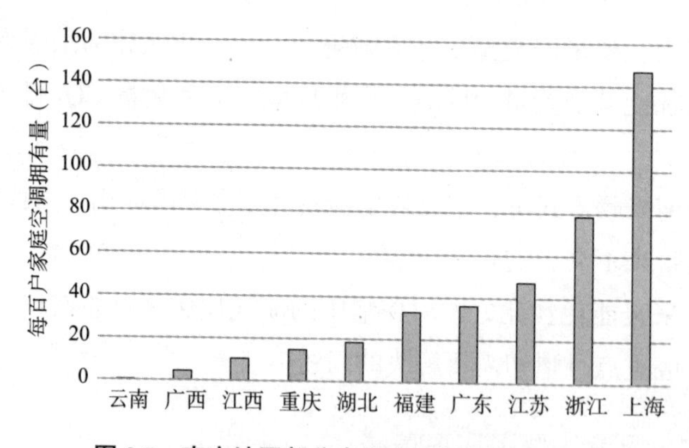

图 8.7　南方地区部分省份空调拥有量（2010）

数据来源：云南、广西、江西、重庆、湖北、福建、广东、江苏、浙江和上海等省市 2011 年统计年鉴。

与此同时，农村住宅中，电器数量较少，室内发热量少，也使得空调需求不大。因而，如果继续维持和发展传统民居中有利于改善夏季室内热环境的设计，能够有效地控制该地区空调能耗的增长。

（2）采暖

在夏热冬冷地区，农村住宅在冬季也有采暖需求。从 2007 年对南方农村采暖用能调查数据来看，该地区（不含夏热冬暖地区农村）冬季采暖能耗水平约 3kgce/m^2（含生物质能），远低于北方农村采暖用能强度，生物质能是该地区采暖的主要能源类型，这是由于南方生物质丰富而煤炭较缺乏的资源条件影响而形成的特点。

从建筑形式分析，该地区农村住宅更注重隔热和通风，对于建筑的气密性要求不高。而从采暖方式来看，该地区各类电采暖设备（如暖脚器、电暖风机、电热毯和电暖气等）有逐步取代火炉（盆）的趋势。而从使用方式来看，居民多根据在室内的实际热感受选择开启局部采暖设备。

总体来看，当前南方地区室内降温和采暖的能耗水平较低。如果按照传统的建筑形式和使用方式发展，空调能耗将不会大幅增长。而采暖用能也呈现出商品能替代生物质能的趋势。

8.2.4　生活热水与炊事

在传统的农村住宅用能方式中，通常使用灶具（如柴灶、煤灶等）作为炊事和制取生活热水的设施，能源类型主要包括生物质和煤。随着农村经济水平提高和技术进步，生活热水和炊事用能方式发生着明显的转变。

近年来，太阳能生活热水器开始逐渐进入农村市场，并得到良好的推广应用。这是因为农村住宅以平房或者 2 ~ 3 层的楼房为主，有良好的安装太阳能热水器的条件；同时，太阳能热水器具有安装简便且使用清洁，合适的使用方式下无需消耗商品能源等特点，对农村居民而言经济实用。在农村地区进一步推广太阳能热水器，可以有效地避免生活热水能耗的大幅增长。

炊事用能方式的转变主要体现为灶具的改变和用能类型的变化，利用生物质的传统灶具被煤灶或液化石油气灶具替代。商品能较生物质能使用更方便易得且使用清洁，是农村居民对灶具选择变化的重要原因。炊事用能类型的变化是农村商品能耗不断增长的重要原因。能否充分利用生物质能服务炊事，是未来农村住宅节能的一项重点。

8.2.5　照明及家电

农村住宅中，照明和家电是主要的用电设施。在一些经济欠发达的地区，由于家电数量很少，照明用电几乎等同于家庭全部用电。从已有的调查研究来看，农村住宅中节能灯具的拥有率较低[285][286]，白炽灯仍有一定的市场，这与经济因素有关。从农村生产和生活方式来看，由于“日出而作，日落而息”的生产生活规律，农民夜间照明用电需求少，而单个节能灯的价格通常为白炽灯的 10 倍或更多，从经济性角度看，农民仍倾向于白炽灯。举例分析，一个 11W 的节能灯价格约 15 元，农户家庭照明单个白炽灯灯泡功率通常选 40 ~ 60W，单个价格通常不到 1 元，按平均每天单个灯泡使用 1 ~ 2h，每度电 0.5 元计算，经济回收期约 1 ~ 2 年；同时不排除一些劣质节能灯产品进入农村市场，灯泡使用寿命短而降低农村居民对节能灯购买愿望的情况。此外，尽管国家已开始从生产和销售等环节逐步淘汰白炽灯，农村家庭白炽灯在原来保有数量的情况下，还将持续使用若干年。因此，在农村推广节能灯需国家政策支持。

随着农村经济收入水平的提高，农村家庭中的电器种类和数量也在明显增长[290]（图 8.8）；由于各地的经济水平差异，农村家庭中常见家电拥有量也有不同（图 8.9），在北京、上海和江苏等经济较发达地区高于其他省份农村住宅。由此趋势看，未来各地农村家电数量还有明显增长的趋势。家电下乡是自 2008 年 12 月至 2013 年 1 月国家实施的财政救市政策，据商务部统计[287]，截至 2012 年 10 月，家电下乡全国累计销售产品量 2.83 亿台，接近于每户购置了 1.7 台家电下乡产品（不包括非家电下乡电器）。从实施效果看，国家投入大笔资金刺激了家电市场，使得一些家电企业利润增长。然而，一些研究认为[288][289]，家电下乡并没有根据农民需要明显提高其生活品质，给农民的实惠有限（例如农村常年有丰富的新鲜农产品，对大部分农户而言，冰箱的作用有限），比较而言，国家更应该大力支持解决农村住宅中迫切需要解决的环境卫生问题和室内舒适问题。

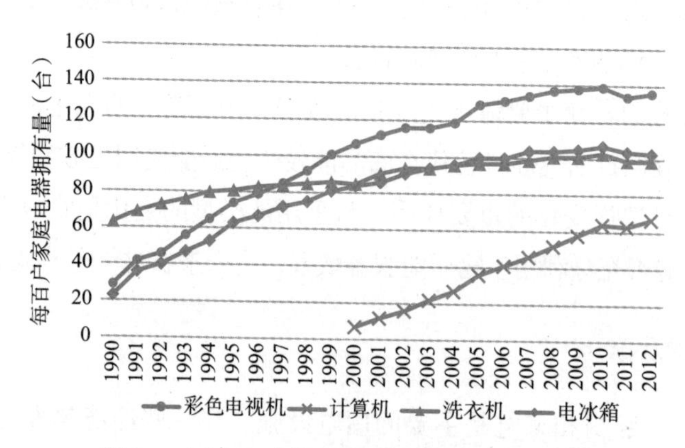

图 8.8　以北京为例农村家庭常用电器拥有量

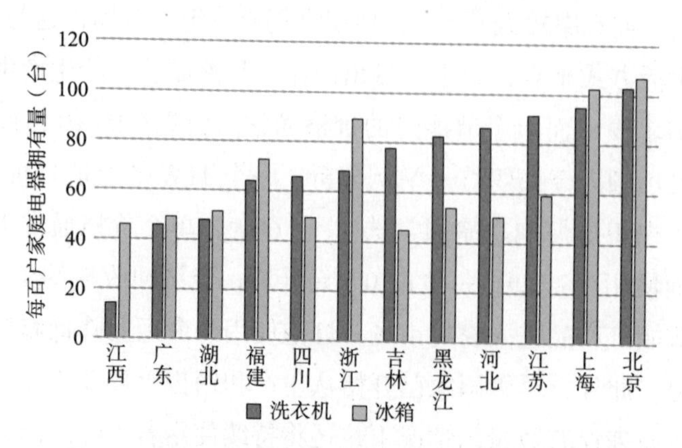

图 8.9　部分省份农村家庭常用电器拥有量（2010）

数据来源：各省市 2011 年统计年鉴。

综合来看，政策在促进农村照明节能中起着重要的作用，农村经济条件薄弱，农民省钱的意识较节能意识更强烈，要促进农村照明节能，国家应加大财政支持力度。而随着农村经济水平提高，农民可根据实际需求购置家电，市场调节与国家政策刺激相比更合理。解决农村住宅室内外环境卫生问题和改善室内热舒适性条件，是当前提高农民生活水平更加迫切的问题，国家应制定相应政策以支持此类技术和措施的研究。

8.2.6　小结

从技术因素和使用与行为因素分析，我国农村住宅用能与城镇住宅还有较明显的差异。在农村经济发展趋势下，居民家庭的各类电器以及其使用方式可能朝城镇家庭模式发展。而受气候和资源条件影响，我国南北农村住宅用能的能耗强度和使用能源类型的特点存在明显差异，这也将使得南北方农村住宅节能的路径有所差异；从调研的情况来看，减少室内外环境污染和改善室内热环境，是农村建设中需要重点解决的问题。

北方地区冬季采暖是农村家庭主要用能项，受居住方式和能源资源条件的影响，采暖节能路径不能参照城镇模式，可以从能源类型和建筑形式方面积极探索解决方法；当前，建筑形式和生活方式特点是使得南方地区农村室内降温和采暖能耗较低的主要原因，然而，如果沿着当前城镇建设方式，这两类能耗强度都有可能明显增加；太阳能热水器进入农村市场，改善了农民生活质量的同时也有效避免了该项能耗的增长；而炊事是农村利用生物质能的主要途径，清洁高效利用生物质能是农村节能的重要途径，对炊事设施和生物质利用技术提出了新的要求；节能灯具在农村的推广应用，还需要政府大力宣传和政策支持；而在农村家庭中，家电拥有量还有增长的空间，在满足农民生活需求的情况下，合理引导家电进入农村市场，而不宜通过财政补贴刺激家电消费量，刺激农村商品能耗量增长。

在新农村建设进程中，由于各地对改善农民生活质量和提高生活水平的认识不同，所采取的政策措施也有差异。一些地方认为，城镇居民生活方式应作为农民改善生活的参照模式。因此，在农村大力建设集中居住的住宅小区，将农民迁入住宅小区中，这样做导致了农民从事农业生产用的农具无处放置，农民与农业生产用地分离等问题，进而发展运送农民到耕地劳动的公交系统，一方面非常不便于农业生产，另一方面又影响农民生活质量。中国工程院城镇化项目[291]研究指出，这样的发展方式有违生态文明建设理念。

随着我国经济发展，农村消费水平提高，农村节能问题日渐凸显，与其他建筑用能不同，农村地区有着丰富的生物质资源和良好的可再生能源利用条件，选择城镇建设模式或优先发展生物质及其他可再生能源利用，将使得未来农村商品能耗有着巨大差别。

8.3　关键节能技术与实证研究

从生态文明建设的理念来看，农村建筑节能路径应充分考虑其环境和资源条件，在提高农民生活水平和改善生活环境的同时，尽可能避免过多的消耗商品能。

规划农村建筑节能路径，一方面要考虑农村住宅建筑形式与城镇住宅的差异，发挥建筑及其周边空间充足的优势，合理规避体形系数大和技术水平相对较差的劣势；另一方面，还需要考虑技术的经济性和可行性，在农村建筑节能主要还是依靠农民自身，节能技术措施要得到推广，需要充分考虑这两方面因素。

通过分析农村住宅建筑用能的特点及节能工作面临的问题，研究认为，围绕改善室内热环境应充分发展被动式节能技术，提高当前用能设施的效率或进行技术改进，并充分利用生物质和其他可再生能源，发展一条与城镇住宅节能不同的技术路径来。

8.3.1　优先发展被动式节能技术

北方地区农村住宅采暖能耗超过当地农村家庭能耗总量的一半。分析该地区建筑形式、采暖设施以及能源类型的特点，在现有的技术条件下，通过围护结构保温、太阳房等被动技术，可以大幅度地节省采暖需热量。而针对南方住宅夏季室内降温和冬季采暖的需求，结合传统民居在隔热和通风方面的经验，也可以通过被动技术有效地改善室内环境，从而减少用能需求。

针对北方采暖问题和改善室内环境的技术措施及相应政策论述如下：

减少采暖能耗需求，可以从围护结构保温着手。由于农村住宅在建筑形式和资源条件与城镇住宅不同，而经济水平及建筑施工技术与城市还存在差距，适宜于农村地区的围护结构保温技术，应该是充分利用农村材料和资源，同时考虑其经济性因素。

整理现有的适应于农村地区的围护结构保温技术，按照保温材料类型与经济成本，将其分为生土型保温、经济型保温以及新型技术保温三类（见表 8.1）。其中，生土型保温指的是利用各地农村常见的泥土、秸秆和稻壳等无成本或低成本材料加工而成的保温材料；而经济型保温技术则采用了一些保温材料或添加剂加工而成，

可以在难以获得生土型保温材料的地区应用；新型墙体技术则是结合了保温材料与墙体构造设计的保温技术，适应于经济条件较好的农村地区。而其他适应于农村住宅的外窗或外门的保温技术或措施，还包括玻璃纤维增强塑料窗和 PVC 塑料窗、保温窗帘、多层窗户和增加门斗等。这些措施可以适用于改善围护结构保温性能。与此同时，还应该注意处理好外门窗的气密性，在冬季室外寒冷的地区，可以在窗缝上贴密封条，以减少因渗风而造成的热量损失。

农村围护结构保温材料及性能　　表 8.1

类型	材料技术特点	常见厚度	传热系数[W/（m^2·K）]
1. 生土型保温			
土坯墙	由黄土、麦秸或稻草等混合成	1 ~ 1.5m	0.5（1.5m 厚时）
草板和草砖墙	将稻草或麦草烘干后压制成	330mm	0.3
生物质敷设吊顶	稻壳、软木屑、锯末等	100 ~ 150mm	小于 1.0
坡屋顶泥背结构	泥浆、石灰等用水混合碾压成	—	—
2. 经济型保温			
保温隔热包	由珍珠岩或者聚苯颗粒制成	100mm	0.9
泡沫水泥保温屋面	用农业废弃物加添加剂，在灰泥屋顶上现场发泡而成	200mm	0.68
3. 新型墙体技术			
新型保温砌块	优化原材料与配比，减小砌块厚度，增大保温材料的厚度	—	—
结构保温一体化	采用模网灌浆工艺及岩棉板等材料，与有筋金属扩张网和金属龙骨构成的墙体而成	—	—

除了提高围护结构保温性能，减少采暖负荷还可以通过充分利用太阳能。被动式太阳能利用技术包括阳光间、集热蓄热的墙体以及直接利用等。从 20 世纪 80 年代开始，已有一批研究针对被动式太阳能利用技术在农村住宅中的应用进行了研究[292]~[294]。近年来又有如新型百叶集热蓄热墙[295]和新型孔板型太阳能空气集热墙[67]出现，可以通过吸收和释放热量调节冬季和夏季的室内温度，改善室内热环境。

对于需要室内降温的南方地区，通过外遮阳可以实现夏季隔热，改善建筑建造布局和建筑周边环境来改善夏季或过渡季的遮阳和自然通风。例如，在住宅建筑周围种植树木，有条件的可以开挖池塘等，种植墙体与种植屋面也可以在农村地区良好应用。

从技术措施方面看，现有的围护结构保温技术、被动式太阳能利用技术以及遮阳和通风技术，能够有效地改善当前农村住宅建筑性能，减少冬季采暖需求和夏季室内降温需求。与此同时，我国传统民居中有许多依据当地气候条件和建筑材料而形成的特色值得借鉴，例如陕北的窑洞、福建的土楼、湘西的吊脚楼和安徽的徽居等。这些建筑充分考虑了各地自然环境、资源条件以及生产和生活需求，在改善室内环境和节约资源利用方面积累的技术措施值得深入挖掘，并借鉴到现代农村住宅中。

由于农村建筑主要由农民自主建设，节能技术和措施的应用难以像城镇住宅中一样，通过制定标准、审核设计方案和管理施工过程等环节落实。因此，应针对农村的特点，提出相应的政策和技术的支持。

对于农村围护结构保温和其他被动式节能技术应用和推广，政府可提供两方面的支持和保证：第一，培训农村建筑相关建造技术人员，使越来越多的农村建筑施工队掌握相关技术；第二，因地制宜地提供相关材料和技术获取途径，为新建建筑或既有建筑改造提供便利的条件。

随着农村经济发展，越来越多的农户要求改善居住环境。2009 年以来，我国农村每年约有 10 亿 m^2 的新建住宅竣工，改善围护结构的性能、发展各类被动式节能技术，对改善农民居住环境质量、推动农村建筑节能工作非常重要。

案例论证：

【案例 8.1】：北京农宅节能示范改造

该改造案例 [67] 住宅大多在 1985 年之后建造，绝大多数为砖混结构，围护结构性能较差。其中，外墙主要为 37cm 砖墙，窗户主要为单层玻璃木窗，绝大多数墙、屋顶没有保温措施。

以政府补贴 80% 和住户出资 20% 的形式开展节能改造，改造的技术方案涉及了墙体、屋顶、窗户、地面等方面，如墙体和屋顶加保温，外窗由单层被玻璃改为双层玻璃并加阳光间，采用辐射采暖和节能吊炕。

对比改造前后，换气次数降低了 50% 左右，气密性明显加强。而采暖季平均室温比改造前提高 4 ~ 7℃，采暖能耗降低 27% ~ 44%，累积的综合节能率达 55% ~ 70%，节能效果显著。

【案例 8.2】：黑龙江省生态草板房

该案例 [67] 所在地区住宅建筑为传统的砖房，外墙形式以 490cm 的砖墙为主，外窗多为单层双玻塑钢窗或双层的木窗，围护结构表面结露甚至结冰程度非常严重，冬季环境远没有达到舒适要求。

案例设计考虑在当地建筑施工条件差和交通不发达的情况下，根据当地技术条件和建材资源等确定的方案与技术措施，做到了因地制宜和就地取材。主要的节能技术包括：第一，合理设计空间布局，包括设计门朝向、加设门斗、优化各个功能房间的布局和减少散热面；第二，提高围护结构保温性能，包括选择草板保温复合墙体，坡屋顶的保温材料使用稻壳与草板的保温层，在地层下铺设苯板保温层和单框三玻塑钢窗等措施；第三，充分利用太阳能，包括增加南向外窗的尺寸，构造阳光间等。

在这些措施条件下，利用炊事的余热就可以使得室内温度达到 10℃以上，每户每年仅消耗 1 ~ 2t 秸秆即可满足炊事和采暖需求，而黑龙江省仅采暖能耗平均值就约 3tce。

8.3.2　推广主动节能措施

当前农村地区采暖和炊事设施的能源利用效率较低，在改善建筑性能，依靠被动式技术提高室内环境舒适度和降低能耗的同时，提高采暖和炊事设施的能源利用效率，并通过政策大力支持节能灯具在农村住宅推广使用，同样十分重要。

目前北方地区农村采暖设施以火炕和土暖气为主，传统的炊事用灶具通常与炕相连，传统的灶具、火炕和土暖气的燃烧效率较低，同时非工作面的散热损失大，造成能源浪费。针对炊事的灶具、火炕以及土暖气效率低的问题，已有一些技术改进措施，以提高其燃料利用效率。

第一，省柴灶技术[67]解决传统柴灶热效率低以及燃烧污染严重的问题。通过优化灶膛结构（如设计吊火高度、燃烧室形状、回烟道与出烟口等），采用后拉风灶，调节烟囱高度以及进行余热利用等措施，将传统柴炉的热效率为从 8% 提高到 45%；同时，大幅降低炊事时厨房 CO 的浓度（从 24.9mg/m^3 降低至 6.5mg/m^3）以及 Pm2.5 浓度（从 225.7mg/m^3 降低至 131.4mg/m^3）。

第二，吊炕和高架灶连炕等新型炕[67]解决传统火炕难以调节、炕面温度不均、除灰不便和大量热损失等问题。其中，吊炕通过采用后分烟墙、引洞分烟法和减少炕面的支撑点等措施提高炕面温度分布均匀性，通过适当增加炕洞高度、增加炕体与外墙接触部分的保温并进行余热利用等措施提高炕体热效率，选择导热系数和热容大的材料作为上炕板以满足炕体蓄热要求，合理设计烟囱的横截面积和高度以确保烟道流畅，设置烟插板以实现炕体冬暖夏凉；而高架灶连炕除遵循吊炕的设计措施外，满足了二层房间应用火炕的需求。通过这些技术措施，配合省柴灶技术，此类炕连灶系统的综合热效率从传统的 45% 提高到了 70%，每个炕每年可以节约生物质约 700kgce，并解决了传统炕技术方面的问题。

第三，小型供暖锅炉烟气热回收技术解决土暖气由于排烟热损失和炉体自身散热损失所造成的效率较低的问题。回收烟气的热量，可以用作预热土暖气系统回水或提供生活热水。实际工程证明，如果用于预热回水，平均回收的热量占消耗的一次能源热值的 8% 左右，每户每年可以节约约 250kg 煤炭，节能采暖费约 200 元（按 800 元 /t 计算）。而热回收装置回收期约 2 ~ 3 年，经济性非常好。

以上这些技术措施重点解决炊事和采暖设施的燃料利用效率的问题，其改进的效果也通过实际工程案例得到了验证。省柴灶技术的推广同时也应考虑生物质燃料的清洁利用，如果清洁利用的问题不能解决，柴灶也将被液化气灶或煤灶替代。而推广火炕和土暖气的节能技术，除解决技术本身的适应性问题外，还应探索有效的推广途径。

以上列举的炊事和采暖主动节能技术，从技术可行性方面已得到论证，而要推广实施，需要相关政策支持。

农村地区生物质资源丰富，省柴灶在节省生物质用能方面的优势，并不能显著激励农民对柴灶进行整改。另一方面，液化石油气灶、煤灶和电磁炉等商品能灶具在清洁方面有着显著的优势，在农民收入提高后，更倾向于选择商品能灶具，而并不会主动要求进行柴灶的整改。省柴灶的推广应用，应与生物质能清洁利用技术相配套，而政府在给予技术示范，培训技术人员的同时，也应尽快建立生物质能源收集、处理和推广的体系。

而节能型火炕或土暖气相对而言更容易推广，地方政府提供技术示范、培训技术人员，提供财政补助等方面的支撑，并扩大对节能型火炕或土暖气的宣传，预期可以实现良好的应用效果。

8.3.3　充分利用可再生能源

农村地区有十分优越的条件利用太阳能、生物质能等可再生能源。由于农村住宅分散建造，且绝大多数多为平房或 2 ~ 3 层楼房，有充足的空间利用太阳能；农作物收割后的秸秆、稻草以及薪柴可以直接作为燃料，家畜和家禽养殖产生的动物排泄物可以制作沼气；西北地区一些农村有条件利用风能。这些资源条件是农村地区建筑节能的优势，开发相应的技术，以充分利用可再生能源，是农村住宅节能的重要途径。

从利用能源的类型来看，可再生能源利用技术包括太阳能利用技术、生物质能利用技术和沼气及其他类型能源利用技术。

第一，太阳能利用技术。

当前较为成熟的太阳能利用技术主要包括太阳能热水系统和太阳能空气集热采暖系统等。

农村家庭用太阳能热水系统主要包括太阳能热水器以及太阳能热水采暖系统两类，两者均使用太阳能集热器生产热水。前者提供生活热水，后者主要满足冬季采暖需求，也可以提供生活热水。太阳能热水器已达到高度产业化水平，面积为 $2m^2$ 左右的集热器能够基本满足农村一户家庭生活热水需求，其售价在 1000 ~ 2000 元，且安装和使用简单，基本不需要维护，从技术和经济性方面都适合农村居民使用，这也是当前太阳能热水器在农村广泛使用的原因。而太阳能热水采暖系统的可控性较好，可以服务于采暖和生活热水，但初投资高、运行维护较复杂、冬季常常得热量不足但其他季节容易热量过剩，从经济性和技术可行性方面，暂时还没有达到大规模推广应用的条件。

太阳能空气集热采暖系统是以空气作为传热介质的光热转换系统，相比于太阳能热水采暖系统，具有系统形式简单、初投资较低、运行可靠便于维护和生产方便易规模化等优点，但由于空气热容小，空气集热采暖系统蓄热能力较差，夜间需要辅助采暖设施。总的来看，太阳能空气集热采暖系统经济性和技术可行性方面，在农村地区有较好的适用条件，是解决农村采暖需求的一项有效技术措施。

此外，还有如太阳能光电照明、光伏发电等利用太阳能的技术，由于其初投资过高，系统运行需较多的维护，产品质量还有待提高等问题。在实际工程中也证明，目前此类技术还不适宜于在农村地区大量推广应用。仅对于一些太阳能丰富而偏远的农村地区，太阳能光电照明应用有优势。

第二，生物质能利用技术。

生物质能利用重点需要解决使用清洁、便于存储和运输和经济性等问题，在此基础上，才能吸引农村居民更多的选择生物质能作炊事、采暖和生活热水等用能的燃料。

从生物质清洁利用技术环节来看，秸秆、薪柴等需进行加工处理，处理后的生物质燃料，也应有对应的燃烧炉具。将生物质压缩成型的加工技术，是保证其高效利用的基本条件，目前已有专门的生物质固体压缩成型燃料加工设备[67]（如螺旋挤压式成型机、活塞冲压式成型机和压辊式颗粒成型机等），加工后的生物质燃料体积大约可以缩小到原来的 1/8 左右，便于运输、储存。然而，此类技术的应用还需要解决加工工艺较复杂，当前收集、加工和销售模式成本高和终端使用设备推广不足等问题，才能够有效推广应用。

而清洁利用生物质颗粒的炉具包括炊事炉具、采暖炉具以及炊事采暖两用炉具等形式。这些炉具的主要技术指标包括热效率的指标以及大气污染排放的指标。2008 年，北京市出台了《户用生物质颗粒燃料炉灶通用技术条件标准》DB11/T 540-2008，此后，陆续有一批针对生物质颗粒炉具的质量和性能标准，用以规范炉具的生产和使用。对于炊事炉，标准要求其火力强度不得低于 1.5kW，而热效率不能低于 25%；对于炊事采暖两用炉具，综合热效率不得低于 70%。

此外，还有一种将生物质处理成固体、气体和液体的多联产工艺设备 SGL 气化炉，其技术优势包括运行稳定、安全性高和适应各种生物质原料等，在生产过程中，不消耗别的燃料，不排放废水、废气和废渣，固液气三相产品产量和质量可根据需要调整，生产灵活性强。尽管如此，SGL 气化炉还需解决可燃气净化、管道和灶具防堵塞和炭的质量控制等技术问题。而对于生物质气化的技术而言，目前仍需要解决原料储存、气体燃烧稳定性和控制焦油和水蒸气比例等问题。未来推广应用还需要继续深入研究。

第三，沼气和其他可再生能源利用技术。

在国家大力支持下，农村沼气用户量增长迅速。有报道称，到 2011 年底，全国农村家庭使用沼气达到 3996 万户，占农村总户数的 23%[296]。而在《能源发展“十二五”规划》（国发 [2013]2 号）中，到 2015 年的发展目标为“农村沼气用户达到 5000 万户”且“农村沼气年利用量达到 190 亿立方米”。

在实际使用过程中，由于冬季气候寒冷，低温降低沼气产量进而影响了沼气的推广使用。低温沼气发酵技术改善了由于低温环境延长启动时间、减少沼气产量的问题，其技术核心为低温沼气发酵复合菌剂以及添加剂，在缩短启动时间的同时，增加约 20% 的沼气产量，而且工艺简单易掌握。通过在四川、重庆、江西、湖南等地区的示范项目证明，这项技术可在我国农村户用沼气池与集中供气沼气池中进行推广，非常适宜用于南方地区沼气池的冬季启动和使用。

在长江流域及西南地区，水力资源丰富，一些农村有较好地发展小型水电的条件，水电充裕期也正是夏季居民和农业生产用电高峰期，发展水电有良好的前景。在西北地区和西藏，地广人稀，而农居周边有充足的空间应用光伏，在政策支持下，农村地区发展一定量光伏有较好的节能减排效果。

综合以上技术来看，太阳能热水器和太阳能空气集热采暖系统在农村有较好的利用前景；生物质压缩成型加工技术和颗粒炉具配合，为生物质利用提供了很好的

技术条件，但对于生物质加工过程模式还需进一步调整，以避免成本高、销路窄的问题；低温沼气发酵技术促进了沼气技术的推广；而风能制热技术虽然有着良好的应用前景，目前技术仍不完善。

总的来看，我国农村可再生能源利用的技术还有较大的提升空间。为能够促进农村生物质能的利用，一方面，政策应该大力支持各项可再生能源利用技术的研究以及生物质能收集、加工和销售的模式研究；另一方面，对于太阳能空气集热采暖、小型水电、光伏技术、低温沼气发酵技术等需要进行技术示范，并培训相关技术人员推进应用。

案例论证：

【案例 8.3】：青海省太阳能采暖示范

该案例 [67] 总占地面积为 95923m^2，总建筑面积为 7800m^2，户型面积为 78m^2，建筑形式为砖混单层建筑，被动式太阳能采暖 80 套，主被动结合太阳能采暖 20 套。

采取的节能技术方案考虑了建筑场地选择、建筑朝向和日照间距、建筑平面与形体设计等因素，被动式节能技术为：卧室南立面为“集热蓄热墙＋直接受益窗”，客厅南面附加了阳光间。而主动式太阳能采暖系统包括：太阳能集热器、蓄热水箱、电加热水箱及相关部件，末端为地板辐射散热方式。

在 4、5 月份太阳能采暖可以满足采暖需求，最冷月 1 月太阳能提供的热量约占室内需热量的 61%。整个采暖期平均来看，太阳能采暖平均每天提供热量为 164.5 MJ，而采暖每天平均需供热量为 214.5MJ，电辅助系统每天提供热量 50MJ，按照采暖 242 天，共计电辅助系统提供 3360kWh 电量。

【案例 8.4】：太阳能空气采暖系统应用

该案例 [67] 建筑为平屋顶建筑，房间采暖面积 14m^2。太阳能空气采暖系统是唯一的采暖系统，集热器尺寸为 2m×3m，面积为 6m^2。用钢架支撑集热器，水平面倾角为 50°，并在屋顶上打洞以敷设进、回风管，室外部分的风管都采用良好的外保温措施。

测试室内温度，在室外约 -3℃时，该系统可以维持室内温度 10℃以上。在没有其他补热装置的情况下，用户对室内温度表示满意。分析其能耗与经济性，初投资约为 2000 元，运行时风机运行功率为 30W，风机日平均使用时间约 6h，耗电量 0.2kWh/d，电费仅约 0.1 元。由此可见，该系统初投资与运行费用都非常低。在满足用户需求的情况下，达到了节能的效果。

从生态文明建设和能耗总量控制的目标出发，农村住宅应充分利用优越的自然环境条件和丰富的可再生能源资源，在改善农民居住条件和提高生活水平的基础上，进一步控制商品能耗的总量。

根据对现有的农村节能技术分析，一批被动式节能技术、提高传统炊事和采暖用能设备效率的技术以及可再生能源利用技术已经具备推广应用的条件，在国家政策激励下，可以使得农村住宅节能走一条与城镇住宅节能不同的道路。

具体分析，针对改善农村住宅冬夏季室内热环境的需求，避免传统的采暖、炊事用能方式带来的室内污染，在北方农村尽量避免煤炭使用[297]；应积极地研究建筑被动式节能技术，改进传统的用能设施以减少污染并提高其能效。而从农村的能源条件来看，有条件逐步发展以太阳能、生物质能源和其他可再生能源为主，辅之以电力和液化石油气的新型清洁能源系统，用来解决农村生活用能需求。进而使得在大幅度提高农村生活水平的前提下，燃煤等常规商品能源的消耗总量在目前的水平上进一步降低。

8.4　农村住宅建筑节能规划与目标

归纳农村住宅节能技术途径，应通过宣传引导尽可能保持当前农村居民生活方式，并发展与之相适应的、充分利用自然资源条件的技术。针对南北方用能需求、自然环境和资源条件的特点，在南北方农村分别确立相应的技术措施。

在北方农村，通过对房屋改造，加强保温和气密性，从而减少采暖需热量；发展新型火炕或土暖气技术，充分利用炊事余热，提高采暖能效；同时推广太阳能生活热水系统，发展适宜的太阳能采暖技术，充分利用太阳能；研究推进秸秆薪柴颗粒压缩技术的应用，实现高密度储存和高效燃烧，并探索合适的市场运作模式以降低成本，使得生物质得到推广应用。

在南方农村，在传统农居的基础上进一步改善，依靠加强遮阳和通风条件，通过被动式方法获得舒适的室内环境；积极发展沼气池，用来解决解决炊事和生活热水；解决燃烧污染、污水等问题，营造优美的室外环境。

根据上述对农村住宅用能的关键问题以及对应的节能技术措施分析讨论，考虑未来我国农村住宅中各类终端用能项的用能需求，并分析各项技术因素和使用与行为因素的发展趋势，结合建筑规模总量规划的目标和人口发展预测，对农村住宅节能做出如下规划（图 8.10）：

（1）以被动式节能为主，改善采暖设施并充分利用可再生能源，使得北方地区住宅采暖能耗强度控制在 800kgce/（户·a）以内（60% 采暖面积，10kgce/m^2 以内）；

（2）充分利用生物质能解决 40% 的炊事需求，使得人均炊事能耗控制在约 40kgce/（人·a）；

（3）积极发展太阳能生活热水，解决约 40% 的用能需求，这一比例在南方地区还可能更高，使得人均生活热水能耗控制在 15kgce/（人·a）以内；

（4）推广节能灯具，使得照明能耗强度在 3kWh/（m^2·a）左右；

（5）根据农民实际需求引导农村家电市场，避免高能耗家电进入农村家庭，使得家电能耗控制在 800kWh/（户·a）；

（6）积极发展隔热、遮阳和自然通风的技术措施，营造良好的农村住宅周围环境，使得南方地区空调能耗强度控制在 3 kWh/（m^2·a）左右。

当未来农村人口减少到 4.7 亿，改善农村住宅质量，使得建筑总量控制在 190 亿 m^2 时，农村住宅建筑用能总量控制在 1.32 亿 tce 以内。

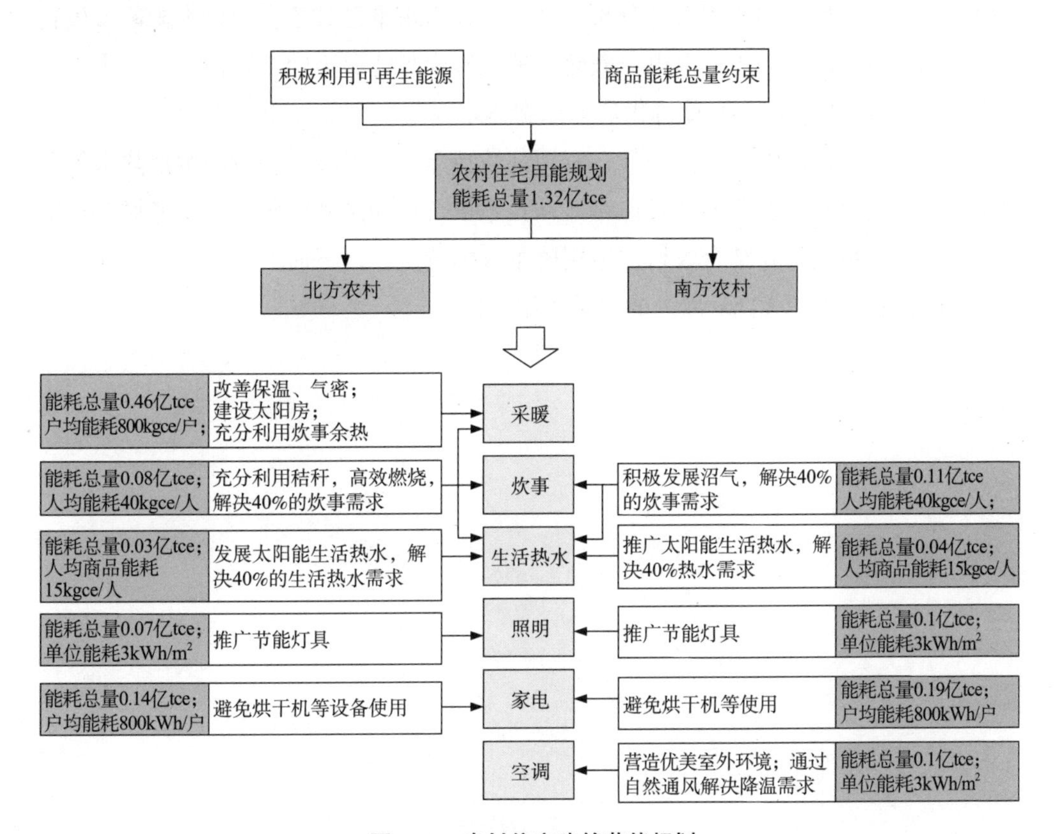

图 8.10　农村住宅建筑节能规划

本章从农村住宅用能现状出发，发现随着农村经济水平的发展，尽管农村居民人口明显减少，生物质能逐渐被商品能取代，农村总的商品能耗持续增加。而农村建筑节能工作体系在政策、标准和技术措施等方面，较城镇住宅节能体系还有一定的差距。

分析来看，我国农村住宅节能首先要解决的是室内热环境较差、传统用能方式造成严重的室内污染，影响人们健康的问题。从终端能耗看，北方地区采暖节能是农村建筑节能的重点，由于其能耗强度大而采暖效果差，并引起室内污染等问题，迫切需要通过被动或主动的方式解决。而随着太阳能热水器的推广应用，农村生活热水用能不会明显增长；节能灯具的推广应用，也将使得照明能耗得以控制；家电设备的拥有量还将有所增长，应遵循农民实际需要，引导节能设备的推广；而南方地区室内降温和采暖、炊事用能类型和用能方式，将是影响未来农村商品能耗总量的主要因素。农村住宅建筑发展模式，对这些终端用能强度有明显的影响。

通过对当前农村住宅的被动式节能技术、炊事和采暖设施节能技术以及可再生能源利用技术的现状和应用实证分析，现有的技术水平已具备发展以太阳能、生物质和其他可再生能源为主，以电、液化石油气等商品能源为辅，以被动式技术作为主要节能途径，建立起农村能源供应与消费体系。

结合南北方地区农村气候条件、资源环境特点，对采暖、炊事、生活热水等各项终端用能提出相应的节能技术途径。从技术可行性和经济性角度，参考城镇住宅各项终端用能情况，并结合农村住宅用能本身的特点，自下而上地提出农村住宅用能总量应控制在 1.32 亿 tce 以内的总量控制目标。

第 3 篇

规划与发展分析

第9章　我国建筑用能总量规划及宏观路径

9.1　建筑能耗总量目标与规划

9.1.1　宏观建筑能耗总量目标

从我国北方城镇采暖用能、公共建筑（除北方采暖外）用能、城镇住宅（除北方采暖外）用能和农村住宅用能现状和可行的能耗强度控制目标分析，在未来我国建筑面积约为600亿m^2，总人口14.7亿，城镇人口达到10亿时，我国建筑能耗总量可控制在8.5亿tce，满足宏观能耗总量控制对建筑能耗不超过11亿tce上限要求，归纳各类建筑用能现状和未来情况如表9.1。

我国各类建筑能耗总量现状及未来规划（单位：亿tce）　　　　**表9.1**

用能类型	2012年	未来
北方采暖	1.71	1.4
公共建筑（除北方采暖外）	1.84	4.4
城镇住宅（除北方采暖外）	1.67	3.84
农村住宅	1.72	1.32
总量	6.93	11

对于各类建筑用能的能耗强度和总量发展规划做以下概述：

（1）北方城镇采暖用能，单位面积能耗强度从当前的16kgce/（m^2·a）逐渐降低到7kgce/（m^2·a），当北方城镇采暖面积从目前106亿m^2增长达到200亿m^2时，能耗总量控制目标为1.4亿tce；

（2）公共建筑（除北方采暖外）用能，当前单位面积能耗强度22kgce/（m^2·a），未来维持在25kgce/（m^2·a）的水平，当公共建筑面积从目前83亿m^2增长到180亿m^2

时，能耗总量控制目标为 4.4 亿 tce；

（3）城镇住宅（除北方采暖外）用能，人均能耗强度从当前 234kgce/（人·a）增长到 384kgce/（人·a），当城镇人口从目前 7.1 亿增长到 10 亿时，能耗总量控制目标为 3.84 亿 tce；

（4）农村住宅用能，人均能耗强度（商品能耗）从当前 248kgce/（人·a）增长到 282kgce/（人·a），当农村人口从目前 6.4 亿减少到 4.7 亿时，商品能耗总量控制目标为 1.32 亿 tce。

在技术进步和人们生活水平提高等因素综合作用下，规划的各类能耗强度趋势表述为：大幅降低北方城镇采暖能耗强度，维持公共建筑当前能耗强度，城镇住宅和农村住宅能耗强度有所增长；而能耗总量趋势表述为：公共建筑（除北方采暖外）和城镇住宅（除北方采暖外）能耗总量增长，而北方城镇采暖和农村住宅能耗总量降低。为了实现能耗强度和总量规划的目标，对不同建筑用能采取相应的措施，同时控制建筑规模。

9.1.2　各类建筑能耗目标实现路径

分析各类建筑用能现状和特点，基于人口、建筑面积等各类建筑用能宏观影响因素发展趋势以及各项终端能耗需求，考虑技术因素和使用与行为因素，对不同建筑用能提出了实现总量控制的目标节能路径，总结如下：

（1）北方城镇采暖

推动北方城镇采暖节能的主要技术措施包括：一是改善围护结构保温以降低采暖需热量，需要改善外墙、外窗的保温性能并处理好室内通风换气的需求；二是落实热改，消除过热现象；三是大幅度提高热源效率，即扩大高效热源（如基于吸收式热泵的热电联产供热方式、燃气锅炉的排烟冷凝回收等）的供热面积，推广工业余热供热利用。

保障这些技术措施得以实施的政策建议为：推动供热机制体制改革，包括改革供热企业经营方式、引入市场节能服务机制以及计量收费方式等；推动供热末端形式改革，促进低温供热末端方式逐步替换现有以散热片为主的形式；推动《民用建筑能耗标准》落实应用，通过实际能耗及各环节相关指标引导节能；推动供热设计标准改革，包括供热末端参数、管网参数与热源方式等标准内容。

在以上技术措施和政策保障下，使得北方各地区建筑需热量的范围从目前的 60 ~ 120kWh/m^2 降低到 28 ~ 80kWh/m^2；过量供热损失从目前 15% ~ 30% 降低到10%以下；大力发展高效热电联产与工业余热利用，为集中供暖建筑提供50%～60%的负荷需求，末端采用天然气调峰锅炉，从而实现北方城镇采暖能耗总量控制在1.4亿tce的目标。

（2）公共建筑

推动公共建筑节能的主要政策和措施包括：首先，确立以实际能耗为约束条件的节能工作体系，包括推动《标准》贯彻实施，推广大型公共建筑分项计量和其他公共建筑能耗计量工作；第二，规划和引导公共建筑的建筑形式，限制"采取机械通风配合集中控制系统"建筑的建设面积，鼓励各类适宜于使用方式的节能技术研发和引用，如节能灯具、各种被动式通风和采光技术等；第三，重视使用与运行模式对建筑能耗的影响，发展支持绿色使用模式的技术研究并引导其应用，通过宣传和培训，提高使用者的节能意识；推动ESCO模式，发挥市场促进节能的作用。此外，应逐步让市场调节能源价格，通过经济因素促使公共建筑运营管理方积极开展节能工作。

在以上政策和技术措施引导下，维持当前各类公共建筑能耗水平，按照《标准》给出的约束性能耗指标促使高能耗建筑采取节能措施降低实际运行能耗，引导性能耗指标激励公共建筑运行方降低能耗，在尽可能消耗少的能源情况下，满足各类使用需求。在未来公共建筑面积达到180亿m^2时，能耗总量不超过4.4亿tce。

（3）城镇住宅

推动城镇住宅节能的主要政策和措施包括：首先，建立以降低实际能耗为导向的住宅节能政策体系，例如，从2012年7月开始全面实施的住宅阶梯电价政策；第二，从建筑规划和形式设计被动式节能，包括小区规划时注意建筑的合理布局，优化自然采光和自然通风条件，并注重建筑本体的被动式设计（如保温、遮阳、通风和采光等）；第三，发展支持住户可以根据不同需要独立灵活调节的设备或系统，避免在住宅使用集中空调系统和集中机械通风系统，当可以利用工业余热、水源或地源热和太阳能时，应根据住户存在差异性需求充分论证集中采暖或生活热水系统的技术适宜性；第四，提倡绿色生活方式，鼓励使用者行为节能，例如，人走关灯，及时关掉有待机电耗的电器；此外，推广节能灯具应用，提高家用电器能效，逐步淘汰低能效家电，避免某些大量增加额外用能需求的家电进入市场。

在以上政策和技术措施引导下，充分考虑城镇居民在生活热水、南方采暖、空调和家电等用能项增长的需求，城镇居民人均能耗从目前234kgce/（人·a）增长到384kgce/（人·a），在未来城镇人口达到10亿时，城镇住宅能耗总量不超过3.84亿tce。

（4）农村住宅

推动农村住宅节能主要政策和措施包括：首先，发展以生物质能源和可再生能源为主，加电力和液化石油气辅助的新型清洁能源系统，解决农村的用能需求，使得在大幅度提高农村生活水平的前提下，燃煤等常规商品能源的消耗总量在目前的水平上进一步降低；其次，大力发展被动式节能技术，充分利用自然条件改善农村住宅室内环境水平。

针对南北方农村气候条件和资源条件的差异，建议：

在北方农村，发展被动式技术和生物质能以满足采暖、炊事和生活热水的需求，从而减少用煤量，推广“无煤村”。具体措施包括：第一，进行房屋改造，加强保温和气密性，从而减少采暖需热量，发展火炕以充分利用炊事余热；第二，发展各种太阳能采暖和太阳能生活热水技术；第三，推广秸秆薪柴颗粒压缩技术及生物质燃料灶具，实现高密度储存和高效燃烧。

在南方农村，充分利用自然条件改善室内环境，借鉴传统民居的设计经验，推广“生态村”。具体措施包括：第一，进行房屋改造，借鉴传统农居的优点，通过被动式方法改善的室内环境；第二，发展沼气池和太阳能生活热水，解决炊事和生活热水用能需求；第三，发展生物质清洁使用技术，解决燃烧污染、污水等问题，营造优美的室外环境。

在以上政策和技术措施引导下，考虑农村居民改善室内环境需求和提高生活水平的要求，农村居民人均能耗从目前 248kgce/（人·a）增长到 282kgce/（人·a），在未来农村人口减少到 4.7 亿时，农村住宅商品能耗总量不超过 1.32 亿 tce。

9.2　发展情景预判

9.2.1　未来宏观建筑能耗发展情景

建筑能耗总量受建筑面积、人口等宏观参数和各类建筑能耗强度共同影响。我国正处在社会和经济高速发展的阶段，从近十年的发展历程分析，我国未来建筑能耗还有明显增长趋势。下面从宏观参数和建筑能耗强度两方面分析，基于 TBM 模型，对我国未来建筑能耗进行情景预判。

（1）宏观参数

综合关于我国人口和城镇化的研究[156]，未来我国人口总量峰值将达到 14.7 亿，城镇化率将增长到 70% 左右，届时城镇人口将达到 10 亿，约增长 3 亿人，而农村人口将大幅减少。

而从当前我国各类建筑建设速度以及与发达国家人均建筑面积对比，未来我国建筑面积规模还可能大幅度增长。其中，由于城镇人口的大幅增加，各地区城镇住宅和公共建筑面积增长趋势明显，随之北方城镇采暖面积也将明显增长；尽管农村人口减少，目前农村年新建建筑面积约 10 亿 m^2，农村住宅面积也有可能增长。按照第 3 章关于我国建筑面积的规划，我国未来建筑面积规划发展模式见表 9.2，在考虑环境承载力的情况下，我国建筑规模应参照日本、韩国等亚洲发达国家发展模式，建筑面积应尽可能控制在 720 亿 m^2，不能超过 800 亿 m^2。

我国未来建筑面积规划发展模式　　**表 9.2**

发展模式	公共建筑	城镇住宅	农村住宅	总计	说明
1. 严格控制	120	300	190	610	严格控制各类建筑面积
2. 中等控制	180	350	190	720	中等控制城镇住宅规模
3. 基本控制	200	400	200	800	建筑规模控制的上界点

（2）建筑能耗强度

随着社会和经济的发展，除北方城镇采暖外，各类建筑用能强度具有较大的增长潜力。导致能耗强度增长的原因可以从以下几个方面归纳：

第一，生活方式和使用模式发生变化。例如，居民卫生要求提高，生活热水使用量增加；对室内环境改善需求增长，夏季空调使用时间延长，而南方地区采暖使用时间延长。

第二，建筑和系统形式变化，增加了用能需求。在新建建筑中，出现了越来越多的大体量建筑，由于建筑形式或设计理念，这类建筑大量采用机械通风配合集中控制系统，一方面难以利用自然通风改善室内环境，不得不依赖机械系统进行通风；另一方面，当前大部分集中系统末端调节能力较差，在末端需求不断变化，且不同房间使用需求差异性大的情况下，集中系统往往提供了超出实际需求的服务，以保证系统所负责的区域所有末端随时达到控制目标。

第三，各类设备或系统的拥有率增加。在城镇和农村住宅中，表现为家电设备拥有率增加，如计算机、洗衣机和冰箱等常见家用电器；一些高能耗的家用电器进入家电市场，如带热水功能的洗衣机、烘干机和洗碗机等。

综合考虑影响建筑能耗的宏观参数和建筑能耗强度发展趋势，对未来建筑面积、

能耗强度分别作情景分析，在建筑面积按照 610 亿 m^2、720 亿 m^2 和 800 亿 m^2（情景 1 ~ 3）时，能耗强度如果按照当前发展趋势（情景 A）以及根据研究中提出的各类建筑节能途径（情景 B）两种情景下，对未来建筑能耗总量预判如表 9.3。情景 B1 是本研究提出的建筑能耗控制目标，通过控制建筑规模并推动各项节能政策和技术措施，可以实现在建筑面积达到 720 亿 m^2 时，建筑能耗总量约 11 亿 tce。

未来建筑能耗总量预判　　**表** 9.3

建筑面积情景	情景1	情景2	情景3
未来建筑面积（亿 m^2）	610	720	800
能耗强度情景	建筑商品能耗（亿 tce）		
情景 A：按照当前发展	14.5	17.1	19.0
情景 B：控制能耗强度	9.3	11	12.2

从建筑面积情景 1 ~ 3 看，即使大力控制能耗强度，当未来建筑面积超过 800 亿 m^2 时，建筑能耗总量将超过 11 亿 tce 的建筑能耗上限，控制建筑面积规模是实现建筑能耗总量控制的重要环节。

从能耗强度情景 A、B 看，如果保持当前建筑能耗强度的增长趋势，即使控制建筑面积总量不超过 720 亿 m^2，未来建筑能耗总量也将大大超过建筑能耗总量上限的控制目标。因此，应加强对各类建筑能耗强度引导控制。

总结而言，建筑能耗总量控制，一方面要严格控制建筑面积规模，不能超过 800 亿 m^2，尽可能控制在 720 亿 m^2；另一方面在落实北方城镇采暖、公共建筑、城镇住宅和农村住宅的各项节能政策和技术措施，使得建筑能耗强度增长趋势得以控制。从而使得未来我国建筑能耗总量尽量维持在 11 亿 tce 以内，为保障国家能源安全、应对气候变化和保护环境做出努力。

9.2.2　几项技术和使用与行为对宏观能耗影响分析

结合 TBM 模型对使用与行为因素和技术因素的考虑，分析照明节能技术、夏热冬冷地区采暖方式和住宅中空调形式在不同应用规模下的情景，论述其对建筑能耗的影响。

（1）照明节能技术

影响家庭照明能耗强度的技术因素包括灯具类型，使用与行为因素包括常用灯具数量和灯具使用时间等。TBM 将家庭照明能耗强度模型表述为：

$$Li_{UE}=365\times LH_{US}(LH_{UD})\times LN_{US}(LN_{UD})\times F(LL_{US}(LL_{UD}),\ LT_{UT}(LT_{UD}))\quad(9\text{–}1)$$

式中　Li——表示照明能耗强度 [kWh/（户·年）]

LH——表示照明日使用时间（h/d）;

LN——表示家庭灯具数量（个 / 户）;

F——表示灯具的功率（W），受灯具照度（LL）和灯具类型（LT）两个参数影响。

下标 UE 表示城镇住宅能耗，US 表示城镇住宅使用方式参数，UT 表示城镇住宅技术参数，UD 表示各个参数的分布量。

基于这个认识，分析整理关于家庭照明设备使用方式的调查数据，当前城镇住宅照明的使用时间、常用灯具数量分布如图 9.1。灯具平均照明使用时间约 3.8h/d，户均常用灯具个数（指灯泡）约 10.6 个 / 户。

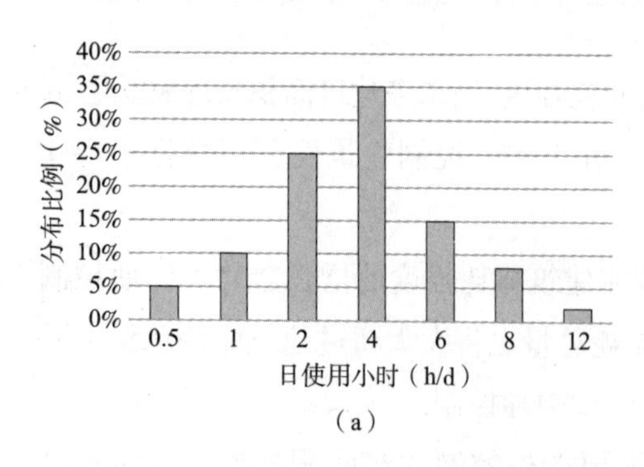

（a）

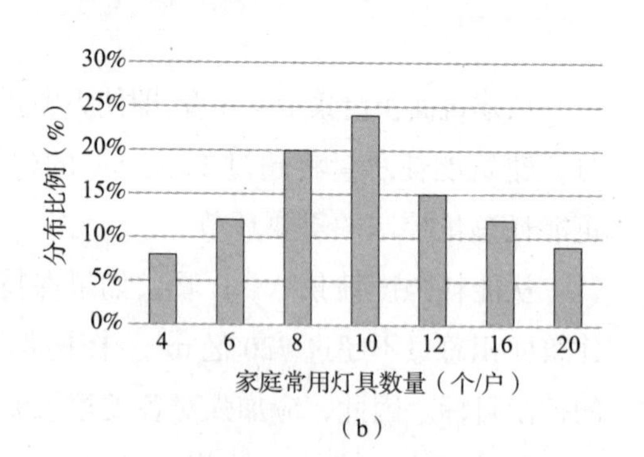

（b）

图 9.1　家庭灯具使用方式（使用时间和安装数量）

（a）灯具日使用时间;（b）家庭常用灯具数量

如果当前的使用方式不变，大力推广节能灯具和 LED 灯具，使得未来节能灯具拥有率从约 24% 增长到 70%，LED 灯具拥有率增长到 20%，家庭照明平均能耗强度将从目前的 388kWh/（户·a）降低到 209kWh/（户·a）。当未来城镇家庭达到 3.5 亿户时，年减少照明能耗 627 亿 kWh。

（2）夏热冬冷地区采暖方式

影响夏热冬冷地区采暖能耗的技术因素主要包括建筑围护结构性能和采暖设备能效，使用与行为因素主要包括采暖使用时间和房间。

分析采暖使用方式的特点，大致可以归纳出四种差异明显的使用方式：类型 I，冬季全天连续运行，所有房间都采暖；类型 II，人员在家时，开启家庭集中采暖设

备；类型 III，人员在家时，在起居室或卧室开启房间采暖设备；类型 IV，人员在家时，感觉到冷了才开启房间采暖设备。类型 I 使用模式通常为集中采暖系统支持的形式，2013 年调查夏热冬冷地区某市集中供热系统单位面积采暖耗热量为 0.32GJ/（m^2·a），该供热系统热源为燃煤热电厂，如果按照大型燃煤热电产生产热力的一次能耗为 18kgce/（GJ·a），该集中供热系统单位面积一次能耗量为 5.8kgce/（m^2·a）；而从调查数据来看，采用分散式采暖设备的使用方式多为类型 III 或类型 IV，采暖电耗强度约 3 ~ 4kWh/（m^2·a）。

当未来夏热冬冷地区住宅建筑面积增长到 120 亿 m^2 时，如果按照当前分散式采暖设备的使用方式，以及不同程度推广集中采暖系统，得到不同夏热冬冷地区采暖能耗总量情景如图 9.2。如果推广集中采暖，将使得夏热冬冷采暖能耗达到 0.69 亿 tce，比保持当前采暖用能水平下增长超过 0.5 亿 tce，约为当前城镇住宅（除北方城镇采暖外）能耗的 40%。

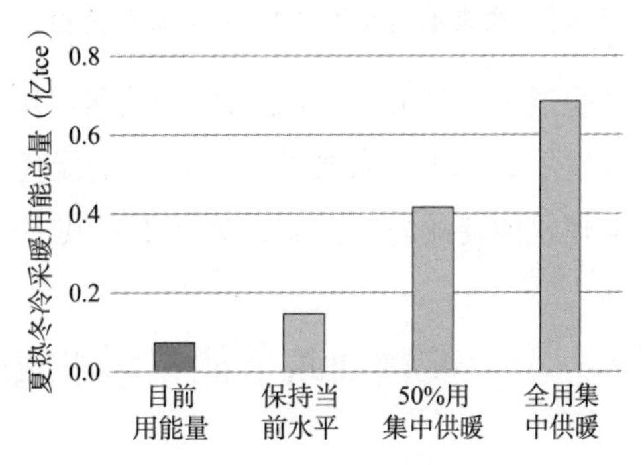

图 9.2　夏热冬冷地区未来不同采暖方式下的能耗总量

（3）住宅中的空调形式

与夏热冬冷地区采暖用能类似，影响空调能耗的技术因素主要包括建筑围护结构性能和采暖设备能效，而使用与行为因素主要包括采暖使用时间和房间等。

当采用末端可灵活调节的空调设备时，用户通常选择根据实际热感受来开启空调设备，很少人会按照固定的时间开启空调。而如果在住宅楼中安装中央空调系统，住宅中的空调使用模式通常为夏季“全时间，全空间”运行，能耗强度大幅增长。根据调查和能耗模拟分析，整理当前不同地区空调能耗水平和集中空调系统能耗水平见表 9.4。

不同地区空调能耗水平与集中空调能耗强度（kWh/m^2）　　表 9.4

气候区	当前水平	集中空调
严寒及寒冷地区	2 ~ 3	20
夏热冬冷地区	6 ~ 7	25
夏热冬暖地区	8 ~ 9	40

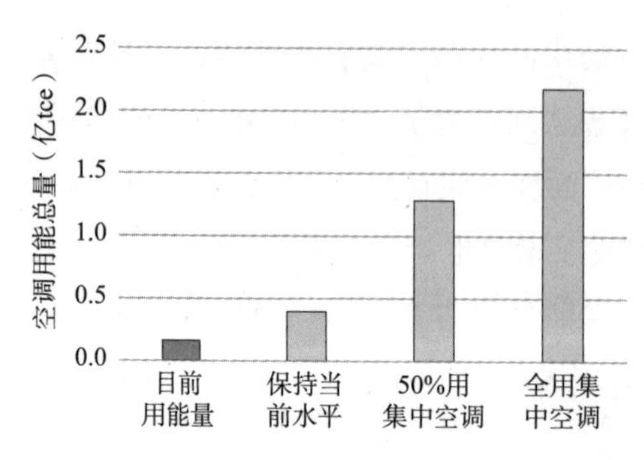

图 9.3　未来不同空调方式下的空调能耗量

考虑未来集中空调系统应用的比例，对空调能耗发展情景分析如图 9.3。可以看出，如果全面应用集中空调，城镇住宅终端用能仅空调一项就将超过 2 亿 tce。

从未来宏观建筑能耗发展趋势来看，一方面应按照各项可行的政策和技术措施，加强对建筑能耗强度的控制；另一方面，应规划和引导建筑面积规模，尽可能不超过 800 亿 m^2。而分析影响建筑终端用能的技术因素和使用与行为因素，在不同的发展模式下，各类终端用能项的能耗总量都可能有较大的差异。因此，应全面考虑建筑能耗的影响因素，并注重对其中的关键因素的引导和控制。

9.3　我国建筑节能技术路线的政策建议

9.3.1　建筑节能应根据用能总量规划进行控制[①]

（1）严格控制建筑能源消耗量

从保障国家能源安全角度考虑，应加强对能源消耗量的控制，避免因过度消费而导致依赖能源进口来保障供应；从化石能源消耗产生碳排放，导致全球气候变化而威胁人类生存的角度看，也应控制化石能源消费量。因而应尽快推进能源消费总量控制。建筑用能是能源消费的主要组成之一，控制建筑能耗量，是实现能源消耗总量控制和国民经济稳定发展的基本保证。针对建筑能耗总量控制，提出以下政策建议：

第一，明确建筑能耗总量及各类建筑能耗规划目标。

在国家能源发展规划中，应明确建筑能耗总量及工业、交通能耗总量控制目标，进而确定各类建筑用能总量的规划目标。以此为依据，加强对建筑能源消耗的监督管理，从而确定建筑节能总体工作目标。各级政府可参照国家规划的总量，对本地能源消耗进行控制，以是否达到能源控制目标作为政府工作的考核内容，强化政府在国家资源消耗管理方面的作用。

第二，推行各类建筑能耗指标管理。

① 注：以上9.3.1和9.3.2项政策建议，在中国工程院城镇化项目“中国特色新型城镇化发展战略研究”中，经项目专家组论证，写入项目综合研究政策建议中。

推行能耗指标管理，是自下而上实现能耗总量控制目标的基础。《标准》为能耗指标节能管理提供了依据。在建筑设计、施工、运行及后期改造等过程中，应充分利用该标准提出的各项能耗指标，规划和引导建筑用能水平。

第三，大力发展生物质、太阳能和工业余热利用技术。

农村地区有丰富的生物质能源，完全可以解决农村炊事、生活热水和采暖需求；而北方城镇工业生产排放的热水或热气的余热是供热良好的热源，利用工业余热供热可以减少大量一次能源需求。政府应通过财政补贴、奖励措施等大力发展生物质、工业余热和太阳能利用技术，以减少对商品能源的消费需求。

（2）引导建筑使用与自然相和谐的理念

以往建筑节能工作面临的一项主要矛盾是日益增长的室内环境改善需求与能源供应的紧缺。在南方部分省份，由于电力供应不够，夏季拉闸限电的情况时有发生，依靠机械设备全面控制室内环境的建筑设计和使用理念，必然使得建筑能源消耗随着改善室内环境的需求增长而增加。“十八大报告”提出的生态文明建设理念，给建筑节能提出了新的要求，也提供了新的思路。人与自然和谐发展的理念，适用于建筑使用。一方面，建筑室内环境营造应充分利用自然条件，减少因强调机械控制增加的能源消耗；另一方面，在建筑各项终端用能环节中，突出行为节能的作用，增强节约能源的意识，并发展与节能行为相适宜的技术，是在建筑使用过程中，尊重自然并与自然和谐共处的选择。从政策层面，对建筑使用的引导可以从以下几个方面着手。

第一，充分开展绿色生活方式的宣传教育。

推动建筑使用方式节能的主体包括个人和集体，涉及居民生活、公共服务和商业活动的各个环节，因而开展宣传教育十分重要。倡导要“消费但不浪费、舒适但不奢侈”的生活和能源消费理念，可以通过培训机构、媒体、民间公益组织、学校等对节能管理人员、一般民众和学生进行宣传和培训，明确绿色生活方式的内容和形式；在重要的公共活动（如运动会、博览会等）中通过公益广告的形式宣传绿色生活理念；通过相关出版物和网络向公众普及绿色生活方式的知识。通过以上多种方式，使得接受绿色生活方式理念的人越多，越有助于通过建筑使用方式节能。

第二，支持绿色生活方式以及与之相适宜的技术措施研究。

支持对绿色生活方式概念和内容的研究，评价在建筑使用过程中室内环境营造对人身心健康的影响，辨识“恒温、恒湿、恒氧”的机械化营造理念误区，从而科学引导绿色生活方式。另一方面，建筑和系统形式影响生活方式，从建筑使用者对室内环境需求差异出发，应发展能够灵活满足不同需求的技术措施，使得“部分时间，部分空间”的使用方式有技术支持，例如，可以根据使用者需要充分利用自然通风的被动式建筑设计措施；可以灵活调节各个末端开关状态以及控制参数的空调、采暖和通风设备或系统等。此外，支持在居民家庭中安装监测实时能源用量的显示器，通过直观的能源消耗与相应的经济支出同步显示，激励使用者通过行为节能。

第三，积极发挥示范作用。

首先是发挥政府的示范功能，在政府办公建筑中倡导绿色使用方式，并推广与之相适宜的建筑和系统形式，推广以实际能耗为衡量标准的评价方法。一方面能够起到实质性的节能减排作用，另一方面也将起到良好的表率作用，引导全社会共同参与。其次，通过示范性工程，将绿色生活方式以及实际的建筑形式和技术措施作为榜样宣传，以实际能耗与室内使用的评价作为依据，避免突出宣传采用高技术进行节能，而是强调绿色生活方式及采用与之相适应的节能技术。

第四，调整建筑节能相关激励或管理政策。

首先，应逐步取消以奖励为主的产品或技术的推广政策激励方式，避免某些主体为获得政府奖励而推广实际工程不适宜的技术，或增加消费需求的产品和技术。例如，“家电下乡”补贴政策，起到了救助一些家电企业的作用，却并没有针对性地解决农民生活最迫切和主要的需求，而是促进了一些在当前阶段农民生活需求不大的电器进入农村市场，增加了农村商品用能需求。相应的，应积极推广阶梯电价政策，通过大幅提高超过大多数居民用电水平用电量的电价，促使高能耗家庭通过主动行为调节节省能耗。

严格控制建筑能源消耗量，应是未来建筑节能工作的总体目标。在政策上，一方面，应自上而下地对能耗总量和指标进行严格管理，并积极开发利用生物质、工业余热和太阳能；另一方面，应推动建筑使用与自然相和谐的理念，从生活方式与技术措施方面，引导建筑使用过程中的用能需求，避免工业文明倡导的无限制满足人的需求的发展方式，在建筑运行方面，建立起与自然和谐的消费模式及相适宜的技术支撑体系。

9.3.2　规划建筑面积总量，避免能源和资源浪费

（1）控制城镇建设合理的规模，避免无序扩张

在城镇化发展过程中，因对城镇规模缺乏合理规划，每年新建建筑面积不断攀升，以此趋势，未来住宅和公共建筑面积将大大超过改善居民居住和工作环境的实际需求。然而，建筑规模既是影响建筑用能总量的主要因素，同时建筑营造过程将

消耗能源和资源。在资源和环境条件约束下，规划建筑规模十分重要。参照我国资源条件以及与发达国家的对比情况，建议我国未来建筑面积控制在 720 亿 m^2 左右。

针对建筑总量无控制规划、建筑量高增速的问题，以及市场以房屋作为投资手段影响大部分居民改善居住条件的问题，建议从以下几方面着手进行宏观调控：

第一，严格控制城镇建筑总量，合理规划各类建筑建设规模。

在国家发展规划中确定城镇建筑面积总量，建议城镇住宅以 350 亿 m^2 为上限，公共建筑以 180 亿 m^2 为上限，各地政府根据当前经济水平及未来可能的人口规模制定城镇建筑面积控制规划，并且地方规划面积总和符合全国建筑面积控制目标。在建筑面积规划过程中，建议按照住宅、公共服务和商业活动等建筑类型规划和引导建设规模。

对于城镇住宅，结合未来城镇人口规模的研究，依据城镇住宅面积不超过 $30m^2$/ 人的原则，制定各地区居住建筑面积的城镇建设规划；同时，严格限制房地产开发商建造大户型、超大户型的住房数量，保障中低收入人群能够购买到合适的住房，继续推进落实建设部于 2006 年发布的“关于落实新建住房结构比例要求的若干意见”[139]。

对于公共建筑，如政府办公、医疗、教育、交通枢纽和文体场馆等公共服务型建筑，政府可以加强规划和执行力度，而不同功能适用于不同发展规模。首先，严格控制政府办公建筑人均面积，带头做节约资源的示范；其次，按照人口及当地发展定位，合理规划交通枢纽建筑面积规模；第三，提高医院、学校、文体场所等服务居民生活的公共服务建筑质量和设计水平，鼓励适当增加其建设规模，提高公共服务的水平，同时丰富居民文化活动以提高居民生活幸福感。而对于如商业办公、大型商场、酒店等商业活动类型建筑，政府应根据当地实际发展水平以及未来商业活动发展趋势，加强引导和规划。例如，考虑当前网络购物模式快速发展，建议控制商场及城市综合体建筑建设速度和规模，根据调查，多地已出现了商场建筑空置的现象。

第二，逐年减少新建建筑面积，确保建筑业与相关产业稳定发展。

明确建筑总量规划目标下，尽快减缓建筑营造速度，避免由于建筑市场饱和对建筑业及建材、钢铁和水泥生产等相关产业的冲击。如果以建筑 70 年寿命规划（发达国家通常以 100 年甚至更长为建设目标[298]），在未来城镇面积达到 530 亿 m^2 时，每年拆除建筑约 8 亿 m^2，而当前城镇建筑速度近 20 亿 m^2，因此，应逐步减少新建建筑面积。房地产企业通过扩大建筑面积追求商业利益，控制建设速度对其经济收益造成直接影响，故难以通过市场进行主动调整。需依靠各级政府进行宏观规划和调控，以减缓建筑营造速度。从长期的发展来看，控制建筑营造速度，对于市场的发展也是有利的。

此外，通过征收房产税和房产交易税，抑制以住房作为投资手段，即抑制商品房建设的动力，在控制房价过度增长的同时，还能起到真正改善中低收入居民家庭居住水平的作用，是调节住宅建造规模和建设速度的重要措施。

总体来看，在确定总量规模的情况下，逐步减缓建筑速度，对于城镇住宅，应从控制居住建筑户型面积大小着手，提倡精品家居理念，使得居民更多关注到提高住房质量和居住品质，而不是建筑面积大小；对于公共管理建筑，严格管理政府办公面积，根据功能需求规划和引导各类公共建筑建设速度和规模。

（2）提高农村住宅建筑质量，改善室内环境条件

与城镇建筑建设模式不同，农村住宅建筑主要为农民在其宅基地上自行建造。在当前农村人口明显减少的情况下，农村新建建筑面积仍维持在10亿m^2左右。分析其原因，一方面，农村住宅建筑大多质量较差，建筑使用寿命短；另一方面，农民在收入提高的情况下，有改善居住条件的需求。根据当前农村住宅现状来看，农村建筑建设重点在提高农村住宅建筑质量，结合当地的资源条件，发展各种被动式措施进行建设，以改善室内环境提高居住环境品质。针对农村经济条件薄弱、技术水平较差等问题，提出以下政策建议：

第一，在政策和技术上给予农民建房支持，提高农村住宅建筑质量。

在政策上，对于经济薄弱的地区或贫困农户，可以给予一定的财政支持，改建其住房；在技术上，各地政府结合对贫困农户住宅改造，建设一批示范型农宅，充分利用当地资源条件和建筑材料，在提高建筑质量的同时控制建造成本，对农村建筑施工人员进行培训，提高农民建筑水平。

第二，正确引导农民住宅建设模式，避免盲目参考城镇。

对于从事农业生产的农民，其住宅常常结合了生活和生产的功能。即，农村住宅建筑，一部分为农民居住使用，一部分为生产提供必备的空间，例如存放农具、储存农产品、圈养牲畜等。由于生产方式与从事第二或第三产业城镇居民巨大的差异，农村住宅应根据农业生产特点进行建设。一些地区在农村大量建设多层或高层住宅楼，将从事农业生产的农民从原有住宅迁入住宅楼中。这样的建设模式，一方面，容易出现城镇住宅建筑盲目扩建的问题；另一方面，不利于农民从事农业生产。因此，应尽可能避免这种农宅建设模式。

9.3.3　推动以能耗强度为衡量指标的节能路线

实现建筑能耗总量控制，需以建筑能耗强度控制为基础。从建筑能耗的影响因素来看，节能不但与技术措施相关，还与实际运行和使用方式密切相关。因而，控制建筑能耗的思路是，以能耗强度为约束条件，引导节能使用方式并推动相适宜的技术研究和应用。根据能耗总量和能耗强度控制的要求，自上而下地提出相应的发展规划、政策措施、设计和评价标准、技术研究和应用方式等，建立以实际能耗为约束条件的节能工作体系。为此，提出以下政策建议：

第一，建立以能耗指标为约束条件的建筑节能管理和评价体系。

在建筑节能相关法律法规中，明确提出能耗指标的约束条件，对建筑用能进行监管；落实《民用建筑能耗标准》的应用，在城市建设规划和能源规划、建筑设计、施工、运行和节能监管等各个环节充分利用其各项指标；支持一批围绕能耗指标为约束的建筑节能设计、评估标准编制并实施，从技术方面保障能耗指标可行；完善节能评价方式，综合考虑实际能耗和使用者的评价因素，提出新的评价方式，避免对一些以高能效技术应用为节能依据的建筑进行支持和表彰。

在法律法规、节能设计和评价标准的支撑下，各级建筑节能监管部门应以实际能耗为依据，加强对建筑设计和建筑运行阶段的管理，推动以实际能耗为约束条件的节能工作开展。

第二，推动建筑节能技术适宜性研究。

技术应用应建立在适宜性分析的基础上。从这方面看，应支持各类技术的适宜性研究，鼓励在不同的条件下，发展不同的适宜性技术，通过考察实际能耗与使用者对服务满意情况，树立适宜技术应用的示范，进而激励建筑设计、施工与改造过程中，选择与实际运行情况相适宜的技术。

第三，促进以降低实际能耗为节能目标的市场运作机制。

借鉴发达国家能源管理公司市场模式，通过政策引导、财政支持、技术培训和市场管理等措施，推动能源管理公司发展，促进市场在建筑节能过程中发挥作用。

通过以上政策措施，逐步建立以实际能耗为约束条件的建筑节能工作体系，在对建筑面积规模控制的条件下，最终实现建筑能耗总量控制的目标。

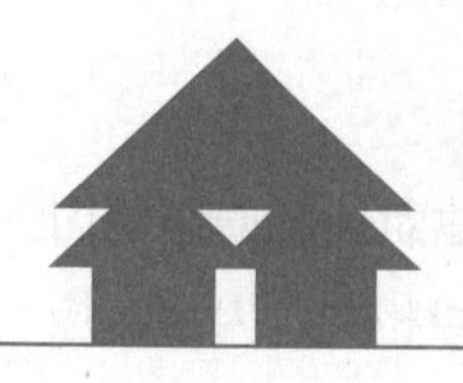

附录　基于技术和行为分布的宏观建筑用能分析模型

宏观建筑用能模型是研究宏观建筑能耗量，以及分析政策和技术产生效果的重要工具。一方面，通过宏观建筑能耗模型，可以自下而上地分析各类建筑用能的能耗量；另一方面，研究宏观建筑节能政策和技术措施的影响，并对未来建筑能耗发展趋势进行分析，也需要能耗计算分析工具。

第 4 章从我国建筑能耗特点出发，分析建筑用能的组成和影响因素。认为中国建筑用能应分为北方城镇采暖用能、公共建筑用能、城镇住宅用能和农村住宅用能四类。分析建筑能耗总量时，应考虑宏观参数和建筑能耗强度参数，而影响建筑能耗强度的因素可以分为技术因素和使用与行为因素。以这些认识为基础，附录部分首先分析当前一些公布了中国建筑能耗数据的宏观建筑能耗模型；针对现有模型存在的问题，建立基于技术和行为的宏观分析模型，并对其数据可得性、验证方法和应用进行了分析。

0.1　已有建筑用能计算模型分析

宏观建筑能耗量可以通过拆分工业、建筑和交通等各类终端能耗自上而下获得，为详细分析建筑能耗的组成，一些研究机构基于各项具体的建筑用能需求，提出了自下而上的计算模型。

IEA 每年发布的《世界能源展望》(World Energy Outlook)[19] 报告中，采用了 WEM 模型对建筑能耗进行计算，其模型结构[64] 如图 0.1 所示。分析 WEM 模型，将建筑用能分为住宅和公建两类，终端用能项包括采暖、生活热水、炊事、照明和家电等五类。将人均 GDP、人口、城镇化率和户数作为社会和经济驱动因素，建筑面积、住宅入住率、服务业增值、用能价格和历史能耗等活动变量，这些可认为属于宏观参数，模型以各类终端项的能耗强度作为输入参数，未考虑技术及使用和行为参数的变化对能耗的影响。

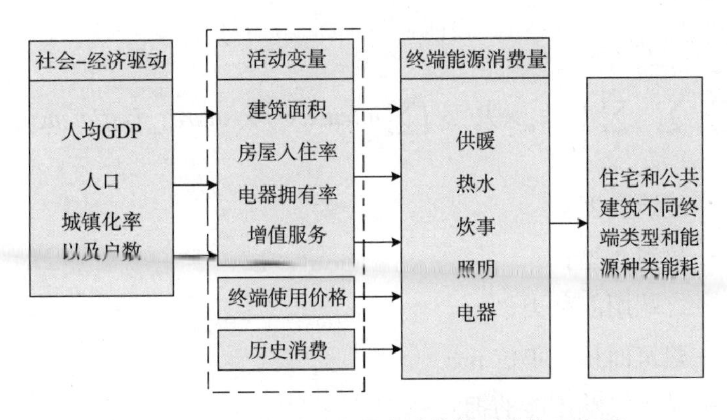

图 0.1　WEM 中住宅和服务建筑模型结构示意图

LBNL 的 Zhou Nan 等 [55] 研究将中国的建筑能耗分为住宅和公共建筑两类。在计算住宅建筑能耗时，考虑农村和城镇的差异，并将其加和；终端用能项包括采暖、空调、照明、炊事、生活热水以及家用电器等六类，采暖考虑北方、过渡区和南方地区，其计算公式为：

$$E_{\mathrm{RB}}=\sum_{i}^{OPTION}\sum_{\mathrm{m}}^{OPTION}\frac{P_{\mathrm{m},i}}{F_{\mathrm{m},i}}\left[\left(H_{\mathrm{m},i}\times\left(SH_{\mathrm{m},i}\right)+\left(\sum_{j}p_{i,j,\mathrm{m}}\times UEC_{i,j,\mathrm{m}}\right)+C_{\mathrm{m},i}+W_{\mathrm{m},i}+L_{\mathrm{m}}+R_{\mathrm{m}}\right)\right] \quad (0\text{–}1)$$

式中　m——农村或城镇；

i——北方，过渡区或南方；

j——家电类型；

$P_{\mathrm{m},i}$——人口；

$F_{\mathrm{m},i}$——户均人口；

$H_{\mathrm{m},i}$——户均建筑面积，单位 m^2；

$SH_{\mathrm{m},i}$——采暖能耗密度，单位 $\mathrm{kWh/m}^2$；

$p_{i,j,\mathrm{m}}$——家电或空调拥有率；

$UEC_{i,j,\mathrm{m}}$——某类家电能耗强度，单位 MJ 或 kWh/a；

$C_{\mathrm{m},i}$——每户年炊事能耗，单位 MJ/（户·a）；

$W_{\mathrm{m},i}$——每户年生活热水能耗，单位 MJ/（户·a）；

L_{m}——每户年照明能耗，单位 MJ/（户·a）；

R_{m}——每户年其他能耗，单位 MJ/（户·a）。

在计算公共建筑能耗时，将公共建筑分为商铺、办公楼、酒店、学校、医院和其他类型等五类，终端用能项包括采暖、空调、照明和其他设备，以及生活热水等五类，其计算公式为：

$$E_{RB}=\sum_{k}^{OPTION}\sum_{n}^{OPTION}\sum_{q}^{OPTION}\left[A_{CB,n}\times P_{q,n}\times\left(\sum_{k}intensity_{q,n}\times share_{m,q}/efficiency_{k,q}\right)\right]\quad(0\text{–}2)$$

式中　n——建筑类型；

k——燃料类型；

q——终端用能种类；

$AC_{B,n}$——建筑面积，单位 m^2；

$P_{q,n}$——某类终端用能的拥有率；

$intensity_{q,n}$——某类终端用能项的能耗强度；

$share_{m,q}$——某类能源用量比例；

$efficiency_{k,q}$——某类技术能效。

分析来看，LBNL 的模型考虑了人口、户数和建筑面积等宏观参数，与各类建筑终端用能项能耗强度。对于影响建筑能耗的技术因素，主要考虑了技术的能效，也未考虑使用和行为因素对建筑能耗的影响。

清华大学杨秀 [61] 针对中国建筑能耗特点建立了 CBEM 模型分析宏观建筑能耗。该能耗模型将建筑能耗分为北方城镇采暖能耗、夏热冬冷地区城镇采暖能耗、城镇住宅除采暖外能耗、农村住宅能耗和公共建筑除集中供暖外能耗等五类，各类型用能组成如图 0.2。除建筑用能分类外，杨秀的模型与 IEA 和 LBNL 的模型另一个明显的差别表现，考虑了人群的生活方式不同，将住宅能耗强度分为了高、中、低三档；考虑公共建筑能耗强度的二元分布特点，将公共建筑能耗强度分为大型公共建筑和普通公共建筑两类能耗。

分析来看，杨秀的模型充分考虑了中国建筑能耗的特点，将北方城镇采暖单独作为一类建筑用能，区分城镇住宅和农村住宅能耗，并考虑了住宅和公共建筑在使用强度方面造成的能耗差异。然而，仍存在以下几方面的问题：

（1）没有将使用和行为因素作为输入条件，仍然是直接将建筑能耗强度作为输入参数；

（2）住宅建筑能耗以单位面积为能耗指标，不能合理反映住宅建筑以户为单元的能源使用特点；

（3）宏观参数中未体现家庭规模缩小，居民户数的变化对建筑能耗的影响；

（4）单独列出夏热冬冷地区采暖能耗，一方面，该类建筑用能使用量远小于其他四类，在使用方式、能源流程等方面与其他类型住宅能耗并没有差别，另一方面，夏

热冬冷地区采暖能耗属于住宅电耗或燃气消耗的一部分，由于住宅用电以户为单位统计，未区分各类型采暖用能，调查统计数据不能支持该项能耗，不足以支持单独分类。

（5）公共建筑能耗强度按照大型和普通两类指标区分，数据支撑有限；

（6）未区分统计北方城镇采暖一次用能种类。

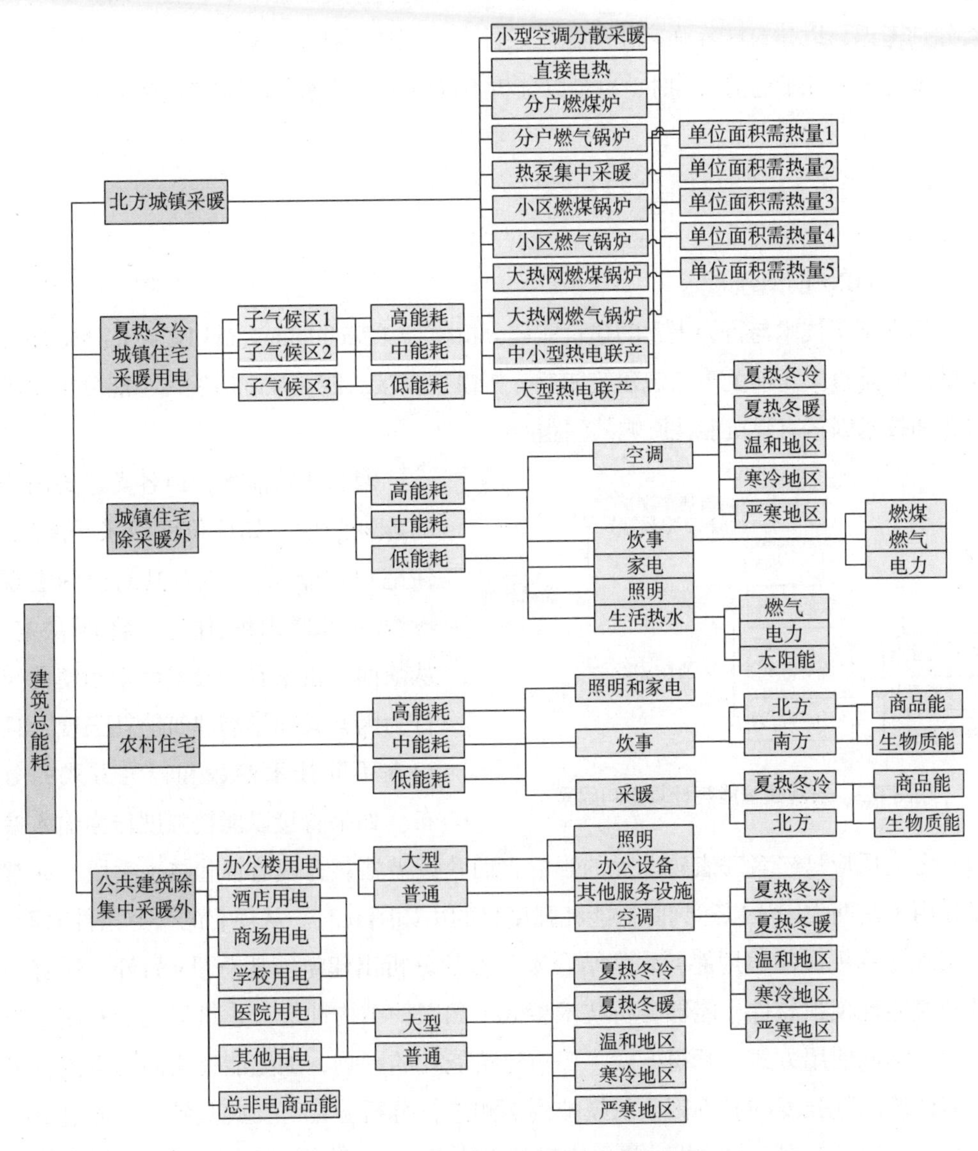

图 0.2　CBEM 对我国建筑能耗的分类图

此外，LEAP（Long-range Energy Alternatives Planning System）模型[65]被应用

于分析中国建筑能耗中[56]。从模型结构来看，LEAP也是将人口、户数、建筑面积等宏观参数与建筑能耗强度作为输入参数，计算中国建筑能耗。

从以上建筑用能分析模型来看，对于建筑用能的分类存在不同，杨秀的模型分类方面更加全面地考虑了中国建筑用能的特点。模型的宏观参数方面，主要包括人口、建筑面积、户数等；虽然有认识到技术和行为对能耗强度的影响，但没有将这两类因素分别考虑，以建筑能耗强度作为输入条件，不能体现技术和行为变化的情况下，未来宏观建筑能耗的趋势；同时，也难以分析不同政策、技术和措施的节能效果。

0.2　TBM模型理念与框架

（1）TBM模型理念

建立基于技术与行为因素的建筑能耗分析模型（Technology and Behavior Model），主要目的是解决当前关于宏观建筑能耗分析模型直接从能耗强度出发，不能分析使用方式和技术因素对建筑能耗影响的问题。

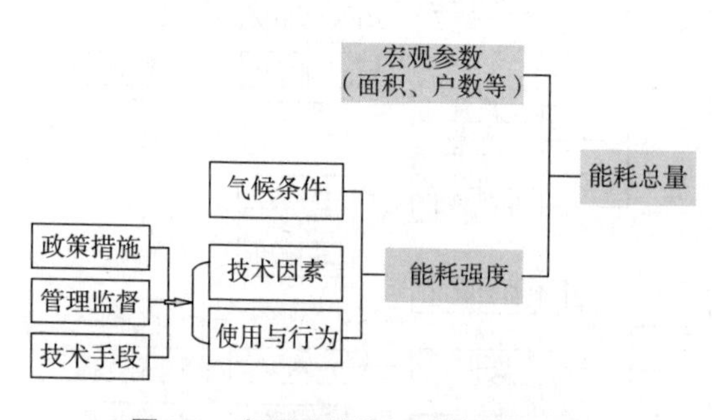

图0.3　宏观建筑能耗计算影响因素

宏观建筑能耗，由各类建筑用能的能耗强度（如单位面积采暖能耗、住宅户均能耗），以及其对应的宏观参数（如采暖面积、住宅户数）所决定。从前面分析来看，技术因素和使用与行为因素共同影响建筑能耗强度，且存在不同技术参数和行为方式的分布。如果直接以能耗强度作为输入参数，无法反应这二者对宏观能耗的影响，而政策措施、管理监督和技术手段，通常是作用于这两类因素以达到降低能耗强度目的（如图0.3）。从现有的研究条件来看，各宏观计算模型能够用能耗强度结合宏观参数分析出建筑能耗总量；另外，还有一些建筑能耗模拟软件，能够分析技术参数（如围护结构性能、建筑形式）和使用与行为（空调使用方式、开窗方式）等对建筑能耗的影响，加上能耗实测的手段，可以对建筑能耗强度的影响因素从模拟到实测进行分析验证。在此基础上，通过对各项建筑能耗影响因素的分析，提出构建基于技术和使用与行为因素的能耗计算模型。

具体来看，对于中国建筑能耗数据及宏观用能分析，清华大学已做了较为全面的工作，在此基础上，TBM模型首先优化了CBEM模型中的各类建筑用能的分析

指标和宏观参数，具体包括：

1）根据我国建筑能耗的特点，明确建筑用能分类。将建筑用能的分为北方城镇采暖用能、公共建筑（不含北方城镇采暖）用能（以下简称“公共建筑用能”）、城镇住宅（不含北方城镇采暖）用能（以下简称“城镇住宅用能”）和农村住宅用能等四类；

2）根据住宅用能以户为单元的特点，将已有模型的住宅能耗强度指标由单位面积指标改为户均指标；

3）对于北方城镇采暖用能，针对不同能源使用和管理主体提出单位面积需热量、过量供热率、热源能耗率和输配能耗指标，便于分析各项节能政策、技术措施的影响效果；

4）提出将公共建筑按照功能分为政府办公、商业办公、酒店（或旅馆）、商场、商铺、学校、医院和其他类建筑，以便于针对各类功能的公共建筑用能特点进行用能分析，并进一步提出相关节能政策或技术措施。

在此条件下，进一步构建技术因素和使用与行为因素分析模块。技术与行为因素的模块将照明、空调、采暖和电器等各项终端用能项的技术和行为影响因素作为输入参数，并考虑各项输入参数的分布特征分析建筑能耗强度。图 0.4 为 TBM 模型的框架结构。自下而上来看，对于北方城镇采暖用能，由技术参数和使用与行为参数确定建筑需热量、输配能耗和热源能耗率，最终确定单位面积采暖能耗强度；对于除北方城镇采暖外能耗，由空调、照明、生活热水等各个终端用能项的技术参数和使用与行为参数确定各个终端用能项的能耗强度，将各个终端用能项能耗强度加和，得到单位面积能耗强度（公共建筑）或户均能耗强度（住宅）。然后，由建筑能耗强度与对应的宏观参数确定各类建筑用能量，各类建筑用能的总量即为宏观建筑能耗总量。

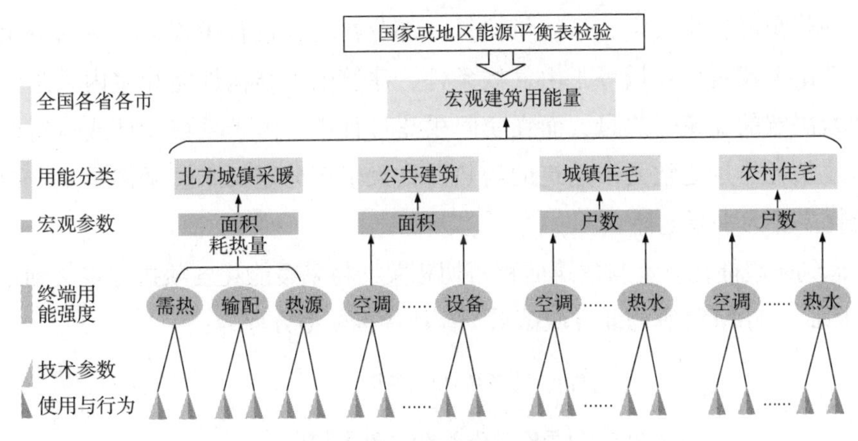

图 0.4　TBM 模型框架结构

各类建筑能耗强度，将技术参数和使用与行为参数作为输入参数，并考虑其实际的分布情况。从公式（4–1）出发，建筑能耗可以表示为：

建筑能耗总量 = 宏观参数 × 能耗强度 = 宏观参数 ×（技术参数 × 使用与行为参数）（0–3）

考虑各个建筑用能分类，建筑能耗可以表示为公式（0–4）~ 式（0–8）：

北方城镇采暖能耗 = 北方城镇采暖面积 × 北方城镇采暖能耗强度　（0–4）

公共建筑能耗 = 公共建筑面积 × 公共建筑能耗强度　（0–5）

城镇住宅能耗 = 城镇住宅户数 × 城镇住宅能耗强度　（0–6）

农村住宅能耗 = 农村住宅户数 × 农村住宅能耗强度　（0–7）

建筑能耗总量=北方城镇采暖能耗+公共建筑能耗+城镇住宅能耗+农村住宅能耗（0–8）

为保证模型分析的结论可靠性，一方面，根据实际调查与测试获得的各类建筑终端用能项的能耗量，以及建筑单位面积或户均能耗强度，检验通过技术参数和使用与行为确定的能耗强度；另一方面，通过宏观能源平衡表给出的能耗数据，检验模型计算得到的建筑能耗总量。

（2）北方城镇采暖用能模型

北方城镇采暖以各种类型的集中供暖系统为主。热量从热源到建筑，可以分为热源生产、输配系统输送和建筑物消耗等三个阶段，各个阶段所涉及的技术因素和使用与行为因素不同，并且节能政策和技术措施所对应的主体也有明显差异，因此，分阶段考虑采暖的用能指标。集中供暖系统的各个环节能源消耗和热量损失如图 0.5。采暖能耗包括热源生产热力的一次能耗和输配系统能耗：前者由系统供热量和热源能耗率决定，系统供热量一部分在输配过程中损失，一部分由建筑消耗，理论上建筑耗热量等于由气候条件、建筑围护结构性能和室内采暖温度等技术因素决定的建筑需热量，而在实际供热过程中，由于系统设计或运行调节的问题，建筑耗热量通常大于建筑的需热量，大于部分定义未过量供热量。而输配系统能耗主要为水泵电耗。

考虑到采暖能耗总量与建筑面积密切相关，将采暖能耗各项指标定义到单位面积值。因而，TBM 计算的北方城镇采暖能耗指标模型方程为：

$$e_h = e_\eta \times q_s + e_{sh} \times \mathrm{c} \quad (0–9)$$

$$q_s = q_b + q_{pl} = q_b + q_b \times \alpha_{pl} = q_b\,(1+\alpha_{pl}) \quad (0–10)$$

$$q_b = q_r + q_{ex} = q_r + q_r \times \alpha_{ex} = q_r\,(1+\alpha_{ex}) \quad (0–11)$$

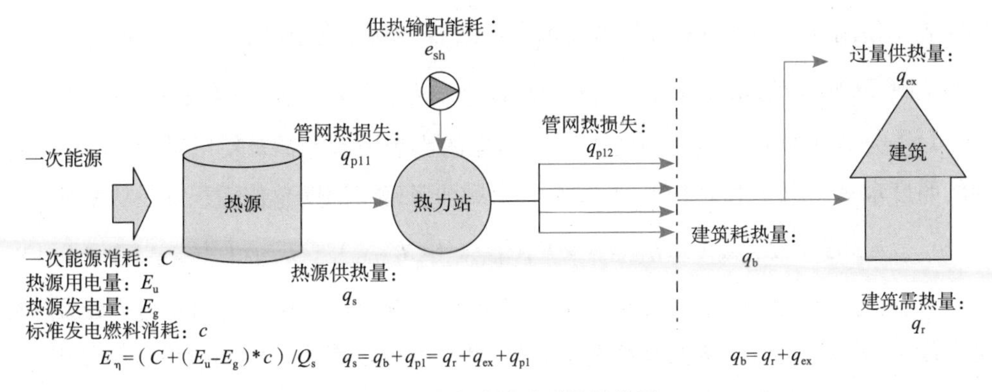

图 0.5　北方城镇采暖能耗模型

（3）公共建筑模型

考虑公共建筑功能对其终端用能强度的影响，以及主要的终端用能项，建立公共建筑的模型结构如图 0.6。根据当前主要建筑功能以及政策措施的不同，将主要建筑功能分为政府办公、商业办公、商业体、商铺、酒店、医院、学校和其他建筑，而终端用能项包括照明、设备、空调、南方地区采暖、热水和其他等。影响各项终端用能项的技术和使用与行为参数如图 0.6。计算得到公共建筑能耗强度，再结合宏观建筑面积，计算得到各类公共建筑的总能耗。

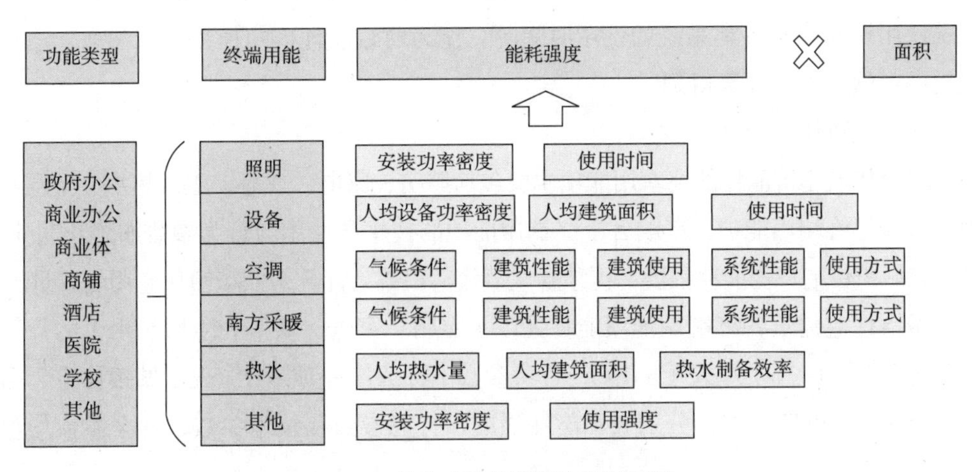

图 0.6　公共建筑能耗强度分析模型

以商业办公建筑为例，模型中照明、设备和热水等终端用能项的计算方程如公式（0–12）~ 式（0–15）。各项参数下标为标致参数属性符号，命名原则以 Li_{CCOE} 为例，“CCOE” 各字母表示 “C” 公共建筑，“CO” 商业办公，“E” 能耗值。最后一位字母中，

“S”表示使用与行为参数；“T”为技术参数；“D”为参数分布量。

$$Li_{CCOE}=365\times LH_{CCOS}（LH_{CCOD}）\times F\,[LL_{CCOS}（LL_{CCOD}），LT_{CCOT}（LT_{CCOD}）] \quad (0\text{–}12)$$

对于公共建筑照明能耗强度（Li），考虑的影响因素包括日使用时间（LH），安装的照度水平（LL）和灯具类型（LT），由后两者确定照明单位面积安装功率 F。

$$Ap_{CCOE}=365\times AH_{CCOS}（AH_{CCOD}）\times F\,[CI_{CCOS}（CI_{CCOD}），AI_{CCOT}（AI_{CCOD}）] \quad (0\text{–}13)$$

对于公共建筑设备能耗强度（Ap），考虑的影响因素包括日使用时间（AH），人员密度（CI）和人均设备拥有情况（AI），后两者可以确定单位面积设备能耗强度。这样考虑，是因为设备的数量通常考虑服务的人数。

$$Wh_{CCOE}=365\times F（CI_{CCOS}（CI_{CCOD}），WI_{CCOS}（WI_{CCOD}））\times Q/WE_{CCOT}（WE_{CCOD}） \quad (0\text{–}14)$$

对于公共建筑热水能耗强度（Wh），考虑的影响因素包括人员密度（CI），人均热水消耗量（WI）以及热水制备效率（WE）。这样设计，同样考虑到由于热水的用量与人员密度相关，而不直接与面积大小相关。Q 为制备单位体积热水理论需热量。

$$EL_{CCOE}=365\times ELH_{CCOS}（ELH_{CCOD}）\times ELP_{CCOT}（ELP_{CCOD}） \quad (0\text{–}15)$$

公共建筑中的其他能耗（EL），如电梯，则考虑其按照强度（ELP）和日使用时间（ELH）。

对于空调和采暖用能，将影响其能耗强度的气候条件、建筑性能、系统性能、建筑使用时间以及各类系统的使用时间等，作为建筑能耗模拟模型输入参数，通过能耗模拟软件进行计算得到。

（4）城镇住宅模型

城镇住宅建筑能耗的终端用能项主要包括照明、家电、炊事、生活热水、空调和南方采暖等终端用能项，影响各个终端用能项的技术和使用与行为参数如图 0.7。计算得到城镇住宅户均能耗强度，再结合城镇住宅户数，计算得到城镇住宅用能总量。

城镇住宅建筑各终端用能项能耗强度（照明、家电、炊事和生活热水）的计算方程为公式（0–16）~ 式（0–19），各项参数下标为第一项“U”表示城镇住宅，第二项有 E、S 和 T 三类，分别表示能耗强度、行为参数和技术参数，各个参数均包含分布函数。

$$Li_{UE}=365\times LH_{US}\times LN_{UT}\times F（LL_{US}，LT_{UT}） \quad (0\text{–}16)$$

对住宅家庭照明能耗强度（Li），考虑的影响因素包括常用灯具日均使用时间（LH），家庭常用灯具数量（LN），安装照度水平（LL）和灯具类型（LT），后两者可以确定灯具的平均功率大小。

$$TV_{UE} = 365 \times TH_{US} \times F\ (TT_{UT},\ TS_{US}) \tag{0–17}$$

以电视为例，家庭能耗强度（*TV*）考虑的影响包括电视的日均使用时间（*TH*），电视的类型（*TT*）和电视的尺寸（*TS*），后两者确定电视的功率大小。

$$Cg_{UE} = 52 \times CFg_{US} \times F\ (CTg_{UT},\ CEg_{UT},\ CIg^{US}) \tag{0–18}$$

城镇住宅中，炊事用能类型包括电（*e*）、天然气（*g*）和液化石油气（*l*）等，在进行能耗计算时，区分其能源类型。以燃气为例，在分析住宅炊事能耗强度（*Cg*）考虑的影响因素包括每周炊事燃气使用频率（*CF*），燃气炊事厨具类型（*CTg*）以及炊具能效（*CEg*）和该类厨具的使用强度（*CIg*）。

$$WHDf_{UE} = 365 \times WVD_{US} \times Q/F\ (WT_{UT},\ WE_{UT}) \times WCf_{UT} \tag{0–19}$$

生活热水一户一台独立使用的分散式设备，也有由锅炉统一供应楼栋或小区的集中式系统。以分散式设备为例，生活热水能耗（*WH*）考虑日使用量（*WV*），设备类型（*WT*），设备生产热水效率（*WE*）以及商品能耗的比例（*WC*），其中 *D* 表示分散式设备，*f* 表示不同的能源类型，而 *Q* 表示单位热水理论耗热量。

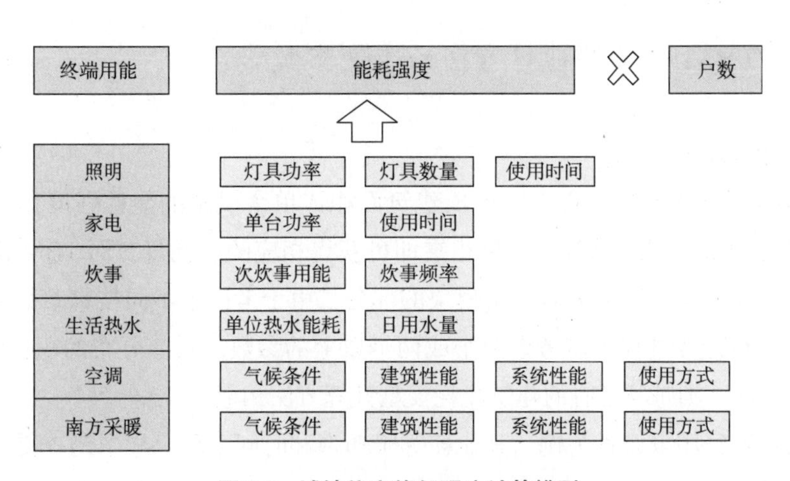

图 0.7　城镇住宅能耗强度计算模型

对于空调和南方地区采暖用能，将影响其能耗强度的气候条件、建筑性能、系统性能、建筑使用时间以及各类系统的使用时间等，作为建筑能耗模拟模型输入参数，通过能耗模拟软件进行计算得到。

（5）农村住宅模型

农村住宅终端用能类型与城镇住宅基本一致。从模型结构来看（图 0.8），最大的不同体现在采暖、炊事和生活热水等方面，农村住宅均可以使用生物质和其他可再生能源。因而，在构建农村住宅能耗模型时，在炊事、采暖和生活热水三项用能方程中加入生物质能耗计算部分。

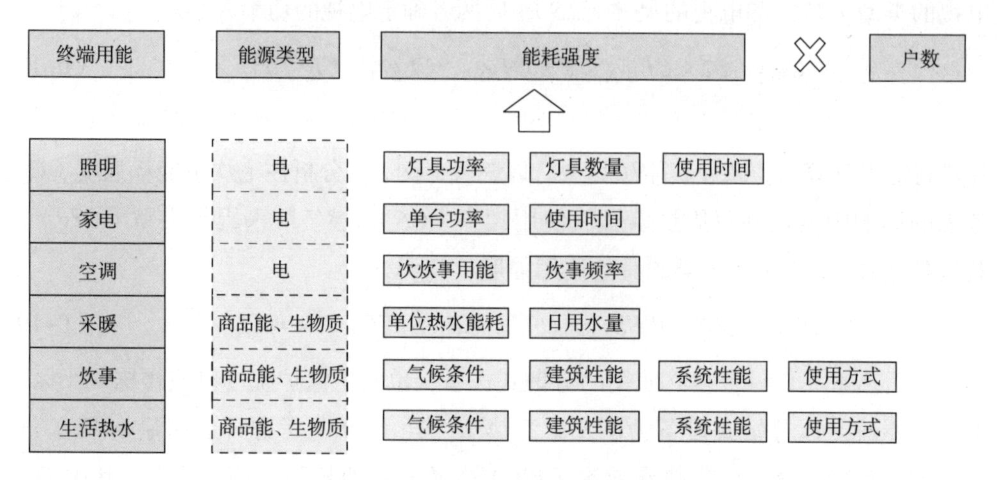

图 0.8　农村住宅能耗强度计算模型

0.3　TBM 模型的计算方法与主要参数

（1）计算方法与示例

已有的建筑能耗模型直接以单位建筑面积或单个设备的能耗强度作为输入参数，通过与建筑面积或设备保有量相乘即可获得相应的能耗量。而 TBM 模型分为两个层次，在使用与行为因素分析模块的部分，由于考虑了不同技术参数和行为的分布状态，在计算过程中需考虑两个或两个以上的参数及对应分布的积；而宏观能耗量计算层次，则是与已有的建筑能耗模型计算方法相似。

以某种家庭用电设备为例，其能耗等于功率和时间之积，样本调查得到典型的功率值包括 w_1、w_2、$\cdots w_n$，用向量 W 表示；典型的日使用时间值包括 h_1、h_2、$\cdots h_m$，用向量 H 表示。功率 W 各个值对应的分布比例用向量 A（α_1，α_2，$\cdots\alpha_n$）表示，使用时间各个值对应的分布比例用向量 B（β_1，β_2，$\cdots\beta_m$）表示。则可能出现的能耗值可以表示为 $n\times m$ 的矩阵 E（$e_{n\times m}$），如公式（0–20）：

$$E = WH = [w_1, w_2, \cdots, w_n][h_1, h_2, \cdots, h_m]' = \begin{bmatrix} w_1h_1 & \cdots & w_1h_m \\ \vdots & \ddots & \vdots \\ w_nh_1 & \cdots & w_nh_m \end{bmatrix} \quad (0\text{–}20)$$

假定使用时间与功率独立分布，则各个能耗值 e_i 对应的概率可以表示为 $n \times m$ 矩阵 C（$c_{n\times m}$），如公式（0–21）：

$$C = AB = [\alpha_1,\ \alpha_2,\ \cdots,\ \alpha_n][\beta_1,\ \beta_2,\ \cdots,\ \beta_m]' = \begin{bmatrix} \alpha_1\beta_1 & \cdots & \alpha_1\beta_m \\ \vdots & \ddots & \vdots \\ \alpha_n\beta_1 & \cdots & \alpha_n\beta_m \end{bmatrix} \tag{0–21}$$

则该设备的日户均能耗强度值 eu 如公式（0–22）：

$$eu = \sum e_i \times c_i = w_1 h_1 \alpha_1 \beta_1 + w_1 h_2 \alpha_1 \beta_2 + \cdots + w_n h_m \alpha_n \beta_m \tag{0–22}$$

由此得到的该设备户均能耗强度，作为宏观能耗量的输入参数，乘以家庭户数（HH）以及设备拥有率（η），得到该设备宏观用能量 EU，如公式（0–23）：

$$EU = 365 \times eu \times HH \times \eta \tag{0–23}$$

对于使用与行为因素分析模块部分，模型使用 Excel 存储和输出数据，使用 matlab 程序进行矩阵计算；对于宏观能耗计算部分，以使用与行为因素分析模块的输出（能耗强度）作为输入参数，乘以相应的建筑面积和家庭户数作为宏观量参数，得到宏观建筑能耗量。

（2）模型的主要参数

从 TBM 模型的结构来看，输入参数包括技术参数、使用方式参数和宏观量参数，输出参数为能耗强度和宏观能耗量。

技术参数和使用方式参数对应于各个终端用能项，归纳各个终端用能的主要设备种类，以及对应的参数如表 0.1。宏观量参数包括建筑面积（北方城镇采暖面积、公共建筑面积、城镇住宅面积和农村住宅面积），城乡人口和户均人口以及各类设备的拥有量等。

各终端用能项的设备类型和主要参数　　**表** 0.1

终端项	设备类型	技术参数	使用方式参数
照明	白炽灯、节能灯和 LED 等	功率	使用时间
电器	电视、洗衣机、冰箱和电脑等	功率、日电耗或次能耗	使用时间或频率
炊事	炊具（电、燃气或液化石油气）	次能耗	使用频率
生活热水	分散热水器（电、燃气或太阳能）	热水制备效率	热水用量
	集中热水设备	热水制备效率、输配能耗	

续表

终端项	设备类型	技术参数	使用方式参数
空调	分散空调	围护结构性能、设备能效	设定温度、使用时间和空调区域
	集中空调	围护结构性能、系统能效	
采暖	分散采暖	围护结构性能、设备能效	
	集中供暖	围护结构性能、输配设备能耗、输配损失、热源能耗率	设定温度、使用时间（或使用条件）和采暖区域

计算北方城镇采暖能耗强度的输入参数即采暖用能项参数，从热源、输配和建筑物三个环节区分，其对应的宏观量参数为北方城镇采暖面积；计算公共建筑能耗强度时，输入参数的取值按照不同建筑功能类型取值，空调项计算考虑不同气候区的差异，对应的宏观量参数为公共建筑面积；计算城镇住宅能耗强度时，对应的宏观量参数为城镇家庭户数，而在计算空调或采暖能耗时，考虑户均建筑面积；农村住宅能耗的输入参数考虑南北方农村的差异，并区分商品能耗和非商品能耗，对应的宏观量参数为农村家庭户数。

0.4　TBM 模型输入数据采集与验证方法研究

（1）模型数据采集

TBM 模型的输入参数包括宏观参数和能耗强度计算参数两类。

宏观参数，如各类建筑面积、城镇和农村家庭户数，可以通过国家统计部门公布的统计数据计算得到。建筑面积的测算方法在第 3 章中提出，即通过 2006 年以前的既有建筑面积，考虑各类建筑的新建面积以及拆除面积进行测算；对于城乡家庭户数，根据统计部门公布的城镇和农村人口总数以及户均人口进行计算得到。

能耗强度计算参数包括技术参数和使用与行为参数两类，需要通过问卷调查获得。目前已经掌握的数据包括：第一，清华大学 2008 年组织的 7 个城市的调查，第一次大规模地收集了这两类参数；第二，随后的农村能源调查过程中，也对技术参数和使用与行为参数进行了采集；第三，从 2012 年冬季开始，在北京、上海、杭州、深圳、南昌、成都等地针对城镇住宅以及办公建筑的建筑形式、系统类型、使用方式进行了数据采集；第四，公共建筑能耗审计和分项计量工作也采集了大量的能耗强度及相关技术和使用与行为参数；此外，在一些技术应用研究中也采集了各项能

耗或其强度影响参数。这些数据为 TBM 模型的建立和完善提供了支撑。

（2）验证方法

TBM 模型的验证分为两个层次：首先，依据《中国能源统计年鉴》的综合能源平衡表，分析计算全国或地区的建筑能耗总量，以及电、天然气、煤炭和液化石油气等商品能耗量，以此作为 TBM 模型计算的总量约束；其次，通过各项终端能耗以及住宅户均或公共建筑能耗强度调查，得出的住宅和公共建筑的能耗强度，或者各项终端用能强度值，对 TBM 模型采用技术参数和使用与行为参数计算得到的能耗强度进行检验。

两个层次的验证作用不同，统计部门公布的能耗总量作为 TBM 模型总量计算参照主要依据，通过模型计算结构，自上而下地对难以获得能耗强度值的用能项进行调整；对能耗强度总量以及各项终端能耗强度调查数据，由于每次调查的对象和样本分布有差异，主要作为数据分布范围的参考。

（3）应用分析

宏观建筑能耗总量计算模型主要目的在反映能耗现状以及分析发展趋势，为宏观建筑节能政策制定提供依据。因而，其主要功能在于表现一定区域的建筑能耗特点，并能够分析建筑能耗影响因素对宏观建筑能耗的影响。从目前已有的宏观建筑能耗模型来看，能够不同程度地反映我国建筑能耗的特点；然而还不能定量分析使用与运行参数以及技术参数的变化对建筑能耗的影响。

TBM 模型在优化已有的建筑能耗模型框架结构的基础上，对建筑能耗强度的影响因素进行了进一步分析，建立了技术参数和使用与运行参数分析模块，以此为基础，分析使用和运行方式的变迁、技术应用的推广对宏观建筑能耗的影响。将影响能耗总量的宏观参数与影响能耗强度的微观参数结合起来，以更好地理解建筑能耗发生的宏观与微观的关系。

基于 TBM 模型，本研究根据已获得的数据进行整理和分析。在更好地反映我国建筑能耗特点的基础上，对其中一些技术应用以及使用与运行方式对宏观能耗影响进行定量分析。

参考文献

[1] 胡锦涛 . 坚定不移沿着中国特色社会主义道路前进为全面建成小康社会而奋斗 – 在中国共产党第十八次全国代表大会上的报告 . 北京：人民出版社，2012.

[2] 胡锦涛 . 高举中国特色社会主义伟大旗帜为夺取全面建设小康社会新的胜利而奋斗 – 在中国共产党第十七次全国代表大会上的报告 . 北京：人民出版社，2007.

[3] 李祖扬，邢子政 . 从原始文明到生态文明——关于人与自然关系的回顾和反思 . 南开学报：哲学社会科学版，1999，3：36-43.

[4] 柯水发，赵铁柏 . 论生态文明形态下人与自然和谐关系的建构 . 北京林业大学学报：社会科学版，2009，8（1）：39-43.

[5] 徐海红 . 生态文明的历史定位——论生态文明是人类真文明 . 道德与文明，2011，2：129-134.

[6] 金碧华，范中健 . 生态文明人类文明新思考 . 黑河学刊，2013，9：183-184.

[7] Malthus T R. An essay on the principle of population，as it affects the future improvement of society. [s.l.]：[s.n.]，1809.

[8] 马尔萨斯（Malthus，T.R.）. 人口原理 . 邓传军，王惠惠，译 . 合肥：安徽人民出版社，2012.

[9] 中共中央马克思恩格斯列宁斯大林著作编译局 . 马克思恩格斯选集（第 4 卷）. 北京：人民出版社，1995.

[10] Brown H. The challenge of man's future. Engineering and Science，1954，17（5）：16-36.

[11] 丹尼斯，米都斯 . 增长的极限 . 成都：四川人民出版社，1997.

[12] Leiss W. Domination of nature. McGill-Queen's Press-MQUP，1994.

[13] 徐春 . 建设生态文明与维护环境正义 . 新华文摘，2009（22）：37-39.

[14] 申曙光 . 生态文明及其理论与现实基础 . 北京大学学报：哲学社会科学版，1994，3：31-37.

[15] 廖才茂 . 论生态文明的基本特征 . 当代财经，2004，9：10-14.

[16] 李红卫 . 生态文明——人类文明发展的必由之路 . 社会主义研究，2005，6：114-116.

[17] 葛巧玉 . 生态文明的涵义与哲学思考 . 价值工程，2011，30（33）：304-305.

[18] 周晶 . 建国以来中国共产党生态文明思想探析 [硕士学位论文]. 大连：辽宁师范大学中共党史系，2010.

[19] International Energy Agency. World Energy Outlook 2012. Paris：Organization for Economic Cooperation & Devel，2012.

[20] 中华人民共和国国家统计局 . 中国统计年鉴 2012. 北京：中国统计出版社，2012.

[21] 苏铭，杨晶，张有生 . 敞口式能源消费难以为继——试论我国合理控制能源消费总量的必要性 . 中国发展观察，2013（003）：24-27.

[22] 丛威，屈丹丹，孙清磊 . 环境质量约束下的中国能源需求量研究 . 中国能源，2012，34（5）：35-38.
[23] 李晅煜，赵涛 . 我国能源系统发展现状分析 . 中国农机化，2009，6：52-55.
[24] 史丹 主编 . 中国能源安全的国际环境 . 北京：社会科学文献出版社，2013.
[25] 新华社 . 国民经济和社会发展第十二个五年规划纲要（全文）[EB/OL].（2011-03-16）[2013-10-15]. http：//www.gov.cn/2011lh/content_1825838.htm
[26] 国务院 . 国务院关于印发能源发展“十二五”规划的通知（国发 [2013]2 号）[EB/OL].（2013-01-01）[2013-01-25]. http：//www.nea.gov.cn/2013-01/28/c_132132808.htm
[27] 金艳鸣 . 能源消费总量控制对我国经济的影响研究 . 生态经济，2012，12：45-51.
[28] 唐葆君，石小平 . 中国能源消费和经济增长关系实证研究 . 中国能源，2011，11：34-38.
[29] 陈健鹏 . 现阶段应谨慎实施能源消费总量控制 . 中国发展观察，2012，12：27-29.
[30] 周江 . 我国能源消费总量与经济总量的关系 . 财经科学，2010，10：48-55.
[31] 刘星 . 能源对中国经济增长制约作用的实证研究 . 数理统计与管理，2006，25（4）：443-447.
[32] 阮加，雅倩 . 能源消费总量控制对地区“十二五”发展规划影响的约束分析 . 科学学与科学技术管理，2011，32（5）：86-91.
[33] 邢璐，单葆国 . 我国能源消费总量控制的国际经验借鉴与启示 . 中国能源，2012，34（9）：14-16.
[34] 邓奎 . 控制能源消费总量强化倒逼机制 . 宏观经济管理，2013 ，4：42-44.
[35] 张雷，李艳梅，黄园淅，等 . 中国结构节能减排的潜力分析 . 中国软科学，2011，2：42-51.
[36] 夏泽义，张炜 . 中国能源消费与人口，经济增长关系的实证研究 . 人口与经济，2009 ，5：7-11.
[37] 李艳梅，张雷 . 中国能源消费增长原因分析与节能途径探讨 . 中国人口 • 资源与环境，2008，18（3）：83-87.
[38] 中国城市能耗状况与节能政策研究课题组 . 城市消费领域的用能特点与节能途径 . 北京：中国建筑工业出版社，2010.
[39] 中国国家统计局 . 中国能源统计年鉴（2002~2012）. 北京：中国统计出版社 .
[40] 清华大学建筑节能研究中心 . 中国建筑节能年度发展研究报告 2013. 北京：中国建筑工业出版社，2013.
[41] US Energy Information Administration（EIA）. Annual Energy Outlook 2012. Washington，DC：EIA，2012.
[42] The Energy Data and Modelling Center，The Institute of Energy Economics，Japan. EDMC Handbook of Energy and Economic Statistics in Japan：2012. Tokyo：省エネルギーセンター，2012.
[43] US Energy Information Administration（EIA）. Annual Energy Review 2011. Washington，DC：EIA，2012.
[44] 国家统计局固定资产投资统计司 . 中国建筑业统计年鉴 2012. 北京：中国统计出版社，2013.
[45] 清华大学建筑节能研究中心 . 中国建筑节能年度发展研究报告 2010. 北京：中国建筑工业出版社，2010.
[46] 江亿，燕达 . 什么是真正的建筑节能 ?. 建设科技，2011，11：15-23.
[47] Peng C，Yan D，Wu R，et al. Quantitative description and simulation of human behavior in residential buildings. Building Simulation，2012，5（2）：85-94.
[48] Verhallen T M M，Van Raaij W F. Household behavior and the use of natural gas for home heating. Journal of Consumer Research，1981，8：253-257.
[49] Seryak J，Kissock K. Occupancy and behavioral affects on residential energy use. //Proceedings of

the Solar Conference. AMERICAN SOLAR ENERGY SOCIETY; AMERICAN INSTITUTE OF ARCHITECTS，2003：717-722.

[50] 江亿 . 建筑节能与生活模式 . 建筑学报，2007，12：11-15.

[51] 李兆坚，江亿，魏庆芃 . 北京市某住宅楼夏季空调能耗调查分析 . 暖通空调，2007，37（4）：46-51.

[52] 朱光俊，张晓亮，燕达 . 空调运行模式对住宅建筑采暖空调能耗的影响 . 重庆建筑大学学报，2006，28（5）：119-121.

[53] 谢子令，孙林柱，杨芳 . 窗的传热系数对浙南住宅采暖空调能耗的影响 . 建筑热能通风空调，2012，31（6）：5-8.

[54] US Energy Information Administration（EIA）. International Energy Outlook 2012. Washington，DC：EIA，2012.

[55] Nan Zhou，Michael A. McNeil，Fridley D，et al. Energy Use in China- Sectoral Trends and Future Outlook. Berkeley：Lawrence Berkeley National Laboratory，2007.

[56] 周大地 . 2020 中国可持续能源情景 . 北京：中国环境科学出版社，2003.

[57] Bernstein L，Bosch P，Canziani O，et al. Climate change 2007：synthesis report. Summary for policymakers. Geneva：IPCC，2007.

[58] 中国能源中长期发展战略研究项目组 . 中国能源中长期（2030、2050）发展战略研究 - 综合卷 . 北京：科学出版社，2011.

[59] 江亿，彭琛，燕达 . 中国建筑节能的技术路线图 . 建设科技，2012，17：12-19.

[60] 国家统计局能源统计司 . 中国能源统计年鉴 2012. 北京：中国统计出版社，2012.

[61] 杨秀 . 基于能耗数据的中国建筑节能问题研究 [博士学位论文]. 北京：清华大学建筑学院，2009.

[62] Ministère de l'emploi de la cohésion sociale et du logement. Réglementation thermique 2005. Paris，2005.

[63] Energiesparende Anlagentechnik bei Gebäuden. EnEV 2007 – Energieeinsparverordnung für Gebäude. Der Bundesrepublik Deutschland，2007.

[64] International Energy Agency. World Energy Model – Methodology and assumptions. Paris：Organization for Economic Cooperation & Devel，2011.

[65] COMMEND（Community for Energy，Environment and Development）. An Introduction to LEAP[EB/OL]. [2013-11-24]. http：//www.energycommunity.org /default.asp?action=47.

[66] 仇保兴 . 实施生态城战略三要素 . 中国建设信息，2010 ，7：6-15.

[67] 清华大学建筑节能研究中心 . 中国建筑节能年度发展研究报告 2012. 北京：中国建筑工业出版社，2012.

[68] 孙高峰 . 论促进我国建筑节能发展的政策体系 . 资源与产业，2007，9（3）：106-108.

[69] 瞿焱，尚建兵 . 资源战略下建筑节能的政策支撑体系研究 . 建筑经济，2010，3：111-114.

[70] 丰艳萍 . 既有公共建筑节能激励政策研究 . 北京：冶金工业出版社，2011.

[71] 龙惟定 . 建筑能耗比例与建筑节能目标 . 中国能源，2005，27（10）：23-27.

[72] 杨玉兰，李百战，姚润明 . 政策法规对建筑节能的作用——欧盟经验参考 . 暖通空调，2007，37（4）：52-56.

[73] 范亚明，李兴友，付祥钊 . 建筑节能途径和实施措施综述 . 重庆建筑大学学报，2004，26（5）：82-85.

[74] 高坤云 . 浅谈建筑节能及其途径 . 工程与建设，2006，20（4）：343-344.

[75] 李雪平 . 寒冷地区农村住宅建筑的节能设计探讨 . 安徽农业科学，2010，9：4899-4900.

[76] 尹雪芹．南京某住宅区生态节能空调系统设计．制冷空调与电力机械，2011，32（1）：21-24.
[77] 王雪梅，吴醒龙．科技部节能示范楼的节能效果分析．建筑技术，2009，40（4）：301-303.
[78] 潘锋．世界最先进环境节能楼落户清华比同等规模建筑节能 70%. 建筑节能，2006，34（1）：8-8.
[79] 王亚冬，李凤栩．节能理念在清华环境能源楼的应用．智能建筑电气技术，2007，1（4）：66-69.
[80] 朱颖心．绿色建筑评价的误区与反思——探索适合中国国情的绿色建筑评价之路．建设科技，2009（14）：36-38.
[81] 江亿，魏庆芃，杨秀．以数据说话——科学发展建筑节能．建设科技，2009，7：20-24.
[82] 何琼．我国建筑节能若干问题及思考．工程设计与研究，2009，1：25-29.
[83] 叶水泉．低碳建筑技术思考与实践．制冷空调与电力机械，2010，31（4）：1-5.
[84] BP Amoco. BP Statistical Review of World Energy 2012. London，2012.
[85] 陈炜伟，朱立毅．中国国家安监总局：煤矿百万吨死亡率大幅下降 [EB/OL].（2012-08-24）[2013-10-03]. http：//news.xinhuanet.com/politics/2012-08/24/c_112840460.htm.
[86] 王秀强．2012 年煤矿百万吨死亡率降至 0.374 告别"血煤"[EB/OL].（2013-01-25）[2013-10-03]. http：//www.21cbh.com/HTML/2013-1-25/0ONDE3XzYxMTc0OA.html.
[87] 刘燕．我国煤矿百万吨死亡率首次降至 0.3 以下与先进国家差距仍大新华网 [EB/OL].（2014-01-09）[2014-01-15]，http：//news.xinhuanet.com/politics/2014-01/09/ c_118896955.htm.
[88] 黎炜，陈龙乾，赵建林．我国煤炭开采对生态环境的破坏及对策．煤，2011，13（5）：35-37.
[89] 中国政府门户网站．全国水力资源复查成果发布 [EB/OL].（2005-11-28）[2013-10-05]. http：//www.gov.cn/ztzl/2005-11/28/content_110675.htm.
[90] 中央政府门户网站．三峡电站 2012 年发电量再创新高，达 981.07 亿千瓦时 [EB/OL].（2013-01-07）[2013-10-28]. http：//www.gov.cn/gzdt/2013-01/07/content_2306134.htm.
[91] Leung G C K. China's energy security：perception and reality. Energy Policy，2011，39（3）：1330-1337.
[92] 中华人民共和国国务院新闻办公室．中国能源政策（2012）[EB/OL].（2012-10-24）[2013-10-15]. http：//www.gov.cn/jrzg/2012-10/24/content_2250377.htm.
[93] U.S. Energy Information Administration. International energy outlook 2013. [EB/OL]. http：//www.eia.gov/oiaf/aeo/tablebrowser/#release=IEO2013&subject=1-IEO2013&table=15-IEO2013®ion=4-0&cases=HighOilPrice-d041110，Reference-d041117.
[94] International Energy Agency（IEA）. CO_2 Emissions from Fuel Combustion（2012 Edition）. Paris：Organization for Economic Cooperation & Devel，2012.
[95] 刘欢，牛琪，王建华．中国首次宣布温室气体减排清晰量化目标 [EB/OL].（2009-11-26）[2013-10-22]. http：//news.xinhuanet.com/politics/2009-11/26/content _12545939.htm.
[96] 中华人民共和国国务院新闻办公室．中国应对气候变化的政策与行动（2011）》白皮书 [EB/OL].（2011-11-22）[2013-10-22]. http：//www.gov.cn/jrzg/2011-11/22/content _2000047.htm.
[97] The Intergovernmental Panel on Climate Change（IPCC）. Working Group III Fourth Assessment Report. Geneva：IPCC，2007.
[98] Enting I G，Wigley T M L，Heimann M. Future emissions and concentrations of carbon dioxide：Key ocean/atmosphere/land analyses. Australia：CsIRO，1994.
[99] John Theodore Houghton. Climate change 1994：Radiative forcing of climate change and an evaluation of the IPCC IS92 emission scenarios. Cambridge：Cambridge University Press，1995.

[100] Allen M R，Frame D J，Huntingford C，et al. Warming caused by cumulative carbon emissions towards the trillionth tonne. Nature，2009，458（7242）：1163-1166.

[101] Van Vuuren D P，Meinshausen M，Plattner G K，et al. Temperature increase of 21st century mitigation scenarios. Proceedings of the National Academy of Sciences，2008，105（40）：15258-15262.

[102] Wigley T M L，Richels R，Edmonds J A. Economic and environmental choices in the stabilization of atmospheric CO_2 concentrations. Nature，1996，379：240-243.

[103] International Energy Agency（IEA）. Energy Technology Perspectives 2012. Paris：Organization for Economic Cooperation & Devel，2012.

[104] 环球网 . 2013 全球碳排放量数据公布 中国人均首超欧洲 . [EB/OL]（2014-09-23）[2015-07-20]. http：//finance.huanqiu.com/view/2014-09/5146643.html.

[105] 中国国家统计局 . 年度数据 [EB/OL].[2015-7-15] http：//data.stats.gov.cn/ easyquery.htm?cn=C01.

[106] U.S. Energy Information Administration. Annual energy outlook 2015. [EB/OL]. http：//www.eia.gov/oiaf/aeo/tablebrowser/#release=AEO2015&subject=2-AEO2015&table=2-AEO2015®ion=1-0&cases=highmacro-d021915a，ref2015-d021915a.

[107] European Commission. Eurostat/data/database. [EB/OL]. http：//ec.europa.eu /eurostat/data/database.

[108] Meinshausen M，Meinshausen N，Hare W，et al. Greenhouse-gas emission targets for limiting global warming to 2℃ . Nature，2009，458（7242）：1158-1162.

[109] 世界银行 . 经济与增值 [DB/OL]. [2014-01-23]. http：//data.worldbank.org.cn /indicator#topic-3.

[110] 中国科学院可持续发展战略研究组 . 2009 中国可持续发展战略报告 . 北京：科学出版社，2009.

[111] The World Bank. Data/total population. [EB/OL]. http：//data.worldbank.org /indicator/SP.POP.TOTL

[112] 傅志寰，朱高峰 . 中国特色新型城镇化发展战略研究，第二卷 . 北京：中国建筑工业出版社，2013.

[113] 清华大学建筑节能研究中心 . 中国建筑节能年度发展研究报告 2014. 北京：中国建筑工业出版社，2014.

[114] 中华人民共和国建设部 . GB 50352–2005. 民用建筑设计通则 . 北京：中国建筑工业出版社，2005.

[115] 建设部标准定额研究所 . GB/T 50353–2005. 建筑工程建筑面积计算规范 . 北京：中国计划出版社，2005.

[116] 王智勇 . 什么是住宅辅助面积，居住面积，使用面积，建筑面积 ?. 中国建设信息，1999，13：018.

[117] 粟一欣 . 广义与狭义建筑面积及其概念 . 中外建筑，2000，2：23-24.

[118] 肖争鸣，郭建足 . 商品房住宅建筑面积测算方法分析 . 中国城市经济，2010，12：122.

[119] 徐仁泉 . 十种情况不计入建筑面积 . 建筑工人，2002，9：046.

[120] 住房和城乡建设部计划财务与外事司 . 中国城乡建设统计年鉴 . 北京：中国计划出版社 .

[121] 国务院人口普查办公室 / 国家统计局人口和就业统计司 . 中国 2010 年人口普查资料 . 北京：中国统计出版社，2012.

[122] 中华人民共和国国家发展和改革委员会 . 国家发展改革委发布《中国资源综合利用年度报告（2012）》[EB/OL].（2013-04-08）[2013-10-15]. http：//xwzx.ndrc.gov.cn /xwfb/201304/t20130408_536295.html.

[123] 顾道金 . 建筑环境负荷的生命周期评价 [博士学位论文]. 北京：清华大学建筑学院，2006.

[124] 谷立静 . 基于生命周期评价的中国建筑行业环境影响研究 [博士学位论文]. 北京：清华大

学建筑学院，2009.
[125] 翟波．人口资源环境约束下的城市住房制度研究[博士学位论文]．青岛：青岛大学人口、资源与环境经济学系，2009.
[126] Yashiro T. Overview of Building Stock Management in Japan //Stock Management for Sustainable Urban Regeneration. Springer Japan，2009：15-32.
[127] Verlinden J. Resource-Conserving Use of the Stock of Residential Buildings to Reduce Absolute Demand in the "Construction and Housing" Area of Need //Factor X. Springer Netherlands，2013：163-186.
[128] 王茜．中国建筑平均寿命30年年产数亿吨垃圾．共产党员，2010，10：040.
[129] 彭渤．绿色建筑全生命周期能耗及二氧化碳排放案例研究[硕士学位论文]．北京：清华大学建筑学院，2012.
[130] 林立身，江亿，燕达，等．我国建筑业广义建造能耗及CO_2排放分析[J]．中国能源，2015，37（3）．DOI：10.3969/j.issn.1003-2355.2015.03.001.
[131] 陈百明．中国土地资源生产能力及人口承载量研究（概要）．北京：中国人民大学出版社，1992.
[132] 贾绍凤，张豪禧，孟向京．我国耕地变化趋势与对策再探讨．地理科学进展，1997，16（1）：24-30.
[133] 李秀彬．中国近20年来耕地面积的变化及其政策启示．自然资源学报，1999，14（4）：329-333.
[134] 倪绍祥，谭少华，江苏省耕地安全问题探讨．自然资源学报，2002，17（3）：307-312.
[135] 谈明洪，李秀彬，吕昌河．20世纪90年代中国大中城市建设用地扩张及其对耕地的占用．中国科学：D辑，2005，34（12）：1157-1165.
[136] 中华人民共和国国土资源部．2012中国国土资源公报[EB/OL]．（2013-04-20）[2013-10-16]．http：//www.mlr.gov.cn/zwgk/tjxx/201304/t20130420_1205174.htm.
[137] 朱建达．控制城市住宅建筑面积标准．住宅科技，2000，1：12-16.
[138] 朱一丁．对我国住宅套型建筑面积大小的研究．四川建筑科学研究，2011，37（2）：222-225.
[139] 中华人民共和国建设部．关于落实新建住房结构比例要求的若干意见（建住房〔2006〕165号）[EB/OL]．（2006-07-14）[2013-10-25].http：//www.gov.cn/zwgk /2006-07/14/content_335623.htm.
[140] 中国指数研究院．中国房地产统计年鉴2000~2012. 北京：中国统计出版社．
[141] 陈彦斌，邱哲圣．高房价如何影响居民储蓄率和财产不平等．经济研究，2011，10：25-38.
[142] 陈彦斌，陈小亮．人口老龄化对中国城镇住房需求的影响．经济理论与经济管理，2013（5）：45-58.
[143] U.S. Department of Energy，Energy Efficiency & Renewable Energy Department. Buildings energy data book 2011.Maryland：D&R International，Ltd，2011.
[144] 百度百科．巴黎[EB/OL].（2014-01-08）[2014-01-08]. http：//baike.baidu.com /subview/11269/5044037.htm?fr=aladdin.
[145] Wikipedia. London[EB/OL].（2014-01-06）[2014-01-08]. http：//en.wikipedia.org /wiki/London.
[146] Un- habitat. State of the World's Cities 2010/2011：Bridging the Urban Divide. New York：UN-HABITAT，2010.
[147] 张斌．真实的印度贫民窟[EB/OL].（2012-02-10）[2013-10-26]. http：//finance. ifeng.com/news/hqcj/20120210/5562860.shtml.
[148] 刘玉惠．居住质量层面下的城市住宅发展之路．工程建设与设计，2008（S1）.
[149] 毛寅，刘嘉莹．中等城市居民住宅面积需求分析．中国西部科技，2005，03A：33-34.
[150] 于富昌．住宅面积不宜盲目攀大．有色金属加工，1999，3：4-5.
[151] 赵和生．家庭生活模式与住宅设计．江苏建筑，2003，1：5-8.

[152] 窦吉 . 住房:“中庸之道”, 幸福之本 . 市场研究, 2006, 6: 13-14.
[153] 李婧 . 我国城镇家庭适宜住房面积定位研究 [硕士学位论文]. 重庆: 重庆大学管理科学与工程, 2007.
[154] 汤烈坚 . 多建“小户型”住宅圆工薪阶层“住宅梦”. 中国房地信息, 2003, 1: 016.
[155] Mankiw N G, Weil D N. The baby boom, the baby bust, and the housing market. Regional science and urban economics, 1989, 19 (2): 235-258.
[156] 国家发展和改革委员会能源研究所课题组 . 中国 2050 年低碳发展之路 . 北京: 科学出版社, 2009.
[157] 孙扬 . 李克强: 要让人民过上好日子, 政府就要过紧日子 [EB/OL]. (2013-03-17) [2013-10-26].http: //news.xinhuanet.com/2013lh/2013-03/17/c_115053622.htm.
[158] 黄孟黎 . 图书馆建筑面积越大越好 ?——从现代图书馆的发展趋势看图书馆建筑面积 . 图书馆建设, 2004, 1: 75-77.
[159] 王罡, 刘云, 龙叶 . 基于节能减排的高校图书馆建筑面积探讨 . 山东图书馆学刊, 2012, 3: 20-22.
[160] 刘洪玉 . 房产税改革的国际经验与启示. 改革, 2011, 2: 84-88.
[161] 况伟大, 朱勇, 刘江涛 . 房产税对房价的影响: 来自 OECD 国家的证据 . 财贸经济, 2012, 5: 121-129.
[162] 傅樵 . 房产税的国际经验借鉴与税基取向 . 改革, 2011, 12: 57-61.
[163] 刘成璧, 张晓蕴 . 法国住宅类税收及其对中国的借鉴 . 北京工商大学学报: 社会科学版, 2007, 22 (2): 27-31.
[164] Diana Urge-Vorsatz, Ksenia Petrichenko, Miklos Antal, et al. Best Practice Policies for Low Energy and Carbon Buildings, A Scenario Analysis. Paris: Global Buildings Performance Network, 2012.
[165] World Business Council for Sustainable Development. Transforming the Market, Energy Efficiency in Buildings. Geneva: WBCSD, 2009.
[166] Harvey D. Energy and the New Reality 1-Energy Efficiency and the Demand for Energy Services. London: Earthscan Publications Ltd., 2010.
[167] 中华人民共和国冶金工业部 . TJ19-75. 工业企业采暖通风和空气调节设计规范 . 北京: 中国建筑工业出版社, 1976.
[168] 中国有色金属工业总公司 .GBJ19-87. 采暖通风与空气调节设计规范 . 北京: 中国计划出版社, 1987.
[169] 中华人民共和国建设部 .GB 50176–93. 民用建筑热工设计规范 . 北京: 中国计划出版社, 1993.
[170] 中华人民共和国建设部 .GB 50019–2003. 采暖通风与空气调节设计规范 . 北京: 中国计划出版社, 2004.
[171] 中华人民共和国建设部 . GB 50352–2005. 民用建筑设计通则 . 北京: 中国建筑工业出版社, 2005.
[172] 中华人民共和国住房和城乡建设部 .GB 50736–2012. 民用建筑供暖通风与空气调节设计规范 . 北京: 中国建筑工业出版社, 2012.
[173] 张欢, 周杰, 刘刚 . 民用建筑能耗的宏观影响因素研究 . 建筑节能, 2012, 9: 70-74.
[174] 蔡伟光 . 中国建筑能耗影响因素分析模型与实证研究 [博士学位论文]. 重庆: 重庆大学管理科学与工程系, 2011.
[175] 刘大龙, 刘加平, 杨柳 . 气候变化下我国建筑能耗演化规律研究 . 太阳能学报, 2013, 34(003): 439-444.
[176] 周伟, 米红, 余潇枫, 等 . 人口结构变化影响下的城镇建筑能耗研究 . 中国环境科学,

2013（10）：1904-1910.
[177] 江亿．建筑节能与生活模式．建筑学报，2008（12）：11-15.
[178] 李涛，彭先见，刘刚．城镇住宅用能终端约束因素研究．制冷与空调，2010，24（4）：31-38.
[179] 李兆坚，江亿，魏庆莶．环境参数与空调行为对住宅空调能耗影响调查分析．暖通空调，2007，37（8）：67-71.
[180] 高岩，安玉娇，于喜哲，等．住宅使用模式对住宅建筑供暖空调能耗影响的模拟分析．建筑科学，2010，10：061.
[181] 冯小平，邹昀，龙惟定．住宅空调的发展趋势和影响因素分析．节能技术，2005（5）.
[182] 付衡，龚延风，许锦峰，等．夏热冬冷地区居住建筑体形系数对建筑能耗影响的分析．新型建筑材料，2010，1：44-47.
[183] 张硕鹏，李锐．办公类建筑能耗影响因素与节能潜力．北京建筑工程学院学报，2013，1：33-37.
[184] 李莹莹，廖胜明，饶政华．高层办公建筑能耗影响因素的研究．建筑热能通风空调，2013，3：23-25.
[185] 梁珍，赵加宁，路军．公共建筑能耗主要影响因素的分析．低温建筑技术，2001，85（3）：52-54.
[186] 梁珍，程继梅，徐坚．商场建筑能耗主要影响因素及节能分析．节能技术，2001，19（3）：17-20.
[187] 刘雄伟，刘刚，郑洁．人员密度对办公建筑能耗评价指标影响分析．建筑热能通风空调，2011（2）：45-47.
[188] 王春雷．夏热冬暖地区大型办公建筑能耗影响因素研究[硕士学位论文]. 哈尔滨：哈尔滨工业大学供热、供燃气、通风及空调工程，2010.
[189] Peng C，Yan D，Wu R，et al. Quantitative description and simulation of human behavior in residential buildings. Building Simulation，2012，5（2）：85-94.
[190] Wang C，Yan D，Jiang Y. A novel approach for building occupancy simulation. Building simulation，2011，4（2）：149-167.
[191] 中华人民共和国住房和城乡建设部办公厅．关于印发《民用建筑能耗和节能信息统计报表制度》的通知（建办科[2012]19号）[EB/OL].（2012-05-07）[2013-10-27].http：//www.mohurd.gov.cn/zcfg/jsbwj_0/jsbwjjskj/201205/t20120510_209848.html.
[192] 中国国家统计局，中国统计年鉴2013，中国统计出版社，2013.9
[193] 原新，邬沧萍，李建民，等．新中国人口60年．人口研究，2009，33（5）：42-67.
[194] 尉敏炜，吴再再，郭晓晓，等．中国人口增长预测．浙江教育学院学报，2010，2：104-112.
[195] 陈卫．中国未来人口发展趋势：2005 ~ 2050年．人口研究，2006，30（4）：93-95.
[196] 中国国家统计局．中国统计年鉴1996 ~ 2013. 北京：中国统计出版社．
[197] 位秀平，吴瑞君．中国计划生育政策反思．哈尔滨工业大学学报（社会科学版）. 2013. 15（6）：32-36.
[198] 陶涛，杨凡．计划生育政策的人口效应．人口研究，2011，35（1）：103-112.
[199] 郭熙保，尹娟．对我国计划生育政策的反思．理论月刊，2005，11：68-74.
[200] 杜本峰，戚晶晶．中国计划生育政策的回顾与展望．西北人口，2011. 32（3）：1-10.
[201] 刘大龙，刘加平，杨柳．气候变化下我国建筑能耗演化规律研究．太阳能学报，2013，34(003)：439-444.
[202] 李明财，熊明明，任雨，等．未来气候变化对天津市办公建筑制冷采暖能耗的影响．气候变化研究进展，2013，6：398-405.

[203] EuroHeat & Power. District Heating and Cooling country by country Survey 2013. Vienna：EuroHeat & Power，2013.

[204] 清华大学建筑节能研究中心 . 中国建筑节能年度发展研究报告 2011. 北京：中国建筑工业出版社，2011.

[205] 中国建筑科学研究院 . 北方地区居住建筑的围护结构、采暖空调系统设备状况及建筑能耗调查研究报告 .《建筑节能技术标准研究》课题，“居住建筑节能设计标准研究”子课题研究，2010.

[206] Shuqin Chen，Mark D. Levine，Haiying Li，et al. Measured air tightness performance of residential buildings in North China and its influence on district space heating energy use. Energy and Buildings，2012，51：157-164.

[207] 郝斌，刘珊，任和，等 . 我国供热能耗调查与定额方法的研究 . 建筑科学，2009，12：18-23.

[208] 中华人民共和国财政部 . 北方采暖地区既有居住建筑供热计量及节能改造奖励资金管理暂行办法 [EB/OL].（2007-12-20）[2013-11-24]. http://jjs.mof.gov.cn /zhengwuxinxi/zhengcefagui/200805/t20080523_34063.html.

[209] 付林，李岩，张世钢，等 . 吸收式换热的概念与应用 . 建筑科学，2010，26（10）：136-140.

[210] 李岩 . 基于吸收式换热的热电联产集中供热系统配置与运行研究 [博士学位论文]. 北京：清华大学建筑学院，2012.

[211] 方豪，夏建军，宿颖波，等 . 回收低品位工业余热用于城镇集中供热——赤峰案例介绍 . 区域供热，2013，3：28-35.

[212] 王振铭，我国热电联产应由热电大国发展为热电强国 . 中国电机工程学会热电专业委员会，2013 年 10 月 .

[213] 刘兰斌，江亿，付林 . 对基于分栋热计量的末端通断调节与热分摊技术的探讨 . 暖通空调，2007，37（9）：70-73.

[214] 刘兰斌，江亿，付林 . 基于分栋热计量的末端通断调节与热分摊技术的示范工程测试 . 暖通空调，2009，39（9）：137-141.

[215] 刘兰斌，江亿，付林 . 末端通断调节与热分摊技术中热费分摊合理性研究 . 建筑科学，2010，26（10）：15-21.

[216] 中华人民共和国国家发展和改革委员会 . 国家重点节能技术推广目录（第二批）[EB/OL].（2009-12-31）[2013-10-15]. http：//www.ndrc.gov.cn/fzgggz/hjbh/jnjs /201001/t20100111_323884.html.

[217] 国务院 . 关于印发“十二五”节能环保产业发展规划的通知（国发 [2012]19 号）[EB/OL].（2012-06-16）[2013-11-02]. http：//www.gov.cn/zwgk/2012-06/29 /content_2172913.htm.

[218] 周耘，王康，陈思明 . 工业余热利用现状及技术展望 . 科技情报开发与经济，2010，20（23）：162-164.

[219] 中国国家统计局 . 中国建筑业统计年鉴 2004 ~ 2012. 北京：中国统计出版社 .

[220] 肖贺 . 办公建筑能耗统计分布特征与影响因素研究 [硕士学位论文]. 北京：清华大学建筑学院，2011.

[221] 国务院发展研究中心 / 壳牌国际有限公司 . 中国中长期能源发展战略研究 . 北京：中国发展出版社，2013.

[222] 丰晓航，燕达，彭琛，江亿 . 建筑气密性对住宅能耗影响的分析 . 暖通空调，2014，44（2）:5-14.

[223] 中华人民共和国建设部 . GB 50189−2015. 公共建筑节能设计标准 . 北京：中国建筑工业出版

社，2015.

[224] 张海强，刘晓华，江亿．温湿度独立控制空调系统和常规空调系统的性能比较．暖通空调，2011，41（1）：48-52.

[225] 王宇．格力中央空调技术成为国家重点节能技术．机电信息，2013，7：51-51.

[226] 刘贵文，雷波．欧洲能源服务公司发展对中国的启示．节能与环保，2009，9：25-28.

[227] 葛继红，郭汉丁，窦媛．建筑节能服务市场发展问题分析与对策．建筑科学，2011，27（2）：17-20.

[228] Ivan Scrase. White-collar CO_2-Energy Consumption in the Sercice. London：The Associarion for the Conservation of Energy，2000.

[229] Michael Grinshpon. A Comparison of Residential Energy Consumption Between the United States and China[硕士学位论文]. 北京：清华大学建筑学院，2011.

[230] 胡姗．中国城镇住宅建筑能耗及与发达国家的比较 [硕士学位论文]. 北京：清华大学建筑学院，2013.

[231] 简毅文，李清瑞，白贞，等．住宅夏季空调行为对空调能耗的影响研究．建筑科学，2012，27（12）：16-19.

[232] 李兆坚，江亿．住宅空调方式的夏季能耗调查与思考．暖通空调，2009，38（2）：37-43.

[233] 任俊，孟庆林，刘娅，等．广州住宅空调能耗分析与研究．墙材革新与建筑节能，2003，4：34-37.

[234] 武茜．杭州地区住宅能耗问题与节能技术研究 [硕士学位论文]. 杭州：浙江大学建筑技术科学，2005.

[235] 余晓平，彭宣伟，廖小烽，等．重庆市居住建筑能耗调查与分析．重庆建筑，2008，55（5）：5-8.

[236] 邱童，徐强，王博等．夏热冬冷地区城镇居住建筑能耗水平分析．建筑科学，2013，29（006）：23-26.

[237] 钟婷，龙惟定．上海市住宅空调的相关调查及其耗电量的估算．建筑热能通风空调，2003，22（3）：22-24.

[238] 李兆坚，王凡，李玉良，等．武汉市住宅不同空调方案夏季能耗对比调查分析．暖通空调，2013，43（7）：18-22.

[239] 胡平放，江章宁，冷御寒，等．湖北地区住宅热环境与能耗调查．暖通空调，2004，34（6）：21-22.

[240] 马斌齐，闫增峰，桂智刚，等．西安市节能住宅夏季能源使用结构的调查和分析研究．建筑科学，2007，23（8）：53-56.

[241] Chen S，Li N，Guan J，et al. A statistical method to investigate national energy consumption in the residential building sector of China. Energy and Buildings，2008，40（4）：654-665.

[242] 李兆坚，江亿，魏庆芃．北京市某住宅楼夏季空调能耗调查分析．暖通空调，2007，37（4）：46-51.

[243] 李兆坚，江亿．对住宅空调方式的综合评价分析．建筑科学，2009，8：1-5.

[244] 李兆坚，江亿．我国城镇住宅夏季空调能耗状况分析．暖通空调，2009，39（5）：82-88.

[245] 林小闹，温国清．户式中央空调能耗比较分析．广东建材，2005，7：117-120.

[246] 李兆坚，江亿，魏庆芃．环境参数与空调行为对住宅空调能耗影响调查分析．暖通空调，2007，37（8）：67-71.

[247] 李兆坚，江亿．北京市住宅空调负荷和能耗特性研究．暖通空调，2006，36（8）：1-6.

[248] 叶国栋，华赍，胡文斌．夏热冬暖地区墙体保温对高层住宅空调能耗的影响分析．新型建筑材料，2004，4：41-44.

[249] 谢子令，孙林柱，杨芳．窗的传热系数对浙南住宅采暖空调能耗的影响．建筑热能通风空调，

2012，31（6）：5-8.

[250] 朱光俊，张晓亮，燕达．空调运行模式对住宅建筑采暖空调能耗的影响．重庆建筑大学学报，2006，28（5）：119-121.

[251] 韩欣欣，于航．分布式供能在上海住宅小区的应用．能源技术，2009，29（6）：374-376.

[252] 崔毅，乔宁宁．关于住宅空调方式选择的探讨．山西建筑，2008，34（14）：188-189.

[253] 中华人民共和国住房和城乡建设部．JGJ 134－2010. 夏热冬冷地区居住建筑节能设计标准．北京：中国建筑工业出版社，2010.

[254] 中华人民共和国住房和城乡建设部．JGJ 26－2010. 严寒和寒冷地区居住建筑节能设计标准．北京：中国建筑工业出版社，2010.

[255] 闫成文，姚健，林云．夏热冬冷地区基础住宅围护结构能耗比例研究．建筑技术，2006，37（10）：773-774.

[256] 张旭，李魁山．夏热冬冷地区居住建筑围护结构保温性能研究 [J]. 空调暖通技术，2007（3）：1-6.

[257] 赵士怀．我国夏热冬暖地区居住建筑围护结构节能性分析．福建建设科技，2007（6）：6-8.

[258] 蔡龙俊，姚灵锋．上海地区住宅围护结构性能对全年空调采暖能耗的分析．建筑节能，2010（2）：19-23.

[259] 彭琛，燕达，江亿．夏热冬冷和夏热冬暖地区住宅保温研究．全国暖通空调制冷 2010 年学术年会论文集，2010：108.

[260] 班广生．大型公共建筑围护结构节能改造的几项关键技术．建筑技术，2009，40（4）：294-300.

[261] Wall M. Energy-efficient terrace houses in Sweden：simulations and measurements. Energy and Buildings，2006，38（6）：627-634.

[262] 金玲．北方采暖地区既有居住建筑窗体节能改造措施．山西建筑，2009，35（30）：238-239.

[263] Emmerich S J，McDowell T P，Anis W. Simulation of the impact of commercial building envelope airtightness on building energy utilization. ASHRAE Trans，2007，113（2）：379-399.

[264] Simonson C. Energy consumption and ventilation performance of a naturally ventilated ecological house in a cold climate. Energy and Buildings，2005，37（1）：23-35.

[265] Schnieders J，Hermelink A. CEPHEUS results：measurements and occupants'satisfaction provide evidence for passive houses being an option for sustainable building. Energy Policy，2006，34（2）：151-171.

[266] 彭琛，燕达，周欣．建筑气密性对供暖能耗的影响．暖通空调，2010，40（9）：107-111.

[267] 平心．南方采暖市场困难多商机大．供热制冷，2013，3：40-41.

[268] 阳季春．水源热泵在住宅空调中应用的节能分析．煤炭技术，2003，22（4）：83-84.

[269] 中国国家统计局．中国统计年鉴 2001~2012. 北京：中国统计出版社．

[270] Yang X，Jiang Y，Yang M，et al. Energy and environment in Chinese rural housing：Current status and future perspective. Frontiers of Energy and Power Engineering in China，2010，4（1）：35-46.

[271] 李沁笛．基于能耗与碳排放计算的农村建筑节能技术评价研究 [硕士学位论文]. 北京：清华大学建筑学院，2012.

[272] 单明．我国农村建筑能耗特征分析及节能对策研究 [博士学位论文]. 北京：清华大学建筑学院，2012.

[273] 财政部，住房和城乡建设部．关于印发加快推进农村地区可再生能源建筑应用的实施方案

的通知 [EB/OL].（2009-07-06）[2013-01-26]. http：//www.mof.gov.cn /zhengwuxinxi/caizhengwengao/2009niancaizhengbuwengao/caizhengwengao200907/200911/t20091118_233413.html.
[274] 郝芳洲，贾振航，王明洲 . 实用节能炉灶 . 北京：化学工业出版社，2004.
[275] 李丽珍 . 吊炕开创农村绿色能源新格局 . 农业工程技术，2013，11：37-38.
[276] 吴媛媛 . 北京农村地区供暖方式及技术经济性分析 . 煤气与热力，2011，31（5）：15-19.
[277] 罗威 . 中国北方农村地区土暖气烟气余热回收的研究 [硕士学位论文]. 清华大学建筑学院，2011.
[278] 陈永生等 . 生物质成型燃料产业在我国的发展 . 太阳能，2006，4：16-18.
[279] 谭良斌，周伟，刘加平 . 中国西北农村生土民居室内环境实测与技术改造研究 . 科学技术与工程，2009，21：6566-6570.
[280] 刘晶 ."十一五" 国家科技支撑计划项目研究课题——北方地区农村住房现状分析 . 建设科技，2011，3：20-22.
[281] 刘丛林 . 东北地区农村住宅室内空气质量研究 [硕士学位论文]. 哈尔滨：哈尔滨工程大学热能工程系，2007.
[282] 中国国家统计局 . 中国农村统计年鉴 1997-2009. 北京：中国统计出版社 .
[283] 陈湛，张三明 . 中国传统民居中的被动节能技术 . 华中建筑，2008，26（12）：205-210.
[284] 中国国家统计局 . 中国统计年鉴 2007. 北京：中国统计出版社，2007.
[285] 卢玫珺等 . 寒冷地区农村住宅用能情况及优化策略研究 . 住宅科技，2004，6：1-4.
[286] 周渲涵等 . 绿色照明视角下的湖南省农村节能减排工程测算 . 绿色科技，2009，9：184-187.
[287] 百度百科 . 家电下乡 [EB/OL].（2014-03-17）[2014-03-21]. http：//baike.baidu.com /view/1721311.htm?fr=ala0_1.
[288] 寇娅雯，张耀东 . 家电下乡补贴政策的经济学分析：基于信息不对称视角 . 生态经济，2013，1：131-133，168.
[289] 高建中 . 浅析家电下乡政策执行中出现的问题及改进建议 . 中国市场，2011，10：134-136.
[290] 北京市统计局 . 北京市统计年鉴 2013. 北京：中国统计出版社，2013.
[291] 徐匡迪 . 中国特色新型城镇化发展战略研究 - 综合卷 . 北京：中国建筑工业出版社，2013.
[292] 杨柳，刘加平 . 利用被动式太阳能改善窑居建筑室内热环境 . 太阳能学报，2004，24（5）：605-610.
[293] 吴振荣 . 北方农村太阳能住宅优化设计及测试分析 [硕士学位论文]. 北京：北京建筑工程学院供热、供燃气、通风及空调工程，2007.
[294] 张忠扩 . 寒冷地区农村居住建筑太阳能应用模式研究 [硕士学位论文]. 西安：西安建筑科技大学，2009.
[295] 江清阳 . 与新型百叶集热墙结合的复合太阳能炕系统实验和理论研究 [博士学位论文]. 合肥：中国科学技术大学热能工程，2012.
[296] 百度百科 . 沼气 [EB/OL].（2013-12-06）[2014-03-11]. http://baike.baidu.com/link?url =bnbGO8msXWw6e6pYVo3mhCnP4lhw_BlX3yO8L8K-NNDsHWBmj_Pug8qTMmnVZ1oX1plnsxK2321WaB9Dnbhob_
[297] 杨铭 . 北方供暖 "零煤耗" 农宅实现模式与关键技术研究 [博士学位论文]. 北京：清华大学建筑学院，2011.
[298] Yashiro T. Overview of Building Stock Management in Japan[M]//Stock Management for Sustainable.